全国高等院校土建类应用型规划教材
住房和城乡建设领域关键岗位技术人员培训教材

设备安装工程施工质量
控制与验收

《住房和城乡建设领域关键岗位
技术人员培训教材》编写委员会　编

主　　编：裘敬涛　朱　琳
副 主 编：谢　兵　张媛媛
组编单位：住房和城乡建设部干部学院
　　　　　北京土木建筑学会

U0289266

中国林业出版社

图书在版编目（CIP）数据

设备安装工程施工质量控制与验收／《住房和城乡建设领域关键岗位技术人员培训教材》编写委员会编. — 北京：中国林业出版社，2018.12

住房和城乡建设领域关键岗位技术人员培训教材

ISBN 978-7-5038-9184-7

Ⅰ．①设… Ⅱ．①住… Ⅲ．①房屋建筑设备－建筑安装－工程施工－质量控制－技术培训－教材②房屋建筑设备－建筑安装－工程验收－技术培训－教材 Ⅳ．①TU8

中国版本图书馆 CIP 数据核字（2017）第 172507 号

本书编写委员会

主　编：裘敬涛　朱　琳

副主编：谢　兵　张媛媛

组编单位：住房和城乡建设部干部学院　北京土木建筑学会

国家林业和草原局生态文明教材及林业高校教材建设项目

策　　划：杨长峰　纪　亮

责任编辑：陈　惠　王思源　吴　卉　樊　菲

出版：中国林业出版社

　　　（100009 北京西城区德内大街刘海胡同 7 号）

网站：http://lycb.forestry.gov.cn/

印刷：固安县京平诚乾印刷有限公司

发行：中国林业出版社

电话：(010)83143610

版次：2018 年 12 月第 1 版

印次：2018 年 12 月第 1 次

开本：1/16

印张：17

字数：260 千字

定价：70.00 元

编写指导委员会

前　言

"全国高等院校土建类应用型规划教材"是依据我国现行的规程规范，结合院校学生实际能力和就业特点，根据教学大纲及培养技术应用型人才的总目标来编写。本教材充分总结教学与实践经验，对基本理论的讲授以应用为目的，教学内容以必需、够用为度，突出实训、实例教学，紧跟时代和行业发展步伐，力求体现高职高专、应用型本科教育注重职业能力培养的特点。同时，本套书是结合最新颁布实施的《建筑工程施工质量验收统一标准》（GB50300—2013）对于建筑工程分部分项划分要求，以及国家、行业现行有效的专业技术标准规定，针对各专业应知识、应会和必须掌握的技术知识内容，按照"技术先进、经济适用、结合实际、系统全面、内容简洁、易学易懂"的原则，组织编制而成。

考虑到工程建设技术人员的分散性、流动性以及施工任务繁忙、学习时间少等实际情况，为适应新形势下工程建设领域的技术发展和教育培训的工作特点，一批长期从事建筑专业教育培训的教授、学者和有着丰富的一线施工经验的专业技术人员、专家，根据建筑施工企业最新的技术发展，结合国家及地方对于建筑施工企业和教学需要编制了这套可读性强，技术内容最新，知识系统、全面，适合不同层次、不同岗位技术人员学习，并与其工作需要相结合的教材。

本教材根据国家、行业及地方最新的标准、规范要求，结合了建筑工程技术人员和高校教学的实际，紧扣建筑施工新技术、新材料、新工艺、新产品、新标准的发展步伐，对涉及建筑施工的专业知识，进行了科学、合理的划分，由浅入深，重点突出。

本教材图文并茂，深入浅出，简繁得当，可作为应用型本科院校、高职高专院校土建类建筑工程、工程造价、建设监理、建筑设计技术等专业教材；也可作为面向建筑与市政工程施工现场关键岗位专业技术人员职业技能培训的教材。

目　　录

第一章 设备安装工程质量管理

第一节 设备安装工程质量管理概述

一、工程质量管理基础知识

1. 质量

我国标准《质量管理体系 基础和术语》(GB/T19000—2008/ISO9000：2005)关于质量的定义是：一组固有特性满足要求的程度。该定义可理解为：质量不仅是指产品的质量，也包括产品生产活动或过程的工作质量，还包括质量管理体系运行的质量；质量由一组固有的特性来表征（所谓"固有的"特性是指本来就有的、永久的特性），这些固有特性是指满足顾客和其他相关方要求的特性，以其满足要求的程度来衡量；而质量要求是指明示的、隐含的或必须履行的需要和期望，这些要求又是动态的、发展的和相对的。也就是说，质量"好"或者"差"，以其固有特性满足质量要求的程度来衡量。

2. 建设工程项目质量

建设工程项目质量是指通过项目实施形成的工程实体的质量，是反映建筑工程满足相关标准规定或合同约定的要求，包括其在安全、使用功能及其在耐久性能、环境保护等方面所有明显和隐含能力的特性总和。其质量特性主要体现在适用性、安全性、耐久性、可靠性、经济性及与环境的协调性等六个方面。

3. 质量管理

我国标准《质量管理体系 基础和术语》(GB/T19000—2008/ISO9000：2005)关于质量管理的定义是：在质量方面指挥和控制组织的协调的活动。与质量有关的活动，通常包括质量方针和质量目标的建立、质量策划、质量控制、质量保证和质量改进等。所以，质量管理就是建立和确定质量方针、质量目标及职责，并在质量管理体系中通过质量策划、质量控制、质量保证和质量改进等手段来实施和实现全部质量管理职能的所有活动。

4. 工程项目质量管理

工程项目质量管理是指在工程项目实施过程中，指挥和控制项目参与各方关于质量的相互协调的活动,是围绕着使工程项目满足质量要求,而开展的策划、组织、计划、实施、检查、监督和审核等所有管理活动的总和。它是工程项目的建设、勘察、设计、施工、监理等单位的共同职责,项目参与各方的项目经理必须调动与项目质量有关的所有人员的积极性,共同做好本职工作,才能完成项目质量管理的任务。

二、施工阶段的质量管理

(1)施工单位负责施工过程的质量管理。

(2)施工中,严禁损坏房屋原有绝热设施;严禁损坏受力钢筋;严禁超荷载集中堆放物品;严禁在预制混凝土空心楼板上打孔安装埋件。

(3)施工人员应认真做好质量自检、互检及工序交接检查,做好记录,记录数据要做到真实、全面、及时。

(4)进行施工质量教育:施工主管对每批进场作业的施工人员进行质量教育,让每个施工人员明确质量验收标准,使全员在头脑中牢牢树立"精品"的质量观。

(5)确立图纸"三交底"的施工准备工作:施工主管向施工工长做详细的图纸工艺要求、质量要求交底;工序开始前工长向班组长做详尽的图纸、施工方法、质量标准交底。作业开始前班长向班组成员做具体的操作方法、工具使用、质量要求的详细交底,务求每位施工工人对其作业的工程项目清晰、明确。

(6)工序交接检查:对于重要的工序或对工程质量有重大影响的工序,在自检、互检的基础上,还要组织专职人员进行工序交接检查。

(7)隐蔽工程检查:凡是隐蔽工程均应检查认证后方能掩盖。分项、分部工程完工后,应经检查认可,签署验收记录后,才允许进行下一工程项目施工。

(8)编制切实可行的施工方案,做好技术方案的审批及交底。

(9)成品保护:施工人员应做好已完成装饰工程及其他专业设备的保护工作,减少不必要的重复工作。

三、材料、设备、人员的质量管理

(1)材料品种、规格、制作应符合设计图纸和国家现行标准、施工验收规范的要求,使用达到绿色环保标准的材料;主要大宗材料要看样定板进行确定,所需的大宗材料必须经相关人员对材料品种、质量进行书面确认。

(2)部分材料、设备经进场检查后,还应按有关规定进行材料试验(复试)。由经认证的试验室出具合格证明后,材料方能使用。

(3)施工机械设备的投入应能满足工程质量要求,就是要使施工机械设备的类型、性能、参数等与施工现场的实际条件、施工工艺、技术要求等因素相匹配,符合施工生产的实际要求。其质量控制主要从机械设备的选型、主要性能参数指标的确定和使用操作要求等方面进行。

1) 机械设备的选型应按照技术上先进、生产上适用、经济上合理、使用上安全、操作上方便的原则进行。

2) 主要性能参数指标是选择机械设备的依据，其参数指标的确定必须满足施工的需要和保证质量的要求，保证正常地施工，不致引起安全质量事故。

3) 应贯彻"人机固定"原则，制定和实行定机、定人、定岗位职责的使用管理制度，在使用中严格遵守操作规程和机械设备的技术规定，做好机械设备的例行保养工作，使机械保持良好的技术状态，防止出现安全质量事故，确保工程施工质量。

(4) 测量、检测、试验仪器等设备，除精度、性能需满足工程要求外，还需获得相关部门的校验认可，有相应的合格检定校准证书。

(5) 施工人员必须包括各工种人员，特种作业人员要持证上岗，重要工作一定要由技术熟练的技术工人把关。

四、工程施工质量不符合要求的处理

1. 当设备安装工程施工质量不符合要求时，应按下列规定进行处理

(1) 经返工或返修的检验批，应重新进行验收；

(2) 经有资质的检测机构检测鉴定能够达到设计要求的检验批，应予以验收；

(3) 经有资质的检测机构检测鉴定达不到设计要求、但经原设计单位核算认可能够满足安全和使用功能的检验批，可予以验收；

(4) 经返修或加固处理的分项、分部工程，满足安全及使用功能要求时，可按技术处理方案和协商文件的要求予以验收。

2. 工程质量控制资料部分资料缺失的处理

工程质量控制资料应齐全完整。当部分资料缺失时，应委托有资质的检测机构按有关标准进行相应的实体检验或抽样试验。

3. 严禁验收

经返修或加固处理仍不能满足安全或重要使用要求的分部工程及单位工程，严禁验收。

第二节　项目施工质量控制

一、质量控制的定义

质量控制的目标就是确保产品的质量能满足顾客、法律法规等方面所提出

的质量要求(如适用性、可靠性、安全性、经济性、外观质量与环境协调等)。质量控制的范围涉及产品质量形成全过程的各个环节,如设计过程、采购过程、生产过程、安装过程等。

质量控制的工作内容包括作业技术和活动,也就是包括专业技术和管理技术两个方面。围绕产品质量形成全过程的各个环节,对影响工作质量的人、机、料、法、环五大因素进行控制,并对质量活动的成果进行分阶段验证,以便及时发现问题,采取相应措施,防止不合格重复发生,尽可能地减少损失。因此,质量控制应贯彻预防为主与检验把关相结合的原则。必须对干什么、为何干、怎么干、谁来干、何时干、何地干作出规定,并对实际质量活动进行监控。

因为质量要求是随时间的进展而在不断更新,为了满足新的质量要求,就要注意质量控制的动态性,要随工艺、技术、材料、设备的不断改进,研究新的控制方法。

二、质量控制过程中应遵循的原则

对施工项目而言,质量控制就是为了确保合同、规范所规定的质量标准所采取的一系列检测、监控措施、手段和方法。在进行施工项目质量控制过程中,应遵循以下几点原则。

(1)坚持"质量第一,用户至上"。社会主义商品经营的原则是"质量第一,用户至上"。建筑产品作为一种特殊的商品,使用年限较长,是"百年大计",直接关系到人民生命财产的安全。所以,工程项目在施工中应自始至终地把"质量第一,用户至上"作为质量控制的基本原则。

(2)坚持"以人为核心"。人是质量的创造者,质量控制必须"以人为核心",把人作为控制的动力,调动人的积极性、创造性;增强人的责任感,树立"质量第一"观念;提高人的素质,避免人的失误;以人的工作质量保工序质量、促进工程质量。

(3)坚持"以预防为主"。"以预防为主",就是要从对质量的事后检查把关,转向对质量的事前控制、事中控制;从对工程质量的检查,转向对工作质量的检查、对工序质量的检查、对中间工程的质量检查。这是确保施工项目的有效措施。

(4)坚持质量标准、严格检查,一切用数据说话。质量标准是评价工程质量的尺度,数据是质量控制的基础和依据。工程质量是否符合质量标准,必须通过严格检查,用数据说话。

(5)贯彻科学、公正、守法的职业规范。建筑施工企业的项目经理,在处理质量问题过程中,应尊重客观事实,尊重科学,正直、公正,不持偏见;遵纪、守法,杜绝不正之风；既要坚持原则、严格要求、秉公办事，又要谦虚谨慎、实事求是、以理服人、热情帮助。

三、质量控制的依据

施工阶段质量控制的依据，大体上有以下三类：

（1）共同性依据

国家及政府有关部门颁布的有关质量管理方面的法律、法规性文件如《建筑法》、《质量管理条例》等有关质量管理方面的法规性文件。

（2）专业技术性依据

有关质量检验与控制的专门技术法规性文件这类文件一般是针对不同行业、不同的质量控制对象而制定的技术法规性的文件，包括各种有关的标准、规范、规程或规定。技术标准有国际标准、国家标准、行业标准、地方标准和企业标准之分。它们是建立和维护正常的生产和工作秩序应遵守的准则，也是衡量工程、设备和材料质量的尺度。例如，工程质量检验及验收标准，材料、半成品或构配件的技术检验和验收标准等。技术规程或规范，一般是执行技术标准，是为保证施工有序地进行而制定的行动的准则，通常也与质量的形成有密切关系，应严格遵守概括说来，属于这类专门的技术法规性的依据主要有以下几类：

1）工程项目施工质量验收标准。这类标准主要是由国家或部统一制定的，用以作为检验和验收工程项目质量水平所依据的技术法规性文件。例如，评定建筑工程质量验收的《建筑工程施工质量验收统一标准》（GB 50300—2013）、《混凝土结构工程施工质量验收规范》（GB 50204—2002）（2010 版）等。

2）有关工程材料、半成品和构配件质量控制方面的专门技术法规性依据。

①有关材料及其制品质量的技术标准。诸如水泥、木材及其制品、钢材、砖瓦、砌块、石材、石灰、砂、玻璃、陶瓷及其制品；涂料、保温及吸声材料、防水材料、塑料制品；建筑五金、电缆电线、绝缘材料以及其他材料或制品的质量标准。

②有关材料或半成品等的取样、试验等方面的技术标准或规程。例如，木材的物理力学试验方法总则，钢材的机械及工艺试验取样法，水泥安定性检验方法等。

③有关材料验收、包装、标志方面的技术标准和规定。例如，型钢的验收、包装、标志及质量证明书的一般规定；钢管验收、包装、标志及质量证明书的一般规定等。

3）控制施工作业活动质量的技术规程。例如电焊操作规程、砌砖操作规程、混凝土施工操作规程等。它们是为了保证施工作业活动质量在作业过程中应遵照执行的技术规程。

4)凡采用新工艺、新技术、新材料的工程,事先应进行试验,并应有权威性技术部门的技术鉴定书及有关的质量数据、指标,在此基础上制定有关的质量标准和施工工艺规程,以此作为判断与控制质量的依据。

（3）项目专用性依据

指本项目的工程建设合同、勘察设计文件、设计交底及图纸会审记录、设计修改和技术变更通知,以及相关会议记录和工程联系单等。

四、质量控制的措施

1. 以人的工作质量确保工程质量

工程质量是人(包括参与工程建设的组织者、指挥者和操作者)所创造的。人的政治思想素质、责任感、事业心、质量观、业务能力、技术水平等均直接影响工程质量。据统计资料表明,88%的质量安全事故都是由人的失误所造成。为此,我们对工程质量的控制始终"以人为本",狠抓人的工作质量,避免人的失误;充分调动人的积极性和创造性,发挥人的主导作用,增强人的质量观和责任感,使每个人牢牢树立"百年大计,质量第一"的思想,认真负责地搞好本职工作,以优秀的工作质量来创造优质的工程质量。

2. 严格控制投入品的质量

任何一项工程施工,均需投入大量的各种原材料、成品、半成品、构配件和机械设备;要采用不同的施工工艺和施工方法,这是构成工程质量的基础。投入品质量不符合要求,工程质量也就不可能符合标准,所以,严格控制投入品的质量,是确保工程质量的前提。为此,对投入品的订货、采购、检查、验收、取样、试验均应进行全面控制,从组织货源,优选供货厂家,直到使用认证,做到层层把关;对施工过程中所采用的施工方案要进行充分论证,要做到工艺先进、技术合理、环境协调,这样才有利于安全文明施工,有利于提高工程质量。

3. 全面控制施工过程,重点控制工序质量

任何一个工程项目都是由若干分项、分部工程所组成,要确保整个工程项目的质量,达到整体优化的目的,就必须全面控制施工过程,使每一个分项、分部工程都符合质量标准。而每一个分项、分部工程,又是通过一道道工序来完成。由此可见,工程质量是在工序中所创造的,为此,要确保工程质量就必须重点控制工序质量。对每一道工序质量都必须进行严格检查,当上一道工序质量不符合要求时,决不允许进入下一道工序施工。这样,只要每一道工序质量都符合要求,整个工程项目的质量就能得到保证。

4. 严把分项工程质量检验评定关

分项工程质量等级是分部工程、单位工程质量等级评定的基础;分项工程质

量等级不符合标准,分部工程、单位工程的质量也不可能评为合格,而分项工程质量等级评定正确与否,又直接影响分部工程和单位工程质量等级评定的真实性和可靠性。为此,在进行分项工程质量检验评定时,一定要坚持质量标准,严格检查,一切用数据说话,避免出现第一、第二判断错误。

5. 贯彻"以预防为主"的方针

"以预防为主",防患于未然,把质量问题消灭于萌芽之中,这是现代化管理的观念。

6. 严防系统性因素的质量变异

系统性因素,如使用不合格的材料、违反操作规程、混凝土达不到设计强度等级、机械设备发生故障等,必然会造成不合格产品或工程质量事故。系统性因素的特点是易于识别,易于消除,是可以避免的,只要我们增强质量观念,提高工作质量,精心施工,完全可以预防系统性因素引起的质量变异。为此,工程质量的控制,就是要把质量变异控制在偶然性因素引起的范围内,要严防或杜绝由系统性因素引起的质量变异,以免造成工程质量事故

第三节　工程质量问题、质量事故及处理

一、工程质量问题的分类

1. 工程质量缺陷

工程质量缺陷是建筑工程施工质量中不符合规定要求的检验项或检验点,按其程度可分为严重缺陷和一般缺陷。严重缺陷是指对结构构件的受力性能或安装使用性能有决定性影响的缺陷;一般缺陷是指对结构构件的受力性能或安装使用性能无决定性影响的缺陷。

2. 工程质量通病

工程质量通病是指各类影响工程结构、使用功能和外形观感的常见性质量损伤。犹如"多发病"一样,故称质量通病,例如结构表面不平整、局部漏浆、管线不顺直等。

3. 工程质量事故

工程质量事故是指由于建设、勘察、设计、施工、监理等单位违反工程质量有关法律法规和工程建设标准,使工程产生结构安全、重要使用功能等方面的质量缺陷,造成人身伤亡或者重大经济损失的事故。

二、工程质量事故的分类

依据住房和城乡建设部《关于做好房屋建筑和市政基础设施工程质量事故报告和调查处理工作的通知》(建质[2010]111 号)文件要求,按工程量事故造成的人员伤亡或者直接经济损失将工程质量事故分为四个等级:一般事故、较大事故、重大事故、特别重大事故,具体如下("以上"包括本数,"以下"不包括本数):

(1)特别重大事故,是指造成 30 人以上死亡,或者 100 人以上重伤,或者 1 亿元以上直接经济损失的事故;

(2)重大事故,是指造成 10 人以上 30 人以下死亡,或者 50 人以上 100 人以下重伤,或者 5000 万元以上 1 亿元以下直接经济损失的事故;

(3)较大事故,是指造成 3 人以上 10 人以下死亡,或者 10 人以上 50 人以下重伤,或者 1000 万元以上 5000 万元以下直接经济损失的事故;

(4)一般事故,是指造成 3 人以下死亡,或者 10 人以下重伤,或者 100 万元以上 1000 万元以下直接经济损失的事故。

三、施工项目质量问题分析处理的程序

施工项目质量问题分析、处理的程序,一般可按图 1-1 所示进行。

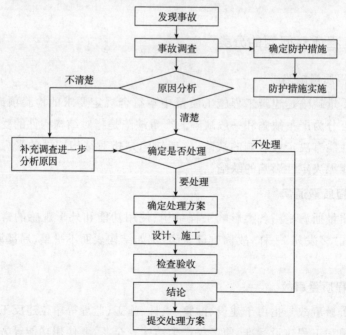

图 1-1 质量问题分析、处理程序图

事故发生后,应及时组织调查处理。调查的主要目的,是要确定事故的范围、性质、影响和原因等,通过调查为事故的分析与处理提供依据,一定要力求全面、准确、客观。调查结果要整理撰写成事故调查报告,其内容如下。

(1)工程概况,重点介绍事故有关部分的工程情况。

(2)事故情况,事故发生时间、性质、现状及发展变化的情况。

(3)是否需要采取临时应急防护措施。

(4)事故调查中的数据、资料。

(5)事故原因的初步判断。

(6)事故涉及人员与主要责任者的情况。

事故的原因分析,要建立在事故情况调查的基础上,避免情况不明就主观分析判断事故的原因。尤其是有些事故,其原因错综复杂,往往涉及勘察、设计、施工、材质、使用管理等几方面,只有对调查提供的数据、资料进行详细分析后,才能去伪存真,找到造成事故的主要原因。

事故的处理要建立在原因分析的基础上,对有些事故一时认识不清时,只要事故不致产生严重的恶化,可以继续观察一段时间,做进一步调查分析,不要急于求成,以免造成同一事故多次处理的不良后果。事故处理的基本要求是:安全可靠,不留隐患,满足建筑功能和使用要求,技术可行,经济合理,施工方便。在事故处理中,还必须加强质量检查和验收。对每一个质量事故,无论是否需要处理都要经过分析,做出明确的结论。

四、施工项目质量问题处理方案

质量问题处理方案,应当在正确地分析和判断质量问题原因的基础上进行。对于工程质量问题,通常可以根据质量问题的情况,做出以下四类不同性质的处理方案。

(1)修补处理。这是最常采用的一类处理方案。通常当工程的某些部分的质量虽未达到规定的规范、标准或设计要求,存在一定的缺陷,但经过修补后还可达到要求的标准,又不影响使用功能或外观要求,在此情况下,可以做出进行修补处理的决定。

属于修补这类方案的具体方案有很多,诸如封闭保护、复位纠偏、结构补强、表面处理等。例如,某些混凝土结构表面出现蜂窝麻面,经调查、分析,该部位经修补处理后,不会影响其使用及外观;又如某些结构混凝土发生表面裂缝,根据其受力情况,仅作表面封闭保护即可。

(2)返工处理。当工程质量未达到规定的标准或要求,有明显的严重质量问题,对结构的使用和安全有重大影响,而又无法通过修补的办法纠正所出现的缺陷情况下,可以做出返工处理的决定。例如,某防洪堤坝的填筑压实后,其压实土的干密度未达到规定的要求干密度值,核算将影响土体的稳定和抗渗要求,可以进行返工处理,即挖除不合格土,重新填筑。又如某工程预应力按混凝土规定张力系数为1.3,但实际仅为0.8,属于严重的质量缺陷,也无法修补,必须返工处理。

(3)限制使用。当工程质量问题按修补方案处理无法保证达到规定的使用要求和安全,而又无法返工处理的情况下,不得已时可以做出诸如结构卸荷或减荷以及限制使用的决定。

(4)不做处理。某些工程质量问题虽然不符合规定的要求或标准,但如果情况不严重,对工程或结构的使用及安全影响不大,经过分析、论证和慎重考虑后,也可做出不作专门处理的决定。可以不做处理的情况一般有以下几种。

1)不影响结构安全和使用要求者。例如,有的建筑物出现放线定位偏差,若要纠正则会造成重大经济损失,若其偏差不大,不影响使用要求,在外观上也无明显影响,经分析论证后,可不做处理;又如某些隐蔽部位的混凝土表面裂缝,经检查分析,属于表面养护不够的干缩微裂,不影响使用及外观,也可不做处理。

2)有些不严重的质量问题,经过后续工序可以弥补的,例如,混凝土的轻微蜂窝麻面或墙面,可通过后续的抹灰、喷涂或刷白等工序弥补,可以不对该缺陷进行专门处理。

3)出现的质量问题,经复核验算,仍能满足设计要求者。例如,某一结构断面做小了,但复核后仍能满足设计的承载能力,可考虑不再处理。这种做法实际上是挖掘设计潜力或降低设计的安全系数,因此需要慎重处理。

五、施工项目质量问题处理的鉴定验收

质量问题处理是否达到预期的目的,是否留有隐患,需要通过检查验收来做出结论。事故处理质量检查验收,必须严格按施工验收规范中有关规定进行,必要时,还要通过实测、实量,荷载试验,取样试压,仪表检测等方法来获取可靠的数据。这样,才可能对事故做出明确的处理结论。

事故处理结论的内容有以下几种。

(1)事故已排除,可以继续施工。

(2)隐患已经消除,结构安全可靠。

(3)经修补处理后,完全满足使用要求。

(4)基本满足使用要求,但附有限制条件,如限制使用荷载,限制使用条件等。

(5)对耐久性影响的结论。

（6）对建筑外观影响的结论。

（7）对事故责任的结论等。

此外，对一时难以做出结论的事故，还应进一步提出观测检查的要求。

事故处理后，还必须提交完整的事故处理报告，其内容包括：事故调查的原始资料、测试数据；事故的原因分析、论证；事故处理的依据；事故处理方案、方法及技术措施；检查验收记录；事故无须处理的论证；事故处理结论等。

第四节 项目质量管理体系

一、ISO 9000 族系列标准的产生、构成

1. ISO 9000 族标准的制定

国际标准化组织（ISO）是目前世界上最大的、最具权威性的国际标准化专门机构，是由 131 个国家标准化机构参加的世界性组织。它成立于 1947 年 2 月23 日，它的前身是"国际标准化协会国际联合会"（简称 ISA）和"联合国标准化协会联合会"（简称 UNSCC）。ISO 9000 族标准是由国际化组织（ISO）组织制定并颁布的国际标准。ISO 工作是通过约 2800 个技术机构来进行的，到 1999 年10 月，ISO 标准总数已达到 12235 个，每年制订 1000 份标准化文件。ISO 为适应质量认证制度的实施，1971 年正式成立了认证委员会，1985 年改称合格评定委员会（CASCO），并决定单独建立质量保证技术委员会 TC176，专门研究质量保证领域内的标准化问题，并负责制定质量体系的国际标准。ISO 9000 族标准的修订工作就是由 TC176 下属的分委员会负责相应标准的修订。

2. ISO 9000 族的构成

GB/T 19000 族标准可帮助各种类型和规模的组织建立并运行有效的质量管理体系。这些标准包括：

——GB/T 19000，表述质量管理体系基础知识并规定质量管理体系术语；

——GB/T 19001，规定质量管理体系要求，用于证实组织具有能力提供满足顾客要求和适用的法规要求的产品，目的在于增进顾客满意；

——GB/T 19004，提供考虑质量管理体系的有效性和效率两方面的指南。该标准的目的是改进组织业绩并达到顾客及其他相关方满意；

——GB/T 19011，提供质量和环境管理体系审核指南。

上述标准共同构成了一组密切相关的质量管理体系标准，在国内和国际贸易中促进相互理解。

二、建立和实施质量管理体系的方法步骤

建立和实施质量管理体系的方法步骤如下：
(1)确立顾客和其他相关方的需求和期望；
(2)建立组织的质量方针和质量目标；
(3)确定实现质量目标必需的过程和职责；
(4)确定和提供实现质量目标必需的资源；
(5)规定测量每个过程的有效性和效率的方法；
(6)应用这些测量方法确定每个过程的有效性和效率；
(7)确定防止不合格并消除其产生原因的措施；
(8)建立和应用持续改进质量管理体系的过程。

三、ISO 9000:2008 标准的质量管理原则

成功地领导和运作一个组织，需要采用系统和透明的方式进行管理。针对所有相关方的需求，实施并保持持续改进其业绩的管理体系，可使组织获得成功。质量管理是组织各项管理的内容之一。

本标准提出的八项质量管理原则被确定为最高管理者用于领导组织进行业绩改进的指导原则。

(1)以顾客为关注焦点

组织依存于顾客。因此，组织应当理解顾客当前和未来的需求，满足顾客要求并争取超越顾客期望。

(2)领导作用

领导者应确保组织的目的与方向的一致。他们应当创造并保持良好的内部环境，使员工能充分参与实现组织目标的活动。

(3)全员参与

各级人员都是组织之本，唯有其充分参与，才能使他们为组织的利益发挥其才干。

(4)过程方法

将活动和相关资源作为过程进行管理，可以更高效地得到期望的结果。

(5)管理的系统方法

将相互关联的过程作为体系来看待、理解和管理，有助于组织提高实现目标的有效性和效率。

(6)持续改进

持续改进总体业绩应当是组织的永恒目标。

（7）基于事实的决策方法

有效决策建立在数据和信息分析的基础上。

（8）与供方互利的关系

组织与供方相互依存，互利的关系可增强双方创造价值的能力。

上述八项质量管理原则形成了 GB/T 19000 族质量管理体系标准的基础。

第二章 设备安装工程质量验收

第一节 质量验收的划分

一、建筑给水排水及供暖工程

建筑给水排水及供暖工程的分部(子分部)工程、分项工程可按表 2-1 划分。

表 2-1 建筑给水排水及供暖工程分部(子分部)工程、分项工程划分

分部工程代号	分部工程名称	子分部工程代号	子分部工程名称	分 项 工 程 名 称	备注
05	建筑给水排水及供暖	01	室内给水系统	给水管道及配件安装,给水设备安装,室内消火栓系统安装,消防喷淋系统安装,防腐,绝热,管道冲洗、消毒,试验与调试	
		02	室内排水系统	排水管道及配件安装,雨水管道及配件安装,防腐,试验与调试	
		03	室内热水系统	管道及配件安装,辅助设备安装,防腐,绝热,试验与调试	
		04	卫生器具	卫生器具安装,卫生器具给水配件安装,卫生器具排水管道安装,试验与调试	
		05	室内供暖系统	管道及配件安装,辅助设备安装,散热器安装,低温热水地板辐射供暖系统安装,电加热供暖系统安装,燃气红外辐射供暖系统安装,热风供暖系统安装,热计量及调控装置安装,试验与调试,防腐,绝热	
		06	室外给水管网	给水管道安装,室外消火栓系统安装,试验与调试	

（续）

分部工程代号	分部工程名称	子分部工程代号	子分部工程名称	分 项 工 程 名 称	备注
05	建筑给水排水及供暖	07	室外排水管网	排水管道安装,排水管沟与井池,试验与调试	
		08	室外供热管网	管道及配件安装,系统水压试验,土建结构,防腐,绝热,试验与调试	
		09	建筑饮用水供应系统	管道及配件安装,水处理设备及控制设施安装,防腐,绝热,试验与调试	
		10	建筑中水系统及雨水利用系统	建筑中水系统、雨水利用系统管道及配件安装,水处理设备及控制设施安装,防腐,绝热,试验与调试	
		11	游泳池及公共浴池水系统	管道及配件系统安装,水处理设备及控制设施安装,防腐,绝热,试验与调试	
		12	水景喷泉系统	管道系统及配件安装,防腐,绝热,试验与调试	
		13	热源及辅助设备	锅炉安装,辅助设备及管道安装,安全附件安装,换热站安装,防腐,绝热,试验与调试	
		14	监测与控制仪表	检测仪器及仪表安装,试验与调试	

二、通风空调工程

通风空调工程的分部(子分部)工程、分项工程可按表 2-2 划分。

表 2-2　通风与空调工程分部(子分部)工程、分项工程划分

分部工程代号	分部工程名称	子分部工程代号	子分部工程名称	分项工程名称	备注
06	通风与空调	01	送风系统	风管与配件制作,部件制作,风管系统安装,风机与空气处理设备安装,风管与设备防腐,旋流风口、岗位送风口、织物(布)风管安装、系统调试	

（续）

分部工程代号	分部工程名称	子分部工程代号	子分部工程名称	分项工程名称	备注
06	通风与空调	02	排风系统	风管与配件制作，部件制作，风管系统安装，风机与空气处理设备安装，风管与设备防腐，吸风罩及其他空气处理设备安装，厨房、卫生间排风系统安装，系统调试	
		03	防排烟系统	风管与配件制作，部件制作，风管系统安装，风机与空气处理设备安装，风管与设备防腐，排烟风阀（口）、常闭正压风口、防火风管安装，系统调试	
		04	除尘系统	风管与配件制作，部件制作，风管系统安装，风机与空气处理设备安装，风管与设备防腐，除尘器与排污设备安装，吸尘罩安装，高温风管绝热，系统调试	
		05	舒适性空调系统	风管与配件制作，部件制作，风管系统安装，风机与空气处理设备安装，风管与设备防腐，组合式空调机组安装，消声器、静电除尘器、换热器、紫外线灭菌器等设备安装，风机盘管、变风量与定风量送风装置、射流喷口等末端设备安装，风管与设备绝热，系统调试	
		06	恒温恒湿空调系统	风管与配件制作，部件制作，风管系统安装，风机与空气处理设备安装，风管与设备防腐，组合式空调机组安装，电加热器、加湿器等设备安装，精密空调机组安装，风管与设备绝热，系统调试	
		07	净化空调系统	风管与配件制作，部件制作，风管系统安装，风机与空气处理设备安装，风管与设备防腐，净化空调机组安装，消声器、静电除尘器、换热器、紫外线灭菌器等设备安装，中、高效过滤器及风机过滤器单元等末端设备清洗与安装，洁净度测试风管与设备绝热，系统调试	

（续）

分部工程代号	分部工程名称	子分部工程代号	子分部工程名称	分项工程名称	备注
06	通风与空调	08	地下人防通风系统	风管与配件制作,部件制作,风管系统安装,风机与空气处理设备安装,风管与设备防腐,过滤吸收器、防爆波活门、防爆超压排气活门等专用设备安装,系统调试	
		09	真空吸尘系统	风管与配件制作,部件制作,风管系统安装,风机与空气处理设备安装,风管与设备防腐,管道安装,快速接口安装,风机与滤尘设备安装,系统压力试验及调试	
		10	冷凝水系统	管道系统及部件安装,水泵及附属设备安装,管道冲洗,管道、设备防腐,板式热交换器,辐射板及辐射供热、供冷地埋管,热泵机组设备安装,管道、设备绝热,系统压力试验及调试	
		11	空调(冷、热)水系统	管道系统及部件安装,水泵及附属设备安装,管道冲洗,管道、设备防腐,冷却塔与水处理设备安装,防冻伴热设备安装,管道、设备绝热,系统压力试验及调试	
		12	冷却水系统	管道系统及部件安装,水泵及附属设备安装,管道冲洗,管道、设备防腐,系统灌水渗漏及排放试验,管道、设备绝热	
		13	土壤源热泵换热系统	管道系统及部件安装,水泵及附属设备安装,管道冲洗,管道、设备防腐,埋地换热系统与管网安装,管道、设备绝热,系统压力试验及调试	
		14	水源热泵换热系统	管道系统及部件安装,水泵及附属设备安装,管道冲洗,管道、设备防腐,地表水源换热管及管网安装,除垢设备安装,管道、设备绝热,系统压力试验及调试	
		15	蓄能系统	管道系统及部件安装,水泵及附属设备安装,管道冲洗,管道、设备防腐,蓄水罐及蓄冰槽、罐安装,管道、设备绝热,系统压力试验及调试	

（续）

分部工程代号	分部工程名称	子分部工程代号	子分部工程名称	分项工程名称	备注
06	通风与空调	16	压缩式制冷（热）设备系统	制冷机组及附属设备安装，管道、设备防腐，制冷剂管道及部件安装，制冷剂灌注，管道、设备绝热，系统压力试验及调试	
		17	吸收式制冷设备系统	制冷机组及附属设备安装，管道、设备防腐，系统真空试验，溴化锂溶液加灌，蒸汽管道系统安装，燃气或燃油设备安装，管道、设备绝热，试验及调试	
		18	多联机（热泵）空调系统	室外机组安装，室内机组安装，制冷剂管路连接及控制开关安装，风管安装，冷凝水管道安装，制冷剂灌注，系统压力试验及调试	
		19	太阳能供暖空调系统	太阳能集热器安装，其他辅助能源、换热设备安装，蓄能水箱、管道及配件安装，防腐，绝热，低温热水地板辐射采暖系统安装，系统压力试验及调试	
		20	设备自控系统	温度、压力与流量传感器安装，执行机构安装调试，防排烟系统功能测试，自动控制及系统智能控制软件调试	

三、电气工程

建筑电气分部（子分部）工程、分项工程的划分应符合表 2-3 的规定。

表 2-3　建筑电气分部(子分部)工程、分项工程划分

分部工程代号	分部工程名称	子分部工程代号	子分部工程名称	分项工程名称	备注
07	建筑电气	01	室外电气	变压器、箱式变电所安装,成套配电柜、控制柜(屏、台)和动力、照明配电箱(盘)及控制柜安装,梯架、支架、托盘和槽盒安装,导管敷设,电缆敷设,管内穿线和槽盒内敷线,电缆头制作、导线连接和线路绝缘测试,普通灯具安装,专用灯具安装,建筑照明通电试运行,接地装置安装	
		02	变配电室	变压器、箱式变电所安装,成套配电柜、控制柜(屏、台)和动力、照明配电箱(盘)安装,母线槽安装,梯架、支架、托盘和槽盒安装,电缆敷设,电缆头制作、导线连接和线路绝缘测试,接地装置安装,接地干线敷设	
		03	供电干线	电气设备试验和试运行,母线槽安装,梯架、支架、托盘和槽盒安装,导管敷设,电缆敷设,管内穿线和槽盒内敷线,电缆头制作、导线连接和线路绝缘测试,接地干线敷设	
		04	电气动力	成套配电柜、控制柜(屏、台)和动力配电箱(盘)安装,电动机、电加热器及电动执行机构检查接线,电气设备试验和试运行,梯架、支架、托盘和槽盒安装,导管敷设,电缆敷设,管内穿线和槽盒内敷线,电缆头制作、导线连接和线路绝缘测试	
		05	电气照明	成套配电柜、控制柜(屏、台)和照明配电箱(盘)安装,梯架、支架、托盘和槽盒安装,导管敷设,管内穿线和槽盒内敷线,塑料护套线直敷布线,钢索配线,电缆头制作、导线连接和线路绝缘测试,普通灯具安装,专用灯具安装,开关、插座、风扇安装,建筑照明通电试运行	
		06	备用和不间断电源	成套配电柜、控制柜(屏、台)和动力、照明配电箱(盘)安装,柴油发电机组安装,不间断电源装置及应急电源装置安装,母线槽安装,导管敷设,电缆敷设,管内穿线和槽盒内敷线,电缆头制作、导线连接和线路绝缘测试,接地装置安装	
		07	防雷及接地	接地装置安装,避雷引下线及接闪器安装,建筑物等电位连接,浪涌保护器安装	

第二节　设备安装工程隐蔽工程验收

一、隐蔽工程验收程序和组织

隐蔽工程是指在下道工序施工后将被覆盖或掩盖,不易进行质量检查的工程。

施工过程中,隐蔽工程在隐蔽前,施工单位应按照有关标准、规范和设计图纸的要求自检合格后,填写隐蔽工程验收记录(有关监理验收记录及结论不填写)和隐蔽工程报审、报验表等表格,向项目监理机构(建设单位)进行申请验收,项目专业监理工程师(建设单位项目专业技术负责人)组织施工单位项目专业质量(技术)负责人等严格按设计图纸和有关标准、规范进行验收;对施工单位所报资料进行审查,组织相关人员到验收现场进行实体检查、验收,同时应留有照片、影像等资料。对验收不合格的工程,专业监理工程师(建设单位项目专业技术负责人)应要求施工单位进行整改,自检合格后予以复查;对验收合格的工程,专业监理工程师(建设单位项目专业技术负责人)应签认隐蔽工程验收记录和隐蔽工程报审、报验表,准予进行下一道工序施工。

二、隐蔽工程验收资料

隐蔽工程验收资料主要包括:隐蔽工程验收记录(因各省市资料规程规定不同,可能会设计通用或专用的隐蔽工程验收记录表式)(参见表2-4)、隐蔽工程报审、报验表(参见表2-5)等资料。各项资料的填写、现场工程实体的检查验收、责任单位及责任人的签章应做到与工程施工同步形成,符合隐蔽工程验收程序和组织的规定,整理、组卷(含案卷封面、卷内目录、资料部分、备考表及封底)符合相关要求。

表2-4　隐蔽工程验收记录(通用)

工程名称		编　号	
隐检项目		隐检日期	
隐检部位	层　　　　　　轴线　　　　　　标高		
隐检依据:施工图号_____,设计变更/洽商/技术核定单(编号_____)及有关国家现行标准等。 主要材料名称及规范/型号:_____			
隐检内容:			

（续）

检查结论：					
□同意隐蔽 □不同意隐蔽,修改后复查					
复查结论：					
复查人： 复查日期：					
签 字 栏	施工单位		专业技术负责人	专业质检员	专业工长
	监理或建设单位		专业工程师		

表 2-5 _____报审、报验表

工程名称：_____ 编号：_____

致_____(项目监理机构) 我方已完成_____工作,经自检合格,请予以审查或验收。   附件：□隐蔽工程质量检验资料 □检验批质量检验资料 □分项工程质量检验资料 □施工试验室证明资料 □其他   施工项目经理部(盖章)_____ 项目经理或项目技术负责人(签字)_____ 年 月 日
审查或验收意见：   项目监理机构(盖章)_____ 专业监理工程师(签字)_____ 年 月 日

注:本表一式二份,项目监理机构、施工单位各一份。

第三节 分部、分项工程过程验收

一、设备安装工程检验批质量验收

1. 检验批质量验收的划分

检验批可根据施工、质量控制和专业验收的需要,按工程量、楼层、施工段、变形缝进行划分。

2. 检验批质量验收程序和组织

施工单位在完成检验批施工,自检合格后,由项目专业质量检查员填写检验批质量验收记录(有关监理验收记录及结论不填写)(见表 2-6),报送项目监理机构(建设单位)申请验收,由项目专业监理工程师(建设单位项目专业技术负责人)组织施工单位项目专业质量检查员、专业工长(施工员)等进行:对施工单位所报资料进行审查,组织相关人员到验收现场进行主控项目、一般项目的实体检查、验收。对验收不合格的检验批,专业监理工程师(建设单位项目专业技术负责人)应要求施工单位进行整改,自检合格后予以复查;对验收合格的检验批,专业监理工程师(建设单位项目专业技术负责人)应签认检验批质量验收记录表。

3. 检验批质量验收合格规定

检验批质量验收合格应符合下列规定:

(1)主控项目的质量经抽样检验均应合格;

(2)一般项目的质量经抽样检验合格。当采用计数抽样时,合格点率应符合《建筑装饰装修工程质量验收规范》(GB 50210—2001)的规定,且不得存在严重缺陷。对于计数抽样的一般项目,正常检验一次、二次抽样可按《建筑工程施工质量验收统一标准》(GB 50300—2013)附录 D 判定;

(3)具有完整的施工操作依据、质量验收记录。

表 2-6 _____ 检验批质量验收记录

编号:_____

单位(子单位)工程名称		分部(子分部)工程名称		分项工程名称	
施工单位		项目负责人		检验批容量	
分包单位		分包单位项目负责人		检验批部位	
施工依据		验收依据			

（续）

		验收项目	设计要求及规范规定	最小/实际抽样数量	检查记录	检查结果
主控项目	1					
	2					
	3					
	4					
	5					
	6					
	7					
	8					
	9					
	10					
一般项目	1					
	2					
	3					
	4					
	5					
施工单位检查结果		专业工长： 　　　　项目专业质量检查员： 　　　　　　　　　　　　　　　　　　年　月　日				
监理单位验收结论		专业监理工程师： 　　　　　　　　　　　　　　　　　　年　月　日				

二、设备安装工程分项工程质量验收

1. 分项工程质量验收的划分

分项工程可按主要工种、材料、施工工艺、设备类别进行划分。

分项工程质量验收的划分见表 2-1～表 2-3。

2. 分项工程质量验收程序和组织

分项工程质量验收应由专业监理工程师（建设单位项目专业技术负责人）组织施工单位项目专业技术负责人等进行。验收前，施工单位应先对施工完成的分项工程进行自检,合格后填写分项工程质量验收记录(见表2-7)及分项工程报验表(参见表2-5),并报送项目监理机构(建设单位)申请验收,由项目专业监理工程师(建设单位项目专业技术负责人)对施工单位所报资料进行审查,符合要求后签认分项工程质量验收记录及分项工程报验表。

表2-7 _____分项工程质量验收记录

编号:_____

单位(子单位) 工程名称		分部(子分部) 工程名称			
分项工程数量		检验批数量			
施工单位		项目负责人		项目技术 负责人	
分包单位		分包单位 项目负责人		分包内容	
序号	检验批 名称	检验批容量	部位/区段	施工单位检查结果	监理单位验收结论
1					
2					
3					
4					
5					
6					
7					
8					
9					
10					
11					
12					
13					
14					
15					
说明:					
施工单位 检查结果		项目专业技术负责人: 　　　　　　年　月　日			
监理单位 验收结论		专业监理工程师: 　　　　　　年　月　日			

3. 分项工程质量验收合格规定

分项工程质量验收合格应符合下列规定：

(1)所含检验批的质量均应验收合格；

(2)所含检验批的质量验收记录应完整。

三、设备安装工程分部(子分部)工程质量验收

1. 分部(子分部)工程质量验收的划分

分部(子分部)工程应按下列原则划分：

(1)可按专业性质、工程部位确定；

(2)当分部工程较大或较复杂时，可按材料种类、施工特点、施工程序、专业系统及类别将分部工程划分为若干子分部工程。

分部(子分部)工程质量验收的划分见表2-1、表2-2。

2. 分部(子分部)工程质量验收程序和组织

建筑装饰装修分部(子分部)工程质量验收应由总监理工程师组织施工单位项目负责人和项目技术、质量负责人等进行。

验收前，施工单位应先对施工完成的建筑装饰装修分部(子分部)工程进行自检，合格后填写分部(子分部)工程质量验收记录(见表2-8)及分部(子分部)工程报验表(参见表2-5)，并报送项目监理机构(建设单位)申请验收。总监理工程师应组织相关人员进行检查、验收，对验收不合格的分部(子分部)工程，应要求施工单位进行整改，自检合格后予以复查；对验收合格的分部(子分部)工程，应签认分部(子分部)工程质量验收记录及分部(子分部)工程报验表。

3. 分部工程质量验收合格规定

分部工程质量验收合格应符合下列规定：

(1)所含分项工程的质量均应验收合格；

(2)质量控制资料应完整；

(3)有关安全、节能、环境保护和主要使用功能的抽样检验结果应符合相应规定；

(4)观感质量应符合要求。

当建筑工程只有装饰装修分部工程时，该工程应作为单位工程验收。

表2-8 _____分部工程质量验收记录

编号_____

单位(子单位) 工程名称			子分部 工程数量		分项工程 数量	
施工单位			项目负责人		技术(质量) 负责人	
分包单位			分包单位 负责人		分包内容	
序号	子分部工程 名称	分项工程 名称	检验 批数量	施工单位检查结果	监理单位验收结论	
1						
2						
3						
4						
5						
6						
7						
8						
质量控制资料						
安全和功能检验结果						
观感质量检验结果						
综合验收结论						
施工单位 项目负责人: 年 月 日	勘察单位 项目负责人: 年 月 日		设计单位 项目负责人: 年 月 日		监理单位 总监理工程师: 年 月 日	

注:1. 地基与基础分部工程的验收应由施工、勘察、设计单位项目负责人和总监理工程师参加并
签字;

2. 主体结构、节能分部工程的验收应由施工、设计单位项目负责人和总监理工程师参加并签字。

第三章　建筑给排水及采暖工程

第一节　基　本　规　定

一、质量控制的基本要求

(1)建筑给水、排水及采暖工程施工现场应具有必要的施工技术标准、健全的质量管理体系和工程质量检测制度,实现施工全过程质量控制。

(2)建筑给水、排水及采暖工程的施工应按照批准的工程设计文件和施工技术标准进行施工。修改设计应有设计单位出具的设计变更通知单。

(3)建筑给水、排水及采暖工程的施工应编制施工组织设计或施工方案,经批准后方可实施。

(4)建筑给水、排水及采暖工程的分部、分项工程划分见表2-1。

(5)建筑给水、排水及采暖工程的分项工程,应按系统、区域、施工段或楼层等划分。分项工程应划分成若干个检验批进行验收。

(6)建筑给水、排水及采暖工程的施工单位应当具有相应的资质。工程质量验收人员应具备相应的专业技校资格。

二、材料、设备质量管理要点

(1)建筑给水、排水及采暖工程所使用的主要材料、成品半成品、配件、器具和设备必须具有中文质量合格证明文件,规格、型号及性能检测报告应符合国家技术标准或设计要求。进场时应做检查验收,并经监理工程师核查确认。

(2)所有材料进场时应对品种、规格、外观等进行验收。包装应完好,表面无划痕及外力冲击破损。

(3)主要器具和设备必须有完整的安装使用说明书。在运输、保管和施工过程中,应采取有效措施防止损坏或腐蚀。

(4)阀门安装前,应作强度和严密性试验。试验应在每批(同牌号、同型号、同规格)数量中抽查10%,且不少于一个。对于安装在主干管上起切断作用的闭路阀门,应逐个作强度和严密性试验。

(5)阀门的强度和严密性试验,应符合以下规定:阀门的强度试验压力为公称压力的1.5倍;严密性试验压力为公称压力的1.1倍;试验压力在试验持续时间内保持不变,且壳体填料及阀瓣密封面无渗漏。阀门试压的试验持续时间应不少于表3-1的规定。

表 3-1 阀门试验持续时间

| 公称直径 DN(mm) | 最短试验持续时间(s) | | |
| | 严密性试验 | | 强度试验 |
	金属密封	非金属密封	
≤50	15	15	15
55~200	30	15	60
250~450	60	30	180

(6)管道上使用冲压弯头时,所使用的冲压弯头外径应与管外径相同。

(7)材料、设备、配件等在搬运、堆放存储、安装的过程中,应符合下列要求:

①在运输、装卸和搬动时应轻放,严禁剧烈撞击或与尖锐物品碰撞,不得抛、摔、滚、拖等,并采取有效措施,防止损坏或腐蚀。

②管材应水平堆放在平整的地面上或管架上,不得不规则堆放,避免受力弯曲。当用支垫物支垫时,支垫宽度不得小于75mm,其间距不得大于1m,端部外悬部分不得大于500mm,高度适宜且不高于1.5m。

③对于塑料、复合管材、管件及橡胶制品,要防止阳光直射,应存放在温度不大于40℃的库房内,避免油污,距热源不小于1m,且库房有良好的通风。

④管件应按品种、规格、型号等存放。

⑤胶粘剂、丙酮、机油、汽油、防腐漆及油漆等易燃物品,在存放和运输时必须远离火源,封闭保存。存放处应安全、可靠,阴凉干燥,并应随用随取。

三、施工过程中质量控制要点

(1)建筑给水、排水及采暖工程与相关专业之间,应进行交接质量检验,并形成记录。

(2)隐蔽工程应隐蔽前经验收各方检验合格后,才能隐蔽,并形成记录。

(3)地下室或地下构筑物外墙有管道穿过的,应采取防水措施。对有严格防水要求的建筑物,必须采用柔性防水套管。

(4)管道穿过结构伸缩缝、抗震缝及沉降缝敷设时,应根据情况采取下列保护措施:

①在墙体两侧采取柔性连接。

②在管道或保温层外皮上、下部留有不小于 150mm 的净空。

③在穿墙处做成方形补偿器,水平安装。

(5)在同一房间内,同类型的采暖设备、卫生器具有管道配件,除有特殊要求外,应安装在同一高度上。

(6)明装管道成排安装时,直线部分应互相平和。曲线部分:当管道水平或垂直并行时,应与直线部分保持等距;管道水平上下并行时,弯管部分的曲率半径应一致。

(7)管道支、吊、托架的安装,应符合下列规定:

①位置正确,埋设应平整牢固。

②固定支架与管道接触应紧密,固定应牢靠。

③滑动支架应灵活,滑托与滑槽两侧间应留有 3～5mm 的间隙,纵向移动量应符合设计要求。

④无热伸长管道的吊架、吊杆应垂直安装。

⑤有热伸长管道的吊架、吊杆应向热膨胀的反方向偏移。

⑥固定在建筑结构上的管道支、吊架不得影响结构的安全。

(8)钢管水平安装的支、吊架间距不应大于表 3-2 的规定。

表 3-2 钢管管道支架的最大间距

公称直径(mm)		15	20	25	32	40	50	70	80	100	125	150	200	250	300
支架的最大间距(m)	保温管	2	2.5	2.5	2.5	3	3	4	4	4.5	6	7	7	8	8.5
	不保温管	2.5	3	3.5	4	4.5	5	6	6	6.5	8	8.5	9.5	11	12

(9)采暖、给水及热水供应系统的塑料管及复合管垂直或水平安装的支架间距应符合表 3-3 的规定。采用金属制作的管道支架,应在管道与支架间加衬非金属垫或套管。

表 3-3 塑料管及复合管管道支架的最大间距

管径(mm)			12	14	16	18	20	25	32	40	50	63	75	90	110
最大间距(m)	立管		0.5	0.6	0.7	0.8	0.9	1.0	1.1	1.3	1.6	1.8	2.0	2.2	2.4
	水平管	冷水管	0.4	0.4	0.5	0.5	0.6	0.7	0.8	0.9	1.0	1.1	1.2	1.35	1.55
		热水管	0.2	0.2	0.25	0.3	0.3	0.35	0.4	0.5	0.6	0.7	0.8		

(10)铜管垂直水平安装的支架间距应符合表 3-4 的规定。

表 3-4　铜管管道支架的最大间距

公称直径(mm)		15	20	25	32	40	50	65	80	100	125	150	200
支架的最大间距(m)	垂直管	1.8	2.4	2.4	3.0	3.0	3.0	3.5	3.5	3.5	3.5	4.0	4.0
	水平管	1.2	1.8	1.8	2.4	2.4	2.4	3.0	3.0	3.0	3.0	3.5	3.5

(11)采暖,给水及热水供应系统的金属管道立管管卡安装应符合下列规定:

①楼层高度小于或等于 5m,每层必须安装 1 个。

②楼层高度大于 5m,每层不得少于 2 个。

③管卡安装高度,距地面应为 1.5~1.8m,2 个以上管卡应匀称安装,同一房间管卡应安装在同一高度上。

(12)管道及管道支墩(座),严禁铺设在冻土和未经处理的松土上。

(13)管道穿过墙壁和楼板,应设置金属或塑料套管。安装在楼板内的套管,其顶部高出装饰地面 20mm;安装在卫生间及厨房内的套管,其顶部应高出装饰地面 50mm,底部应与楼板底面相平;安装在墙壁内的套管其两端与饰面相平。穿过楼板的套管与管道之间缝隙宜用阻燃密实材料填实,且端面应光滑。管道的接口不得设在套管内。

(14)弯制钢管,弯曲半径应符合下列规定:

①热弯:应不小于管道外径的 3.5 倍。

②冷弯:应不小于管道外径的 4 倍。

③焊接弯头:应不小于管道外径的 1.5 倍。

④冲压弯头:应不小于管道外径。

(15)管道接口应符合下列规定:

①管道采用粘接接口,管端插入承口的深度不得小于表 3-5 的规定。

表 3-5　管端插入承口的深度

公称直径(mm)	20	25	32	40	50	75	100	125	150
插入深度(mm)	16	19	22	26	31	44	61	69	80

②熔接连接管道的结合面应有一均匀的熔接圈,不得出现局部熔瘤或熔接圈凸凹不匀现象。

③采用橡胶圈接口的管道,允许沿曲线敷设,每个接口的最大偏转角不得超过 2℃。

④法兰连接时衬垫不得凸入管内,其外边缘接近螺栓孔为宜。不得安放双垫或偏垫。

⑤连接法兰的螺栓,直径和长度应符合标准,拧紧后,突出螺母的长度不应

大于螺杆直径的 1/2。

⑥螺栓连接管道安装后的管螺纹根部应有 2～3 扣的外露螺纹,多余的麻丝应清理干净并做防腐处理。

⑦承插口采用水泥捻口时,油麻必须清洁、填塞密实,水泥应捻入并密实饱满,其接口面凹入承口边缘的深度不得大于 2mm。

⑧卡箍(套)式连接两管口端应平整、无缝隙,沟槽应均匀,卡紧螺栓后管道应平直,卡箍(套)安装方向应一致。

(16)各种承压管道系统和设备应做水压试验,非承压管道系统和设备应做灌水试验。

第二节　室内给水系统安装

一、给水管道及配件安装

1. 材料管理要点

(1)建筑给水管道的管材、管件和附件的材质、规格、尺寸、技术要求等均应符合国家现行标准的规定,且应有符合国家现行标准的检测报告。

(2)建筑给水管道的管材、管件应有符合产品标准规定的明显标志。

(3)建筑给水管道工程所采用的管材、管件和附件应配套供应。

(4)用于生活饮用水的建筑给水管道的管材、管件和附件的卫生要求,应符合现行国家标准《生活饮用水输配水设备及防护材料的安全性评价标准》(GB/T 17219—1998)的规定。

(5)直管材应成捆包装,端口宜设有护套,每捆重量应适于现场搬运。

(6)管材、管件在运输、装卸和搬运时应小心轻放、防止重压,不得抛、摔、滚、拖。应防止雨淋、污染、长期露天堆放和阳光曝晒。

(7)水表的表壳无砂眼、裂纹,表玻璃无损坏,铅封完整。

(8)阀门的表面光洁,无裂纹、开关灵活,关闭严密,填料密封完好、无渗漏,手轮无损坏。试验合格的阀门,内部应干燥、无积水。密封面上应涂防锈油,关闭阀门,封闭出入口,做出明显的标记。

(9)管道组成件及管道支承件不得混淆或损坏,其色标或标记应明显清晰。材质为不锈钢、有色金属(铜及铜合金)的管道组成件及管道支承件,在储存期间不得与碳素钢接触。暂时不进行安装的管道,应封闭管口。

2. 施工及质量控制要点

(1)预留孔洞及预埋铁件安装

1)在混凝土楼板、梁、墙上预留孔、洞、槽和预埋件时应有专人按设计图纸将管道及设备的位置、标高尺寸测定,标好孔洞的部位,将预制好的模盒、预埋铁件在绑扎钢筋前按标记固定牢,盒内塞入纸团等物,在浇注混凝土过程中应有专人配合校对,看管模盒、埋件,以免移位。

2)预留孔应配合土建进行,其尺寸如设计无要求时应按表 3-6 的规定执行。

表 3-6　预留孔洞尺寸(mm)

项次	管道名称		明管	暗管
			留孔尺寸长×宽	墙槽尺寸宽度×深度
1	采暖或给水立管	管径小于或等于 25	100×100	130×130
		管径 32～50	150×150	150×130
		管径 70～100	200×200	200×200
2	一根排水立管	管径小于或等于 50	150×150	200×130
		管径 70～100	200×200	250×200
3	二根采暖或给水立管	管径小于或等于 32	150×100	200×130
4	一根给水立管和一根排水立管在一起	管径小于或等于 50	200×150	200×130
		管径 70～100	250×200	250×200
5	二根给水立管和一根排水立管在一起	管径小于或等于 50	200×150	250×130
		管径 70～100	350×130	380×200
6	给水支管或散热器支管	管径小于或等于 25	100×100	60×60
		管径 32～40	150×130	150×100
7	排水支管	管径小于或等于 80	250×200	—
		管径 100	300×250	—
8	采暖或排水主干管	管径小于或等于 80	300×250	—
		管径 100～125	350×300	—
9	给水引入管	管径小于或等于 100	300×200	—
10	排水排出管穿基础	管径小于或等于 80	300×300	—
		管径 100～150	(De+300)×(De+200)	—

注:1. 给水引入管,管顶上部净空一般不小于 100mm;

　　2. 排水排出管,管顶上部净空一般不小于 150mm。

(2)套管安装

1)管道穿过墙壁和楼板,应设置金属或塑料套管。地下室或地下构筑物外墙有管道穿过的,应采取防水措施。对有严格防水要求的建筑物,必须采用柔性防水套管。

2)安装在楼板内的套管,其顶部宜高出装饰地面 20mm;安装在卫生间及厨房内的套管,其顶部应高出装饰地面 50mm;底部应与楼板底面相平。安装在墙壁内的套管其两端与饰面相平。

3)穿过楼板的套管与管道之间缝隙应用阻燃密实材料和防水油膏填实,端面光滑。穿墙套管与管道之间缝隙宜用阻燃密实材料填实,且端面应光滑。管道的接口不得设在套管内。

(3)支、吊、托架安装

1)管道支、吊、托架安装时应及时进行固定和调整工作。

2)安装支、吊架的位置、标高应准确、间距应合理。应按设计图纸要求、有关标准图规定进行安装。

3)管道不允许位移时,应设置固定支架。必须严格安装在设计规定的位置上,并应使管道牢固地固定在支架上。

4)埋入墙内的支架,焊接到预埋件上的支架,用射钉安装的支架,用膨胀螺栓固定安装的支架,都应遵照设计图纸要求进行安装。

(4)阀门及水表安装

1)阀门安装

①安装前应仔细检查,核对阀门的型号、规格是否符合设计要求。

②根据阀门的型号和出厂说明书,检查它们是否可以在所要求的条件下应用,并且按设计和规范规定进行试压,请甲方或监理验收并填写试验记录。

③检查填料及压盖螺栓,必须有足够的节余量,并要检查阀杆是否转动灵活,有无卡涩现象和歪斜情况。法兰和螺栓连接的阀门应加以关闭。

④安装止回阀时,必须特别注意阀体上箭头指向与介质的流向相一致,才能保证阀盘能自由开启。对于升降式止回阀,应保证阀盘中心线与水平面相互垂直。对于旋启式止回阀,应保证其摇板的旋转枢轴装成水平。

⑤安装杠杆式安全阀和减压阀时,必须使阀盘中心线与水平面互相垂直,发现斜倾时应予以校正。

⑥安装法兰阀门时,应保证两法兰端面相互平行和同心。尤其是安装铸铁等材质较脆弱的阀门时,应避免因强力连接或受力不均引起的损坏。拧螺栓应对称或十字交叉进行。

2)水表安装

①水表应水平安装,并使水表外壳上的箭头方向与水流方向一致,切勿装反。水表前后应装设阀门。

②对于不允许停水或设有消防管道的建筑,还应设旁通管道。此时水表后

侧要装止回阀,旁通管上的阀门应设有铅封。

③家庭独用小水表,明装于每户进水总管上,水表前应有阀门,水表外壳距墙面不得大于 30mm,水表中心距另一墙面(端面)的距离为 450～500mm,安装高度为 600～1200mm。水表前后直管段长度大于 300mm 时,其超出管段应用弯头引靠到墙面,沿墙面敷设,管中心距离墙面 20～25mm。

(5)给水塑料管和复合管可以采用橡胶圈接口、粘接接口、热熔连接、专用管件的连接应使用专用管件连接,不得在塑料管上套丝。

(6)给水铸铁连接可采用水泥捻口或橡胶圈接口方式进行连接。

(7)铜管连接可采用专用接头或焊接,当管径小于 22mm 时宜采用插或套管焊接,承口应迎介质流向安装;当管径大于或等于 22mm 时宜采用对口焊接。

(8)给水立管和装有 3 个或 3 个以上配水点的支管始端,均应安装可拆卸的连接件。

3. 施工质量验收

(1)主控项目

1)室内给水管道的水压试验必须符合设计要求。当设计未注明时,各种材质的给水管道系统试验压力均为工作压力的 1.5 倍,但不得小于 0.6MPa。

检验方法:金属及复合管给水管道在试验压力下观测 10min,压力降不应大于 0.02MPa,然后降到工作压力进行检查,应不渗不漏;塑料管给水系统应在试验压力下稳压 1h,压力降不得超过 0.05MPa,然后在工作压力的 1.15 倍状态下稳压 2h,压力降不超过 0.03MPa,同时检查各连接处不得渗漏。

2)给水系统交付使用前必须进行通水试验并做好记录。

检查方法:观察和开启阀门、水嘴等放水。

3)生产给水系统管道在交付使用前必须冲洗和消毒,并经有关部门取样检验,符合国家《生活饮用水标准》方可使用。

检验方法:检查有关部门提供的检测报告。

4)室内直埋给水管道(塑料管道和复合管道除外)应做防腐处理。埋地管道防腐层材质和结构应符合设计要求。

检验方法:观察或局部解剖检查。

(2)一般项目

1)给水引入管与排水排出管的水平净距不得小于 1m。室内给水与排水管道平行敷设时,两管间的最小水平净距不得小于 0.5m;交叉铺设时,垂直净距不得小于 0.15m。给水管应铺在排水管上面,若给水管必须铺在排水管下面时,给水管应加套管,其长度不得小于排水管管道径的 3 倍。

检验方法:尺量检查。

2)管道及管件焊接的焊缝表面质量应符合下列要求：

①焊缝外形尺寸应符合图纸和工艺文件的规定，焊缝高度不得低于母材表面，焊缝与母材应圆滑过渡。

②焊缝及热影响区表面应无裂纹、未熔合、未焊透、夹渣、弧坑和气孔等缺陷。

检验方法：观察检查。

3)给水水平管道应有 2‰～5‰ 的坡度坡向泄水装置。检验方法：水平尺和尺量检查。

4)给水管道和阀门安装的允许偏差应符合表 3-7 的规定。

表 3-7　管道和阀门安装的允许偏差和检验方法

项次	项　　目		允许偏差(mm)	检验方法
1	水平管道纵横方向弯曲	钢管　　每米	1	用水平尺、直尺、拉线和尺量检查
		全长 25m 以上	≯25	
		塑料管 复合管　　每米	1.5	
		全长 25m 以上	≯25	
		铸铁管　　每米	2	
		全长 25m 以上	≯25	
2	立管垂直度	钢管　　每米	3	吊线和尺量检查
		5m 以上	≯8	
		塑料管 复合管　　每米	2	
		5m 以上	≯8	
		铸铁管　　每米	3	
		5m 以上	≯10	
3	成排管段和成排阀门	在同一平面上间距	3	尺量检查

5)管道的支、吊架安装应平整牢固，其间距应符合规范《建筑给水排水及采暖工程施工质量验收规范》(GB 50242—2002)第 3.3.8 条、第 3.3.9 条或第 3.3.10 条的规定。

检查方法：观察、尺量和手板检查。

6)水表应安装在便于检修、不受曝晒、污染和冻结的地方。安装螺翼式水表，表前与阀应有不小于 8 倍水表接口直径的直线管段。表外壳距墙表面净距为 10～30mm；水表进水口中心标高按设计要求，允许偏差为 ±10mm。

检验方法：观察和尺量检查。

二、室内消火栓系统安装

1. 材料控制要点

（1）所有材料使用前应做好产品标识，注明产品名称、规格型号、批号、数量、生产日期和检验代码等，并确保材料具有可追溯性。

（2）主要器具和设备必须有完整的安装使用说明书。在运输、保管和施工过程中，应采取有效措施防止损坏或腐蚀。

（3）消火栓系统管材应根据设计要求选用，一般采用碳素钢管、钢塑复合管或无缝钢管。

（4）管材、管件应进行现场外观检查，并应符合下列要求：

1）表面应无裂纹、缩孔、夹渣、折叠和重皮。

2）螺纹密封面应完整、无损伤、无毛刺。

3）镀锌钢管内外表面的镀锌层不得有脱落、锈蚀等现象。

4）非金属密封垫片应质地柔韧、无老化变质或分层现象，表面应无折损、皱纹等缺陷。

5）法兰密封面应完整光洁，不得有毛刺及径向沟槽；螺纹法兰的螺纹应完整、无损伤。

（5）阀门及其附件的现场检验应符合下列要求：

1）阀门及其附件应配备齐全，不得有加工缺陷和机械损伤。

2）报警阀除应有商标、型号、规格等标志外，尚应有水流方向的永久性标志。

3）报警阀和控制阀的阀瓣及操作机构应动作灵活，无卡涩现象。阀体内应清洁、无异物堵塞。

4）水力警铃的铃锤应转动灵活，无阻滞现象。

5）报警阀应逐个进行渗漏试验。试验压力应为额定工作压力的 2 倍，试验时间为 5min，阀瓣处应无渗漏。

6）对于在主干管上起切断作用的闭路阀门，应逐个做强度和严密性试验。阀门试压的试验持续时间应不少于表 3-8 规定。

表 3-8　阀门试验持续时间

公称直径 DN（mm）	最短试验持续时间（s）		
	严密性试验		强度试验
	金属密封	非金属密封	
≤50	15	15	15
65～200	30	15	60
250～450	60	30	180

（6）压力开关、水流指示器及水位、气压、阀门限位等自动监测装置应有清晰的铭牌、安全操作指示标志和产品说明书。水流指示器尚应有水流方向的永久性标志。安装前应逐个进行主要功能检查，不合格者不得使用。

（7）消火栓箱体的规格类型应符合设计要求，箱体表面平整、光洁。金属箱体无锈蚀、划伤，箱门开启灵活。箱体方正，箱内配件齐全。栓阀外形规矩，无裂纹，启闭灵活，关闭严密，密封填料完好，有产品出厂合格证。

（8）试验合格的阀门，应及时排尽内部积水并吹干。密封面上应涂防锈油，关闭阀门，封闭出入口，做出明显的标记，并应按规定格式填写"阀门试验记录"。

（9）管道组成件及管道支承件在施工过程中应妥善保管，不得混淆或损坏，其色标或标记应明显清晰。材质为不锈钢、有色金属（铜及铜合金）的管道组成件及管道支承件，在储存期间不得与碳素钢接触。暂时不进行安装的管道，应封闭管口。

2．施工及质量控制要点

（1）管网安装

1）管网安装前应校直管道，并应清除管道内部的杂物。安装时应随时清除已安装管道内部的杂物。

2）在具有腐蚀性的场所安装管网前，应按设计要求对管道、管件等进行防腐处理。

3）当管道公称直径小于或等于100mm时，应采用螺纹连接；当管道公称直径大于100mm时，可采用焊接或法兰连接。连接后，均不得减小管道的通水横断面面积。

（2）套管安装

1）参见本节"一、给水管道及配件安装"的相关内容。

2）管道穿过建筑物的变形缝时，应设置柔性短管。穿过墙体或楼板时应加设套管，套管长度不得小于墙体厚度，或应高出楼面或地面50mm，管道的焊接环缝不得位于套管内。套管与管道的间隙应采用不燃烧材料填塞密实。

（3）支、吊、托架的制作安装

1）参见本节"一、给水管道及配件安装"的相关内容。

2）管道的安装位置应符合设计要求。当设计无要求时，应符和表3-9的要求。

表3-9　管道的中心线与梁、柱、楼板等的最小距离

公称直径(mm)	50	70	80	100	125	150	200
距离(mm)	60	70	80	100	125	150	200

(4)管道安装

1)干管安装

①消火栓系统干管安装应根据设计要求使用管材,按压力要求选用碳素钢管或无缝钢管。需要拆装镀锌的管道应先安排施工。

②干管用法兰连接每根配管长度不宜超过 6m。直管段可把几根连接一起,使用倒链安装,但不宜过长,也可调直后编号依次顺序吊装。

③配水干管、配水管应做红色或红色环圈标志。

④管网在安装中断时,应将管道的敞口封闭。

⑤管道对口焊缝上不得开口焊接支管,焊口不得安装在支吊架位置上。

⑥管道穿墙处不得有接口(丝接或焊接)。管道穿过伸缩缝处应有防冻措施。

⑦管道焊接时先焊三点以上,然后检查预留口位置、方向、变径等无误后,找直、找正,再焊接,紧固卡件、拆掉临时固定件。

2)消火栓系统立管安装

①立管暗装在竖井内时,在管井预埋铁件上安装卡件固定,立管底部的支吊架要牢固,防止立管下坠。

②立管明装时每层楼板要预留孔洞,立管可随结构穿入,以减少立管接口。

3)消火栓及支管安装

①消火栓箱体要符合设计要求(其材质有木、铁和铝合金等),栓阀有单出口和双出口双控等。产品均应有消防部门的制造许可证及合格证方可使用。

②消火栓支管要以栓阀的坐标、标高定位甩口,核定后再稳固消火栓箱,箱体找正稳固后再把栓阀安装好。栓阀侧装在箱内时应在箱门开启的一侧,箱门开启应灵活。

③消火栓箱体安装在轻质隔墙上时,应有加固措施。

4)安装消火栓水龙带:水龙带与水枪和快速接头绑扎好后,应根据箱内构造将水龙带挂放在箱内的挂钉、托盘或支架上。

5)室内消火栓系统安装完成后应取屋顶层(或水箱间内)和首层取二处消火栓做试射试验,达到设计要求为合格。

(5)阀门及其他附件安装

1)阀门安装参见本节"一、给水管道及配件安装"的相关内容。

2)节流装置应安装在公称直径不小于 50mm 的水平管段上。减压孔板安装在管道内水流转弯处下游一侧的直管上,且与转弯处的距离不应小于管道公称直径的 2 倍。

3)末端试水装置宜安装在系统管网末端或分区管网末端。

（6）管道试压

1）管网安装完毕后，应对其进行强度试验、严密性试验。

2）系统试压过程中，当出现泄漏时，应停止试压，并应放空管网中的试验介质，消除缺陷后，重新再试。

3）系统试压完成后，应及时拆除所有临时盲板及试验用的管道，并应与记录核对无误，且应按规定填写记录。

4）水压试验和水冲洗宜采用生活用水进行，不得使用海水或有腐蚀性化学物质的水。

（7）管网的地上管道与地下管道连接前，应在配水干管底部加设堵头后，对地下管道进行冲洗。

（8）管网冲洗应连续进行，当出口处水的颜色、透明度与入口处水的颜色基本一致时，冲洗方可结束。

（9）管网冲洗的水流方向应与灭火时管网的水流方向一致。

3. 施工质量验收

（1）主控项目

室内消火栓系统安装完成后应取屋顶层（或水箱间内）试验消火栓和首层取二处消火栓做试射试验，达到设计要求为合格。

检验方法：实地试射检查。

（2）一般项目

1）安装消火栓水龙带，水龙带与水枪和快速接头绑扎好后，应根据箱内构造将水龙带挂放在箱内的挂钉、托盘或支架上。检查方法：观察检查。

2）箱式消火栓的安装应符合下列规定：

①栓口应朝外，并不应安装在门轴侧。

②栓口中心距地面为 1.1m，允许偏差±20mm。

③阀门中心距箱侧面料 140mm，距箱后内表面为 100mm，允许偏差±5mm。

④消火栓箱体安装的垂直度允许偏差为 3mm。

检验方法：观察和尺量检查。

三、室内给水设备安装

1. 设备管理要点

（1）设备必须具备图纸、产品合格证书、安装使用说明书等。技术资料应与实物相符。

（2）设备外观应完好无损，受压元件可见部位无变形、无损坏。

（3）设备配套附件应齐全完好，并符合要求。根据设备清单对所有设备及零部件进行清点验收。对缺损件应做记录并及时解决，清点后应妥善保管。

（4）各种金属管材、型钢、仪表阀门及管件的规格、型号必须符合设计要求，并符合产品出厂质量标准，外观质量良好，不得有损伤、锈蚀或其表面缺陷。

2. 施工及质量控制要点

（1）设备运输

1）设备在楼层内运输可用卷扬机牵引拖排运输等方法运至基础附近，也可用倒链、撬棍、滚杠等拖运，有条件时可用铲车运送。

2）按包装箱上的标志绑扎牢固，捆绑设备时承力点要高于重心。捆绑位置须根据设备及内部结构选定。支垫位置一般选在底座、加强圈或有内支撑的位置，并尽量扩大支垫面积，消除应力集中，以防局部变形。

3）严禁碰撞与敲击设备，以保证设备运输装卸安全。

4）由于受到层高及高度的限制，当设备无法吊送到位时，要搭设专用平台，先将设备吊送至平台上，再用拖排运至室内。

（2）设备安装

1）离心泵机组安装

①离心泵机组分带底座和不带底座两种形式。一般小型离心泵出厂均与电动装配线在同一铸铁底座上，口径较大的泵出厂时不带底座，水泵和动力机直接安装在基础上。

②安装带底座的小型水泵时，先在基础面和底座面上划出水泵中心线，然后将底座吊装在基础上，套上地脚螺栓和螺母，调整底座位置，使底座上的中心线和基础上的中心线一致。底座装好后，把水泵吊放在底座上，并对水泵的轴线、进出水口中心线和水泵的水平度进行检查和调整。

③无共用底座水泵的安装顺序是先安装水泵，待其位置与进出水管的位置找正后，再安装电动机。吊水泵可采用三脚架。起吊时一定要注意，钢线绳不能系在泵体上，也不能系在轴承架上，更不能系在轴上，只能系在吊装环上。

④电动机安装（联轴器对中）

a. 安装电动机时以水泵为基准，将电动机轴中心调整到与水泵的轴中心线在同一条直线上。

b. 通常是靠测量水泵与电动机连接处两个联轴器的相对位置来完成，即把两个联轴器调整到既同心又相互平行。

2）潜水泵安装

安装前制造厂为防止部件损坏而包装的防护粘贴不得提早撕离，底座安装要调整水平，水平度不大于1/1000，安装位置和标高符合设计要求，平面位置偏差要小于±10mm,标高偏差不大于±20mm。潜水泵出水法兰面必须与管道连接法兰面对齐、平直紧密。

3)水箱安装

①现场制作的水箱,按设计要求制作成水箱后须作盛水试验或煤油渗透试验。

②按图纸安装进水管、出水管、溢流管、排污管、水位讯号管等,水箱溢流管和泄放管应设置在排水地点附近但不得与排水管直接连接。

③需绝热的要进行保温处理。水箱保温适用泡沫混凝土及泡沫珍珠岩的板状保温材料。冷水箱也可采用泡沫塑料聚苯板或软木板用热沥青贴在水箱上,外包塑料布。

4)水泵隔振措施

①在水泵机组底座下,宜设置惰性块。当水泵机组底座的刚度和质量满足设计要求时,可不设惰性块,但应设置型钢机座。

②惰性块与水泵机组底座的固定宜采用锚固式安装方式。在惰性块上表面预埋钢板上焊螺栓,用于固定水泵机组底座。

③隔振元件应按水泵机组的中轴线作对称布置。橡胶隔振垫的平面布置可按顺时针方向或逆时针方向布置。

④卧式水泵机组隔振安装橡胶的隔垫或阻尼弹簧减振器时,一般情况下,橡胶隔振垫和阻尼弹簧隔振器与地面,及与惰性块或型钢机座之间无须粘接或固定。

⑤立式水泵机组隔振安装使用橡胶隔振器时,在水泵机组底座下,宜设置型钢机座并采用锚固式安装,型钢机座与橡胶隔振器之间应用螺栓(加设弹簧垫圈)固定。在地面或楼面中设置地脚螺栓,橡胶隔振器通过地脚螺栓后固定在地面或楼面上。

⑥机组隔振元件应避免与酸、碱和有机溶剂等物质相接触。

(3)室内给水设备安装的允许偏差应符合表 3-10 规定。

表 3-10　室内给水设备安装的允许偏差和检验方法

项次	项　　目			允许偏差(mm)	检　验　方　法
1	静置设备	坐标		15	经纬仪或拉线、尺量
		标高		±5	用水准仪、拉线和尺量
		垂直度(每 1m)		5	吊线和尺量检查
2	离心式水泵	立式泵体垂直度(m)		0.1	水平尺和塞尺检查
		卧式泵体垂直度(m)		0.1	水平尺和塞尺检查
		联轴器同心度	轴向倾斜(每 1m)	0.8	在联轴器互相垂直的四个位置上用水准仪、百分表或测微螺钉和塞尺检查
			径向位移	0.1	

3. 质量验收

（1）主控项目

1）水泵就位前的基础混凝土强度、坐标、标高、尺寸和螺栓孔位置必须符合设计规定。检验方法：对照图纸用仪器和尺量检查。

2）水泵试运转的轴承温升必须符合设备说明书的规定。

检验方法：温度计实测检查。

3）敞口水箱的满水试验和密闭水箱（罐）的水压试验必须符合设计与《建筑给水排水及采暖工程施工质量验收规范》的规定。

检验方法：满水试验静置 24h 观察，不渗不漏；水压试验在试验压力下 10min 压力不降，不渗不漏。

（2）一般项目

1）水箱支架或底座安装，其尺寸及位置应符合设计规定，埋设平整牢固。

检验方法：对照图纸，尺量检查。

2）水箱溢流管和泄放管应设置在排水地点附近但不得与排水管直接连接。

检验方法：观察检查。

3）立式水泵的减振装置不应采用弹簧减振器。

检验方法：观察检查。

4）室内给水设备安装的允许偏差应符合表 3-10 的规定。

5）管道及设备保温层的厚度和平整度的允许偏差应符合表 3-11 的规定。

表 3-11 管道及设备保温的允许偏差和检验方法

项次	项 目		允许偏差（mm）	检验方法
1	厚度		$+0.1\delta$ -0.05δ	用钢针刺入
2	表现 平整度	卷材	5	用 2m 靠尺和梯形塞尺检查
		涂抹	10	

第三节　室内排水系统安装

一、排水管道及配件安装

1. 材料、设备管理要点

（1）首先应按设计要求选材，无特殊要求的情况下，生活污水管道应使用塑料管、铸铁管或混凝土管。由成组洗脸盆或饮用喷水器到共用水封之间的排水管和连接卫生器具的排水短管,可以使用钢管。

(2)雨水管道宜使用塑料管、铸铁管、镀锌和非镀锌钢管或混凝土管等。悬吊式雨水管道应选用钢管、铸铁管或塑料管。易受振动的雨水管道(如锻造车间)应使用钢管。

(3)铸铁排水管及管件规格品种应符合设计要求。灰口铸铁管的管壁厚薄均匀,内外光滑整洁,无浮砂、包砂、粘砂,更不允许有砂眼、裂纹、飞刺和疙瘩。承插口的内外径及管件造型规矩,法兰接口平正光洁严密,地漏和返水弯的扣距必须一致,不得有扁扣、乱扣、方扣、丝扣不全等现象。

(4)镀锌碳素钢管及管件管壁内外镀锌均匀,无锈蚀,内外无飞刺,管件无偏扣、乱扣、方扣、死扣不全,角度不准等现象。

(5)青麻、油麻要整齐,不允许有腐蚀现象。油沥青、防锈漆、调合漆和银粉必须有出厂合格证。

2. 施工及质量控制要点

(1)生活污水铸铁管道的坡度和生活污水塑料管道的坡度必须符合设计或国家规范的要求。

(2)金属排水管道上的吊钩或卡箍应固定在承重结构上。固定件间距:横管不大于 2m,立管不大于 3m。楼层高度小于或等于 4m,立管可安装 1 个固定件。立管底部的弯管处应设支墩或采取固定措施。

(3)排水塑料管道支、吊架间距应符合表 3-12 的规定。

表 3-12　排水塑料管道支架最大间距

管径(mm)	50	75	110	125	160
立管(m)	1.2	1.5	2.0	2.0	2.0
横管(m)	0.5	0.75	1.10	1.30	1.60

(4)在生活污水管道上设置的检查口或清扫口,当设计无要求时应符合下列规定:

1)在立管上每隔一层设置一个检查口,但在最底层和有卫生器具的最高层必须设置。如为两层建筑时,可仅在底层设置立管检查口;如有乙字弯管时,则在该层乙字弯管上部设置检查口。

2)如排水支管设在吊顶,应在每层立管上均装立管检查口,以便做灌水实验。

3)污水横管的直线管段,应按设计要求的距离设置检查口或清扫口。

4)埋在地下或地板下的排水管道的检查口,应设在检查井内。井底表面标高与检查口的法兰相平,井底表面应有 5% 坡度,坡向检查口。

（5）通向室外的排水管，穿过墙壁或基础必须下返时，应采用45°三通和45°弯头连接，并应在垂直管段顶部设置清扫口。

（6）排水塑料管必须按设计要求及位置装设伸缩节，如设计无要求时，伸缩节的间距不得大于4m。排水横管上的伸缩节位置必须装设固定支架。

（7）立管伸缩节设置位置应靠近水流汇合管件处。

（8）高层建筑中明设排水塑料管道应按设计要求设置阻火圈或防火套管。

（9）由室内通向室外排水检查井的排水管，井内引入管应高于排出管或与两管顶相平，并有不小于90°的水流转角，如跌落差大于300mm可不受角度限制。

（10）安装未经消毒处理的医院含菌污水管道，不得与其他排水管道直接连接。

3. 施工质量验收

（1）主控项目

1）隐蔽或埋地的排水管道在隐蔽前必须做灌水试验，其灌水高度应不低于底层卫生器具的上边缘或底层地面高度。

检验方法：满水15min水面下降后，再灌满观察5min，液面不降，管道及接口无渗漏为合格。

2）生活污水铸铁管道的坡度必须符合设计及表3-13的规定。

表3-13　生活污水铸铁管道的坡度

项次	管径（m）	标准坡度（‰）	最小坡度（‰）
1	50	35	25
2	75	25	15
3	100	20	12
4	125	15	10
5	150	10	7
6	200	8	5

3）生活污水塑料管道的坡度必须符合设计及表3-14的规定。

表3-14　生活污水塑料管道的坡度

项次	管径（mm）	标准坡度（‰）	最小坡度（‰）
1	50	25	12
2	75	15	8
3	110	12	6
4	125	10	5
5	160	7	4

4)排水塑料管必须按设计要求及位置装设伸缩节。如设计无要求时,伸缩节间距不得大于 4m。高层建筑中明设排水塑料管道应按设计要求设置阻火圈或防火套管。

5)排水主立管及水—干管管道均应做通球试验,通球球径不小于排水管道管径的 2/3,通球率必须达到 100%。

(2)一般项目

1)在生活污水管道上设置的检查口或清扫口,当设计无要求时应符合下列规定:

①在立管上应每隔一层设置一个检查口,但在最底层和有卫生器具的最高层必须设置。如为两层建筑时,可仅在底层设置立管检查口;如有乙字弯管时,则在该层乙字弯管的上部设置检查口。检查口中心高度距操作地面一般为 1m,允许偏差±20mm;检查口的朝向应便于检修。暗装立管,在检查口处应安装检修门。

②在连接 2 个及 2 个以上大便器或 3 个及 3 个以上卫生器具的污水横管上应设置清扫口。当污水管在楼板下悬吊敷设时,可将清扫口设在上一层楼地面上,污水管起点的清扫口与管道相垂直的墙面距离不得小于 200mm;若污水管起点设置堵头代替清扫口时,与墙面距离不得小于 400mm。

③在转角小于 135 度的污水横管上,应设置检查口或清扫口。

④污水横管的直线管段,应按设计要求的距离设置检查口或清扫口。

2)埋在地下或地板下的排水管道的检查口,应设在检查井内。井底表面标高与检查口的法兰相平,井底表面应有 5% 坡度,坡向检查口。

3)金属排水管道上的吊钩或卡箍应固定在承重结构上。固定件间距:横管不大于 2m;立管不大于 3m。楼层高度小于或等于 4m,立管可安装 1 个固定件。立管底部的弯管处应设支墩或采取固定措施。

4)排水塑料管道支、吊架间距应符合表 3-15 的规定。

表 3-15 排水塑料管道支吊架最大间距(单位:m)

管径(mm)	50	75	110	125	160
立管	1.2	1.5	2.0	2.0	2.0
横管	0.5	0.75	1.10	1.30	1.6

5)排水通气管不得与风道或烟道连接,且应符合下列规定:

①通气管应高出屋面 300mm,但必须大于最大积雪厚度。

②在通气管出口 4m 以内有门、窗时,通气管应高出门、窗顶 600mm 或引向无门、窗一侧。

③在经常有人停留的平屋顶上,通气管应高出屋面 2m,并应根据防雷要求设置防雷装置。

④屋顶有隔热层从隔热层板面算起。

6)安装未经消毒处理的医院含菌污水管道,不得与其他排水管道直接连接。

7)饮食业工艺设备引出的排水管及饮用水水箱的溢流管,不得与污水管道直接连接,并应留出不小于 100mm 的隔断空间。

8)通向室外的排水检查井的排水管,穿过墙壁或基础必须下返时,应采用 45 度三通和 45 度弯头连接,并应在垂直管段顶部设置清扫口。

9)由室内通向室外排水检查井的排水管,井内引入管应高于排出管或两管顶相平,并不小于 90 度的水流转角,如跌落差大于 300mm 可不受角度限制。

10)用于室内排水的室内管道、水平管道与立管的连接,应采用 45 度三通或 45 度四通和 90 度斜三通或 90 度斜四通。立管与排出管端部的连接,应采用两个 45 度弯头或曲率半径不小于 4 倍管径的 90 度弯头。

11)室内排水管道安装的允许偏差应符合表 3-16 的相关规定。

表 3-16　室内排水和雨水管道安装的允许偏差和检验方法

项次	项　　目			允许偏差(mm)	检验方法
1	坐　　标			15	
2	标　　高			±15	
3	横管纵横方向弯曲	铸铁管	每 1m	≥1	用水准仪(水平尺)、直尺、拉线和尺量检查
			全长(25m 以上)	≥15	
		钢管	每 1m　管径小于或等于 100mm	1	
			管径大于 100mm	1.5	
			全长 25m 以上　管径小于或等于 100mm	≥25	
			管径小于 100m	≥308	
		塑料管	每 1m	1.5	
			全长(25m 以上)	≥38	
		钢筋混凝土管、混凝土管	每 1m	3	
			全长(25m 以上)	≥75	
4	立管垂直度	铸铁管	每 1m	3	吊线和尺量检查
			全长(25m 以上)	≥15	
		钢管	每 1m	3	
			全长(25m 以上)	≥10	
		塑料管	每 1m	3	
			全长(25m 以上)	≥15	

二、雨水管道及配件安装

1. 材料控制要点

参见本章第二节"一、给水管道及配件安装"和第三节"一、排水管道及配件安装"的材料控制要点。

2. 施工及质量控制要点

(1)应符合本章第二节的相关规定。

(2)悬吊式雨水管道的敷设坡度不得小于 5‰；埋地雨水管道的最小坡度，应符合表 3-17 的规定。

表 3-17　地下埋设雨水排水管道的最小坡度

项次	管径(mm)	最小坡度(‰)	项次	管径(mm)	最小坡度(‰)
1	50	20	4	125	6
2	75	15	5	150	5
3	100	8	6	200~400	4

(3)雨水斗管的连接应固定在屋面承重结构上。雨水斗边缘与屋面相连处应严密不漏。连接管管径应符合设计的要求，当设计无要求时，不得小于 100mm。

(4)悬吊式雨水管道的检查口或带法兰堵口的三通的间距不得大于表 3-18 的规定。

表 3-18　悬吊管检查口间距

项次	悬吊管直径(mm)	检查口间距(m)
1	≤150	≥15
2	≥200	≥20

(5)雨水管道如采用塑料管，其伸缩节应符合设计要求。

(6)雨水管道不得与生活污水管道相连接。

(7)为防止屋面雨水在施工期间进入建筑物内，室内雨水系统应在屋面结构层施工验收完毕后的最佳时间内完成。

(8)雨水管道安装

1)内排水雨水管安装，管材必须考虑承压能力按设计要求选择。

2)选用铸铁排水管安装，其安装方法同上述室内排水管道安装。

3)雨水管道安装后，应做灌水实验，高度必须到每根立管最上部的雨水漏斗。

(9)雨水管道的其他施工及质量控制要求参见本节第一条的相关内容。

3. 质量验收

(1)主控项目

1)安装在室内的雨水管道安装后应做灌水试验,灌水高度必须到每根立管上部的雨水斗。

检验方法:灌水试验持续 1h,不渗不漏。

2)雨水管道如采用塑料管,其伸缩节安装应符合设计要求。

3)悬吊式雨水管道的敷设坡度不得小于 5‰;埋地雨水管道的最小坡度,应符合表 3-19 的规定。

表 3-19　地下埋设雨水排水管道的最小坡度

项次	管径(mm)	最小坡度(‰)	项次	管径(mm)	最小坡度(‰)
1	50	20	4	125	6
2	75	15	5	150	5
3	100	8	6	200～400	4

(2)一般项目

1)雨水管道不得与生活污水管道相连接。

2)雨水斗管的连接应固定在屋面承重结构上。雨水斗边缘与屋面相连处应严密不漏。连接管管径当设计无要求时,不得小于 100mm。

3)悬吊式雨水管道的检查口或带法兰堵口的三通的间距不得大于表 3-20 的规定。

表 3-20　悬吊管检查口间距

项次	悬吊直径(mm)	检查口间距(mm)
1	≤150	≥15
2	≥200	≥20

4)雨水管道安装的允许偏差应符合表 3-16 的规定。

5)雨水钢管管道焊口允许偏差应符合表 3-21 的规定。

表 3-21　钢管管道焊口允许偏差和检验方法

项次	项目			允许偏差	检验方法
1	焊口平直度	管壁厚 10mm 以内		管壁厚 1/4	焊接检验尺和游标卡尺检查
2	焊缝加强面	高度		+1mm	
		宽度			
3	咬边	深度		小于 0.5mm	直尺检查
		长度	连续长度	25mm	
			总长度(两侧)	小于焊缝长度的 10%	

第四节　室内热水系统安装

一、室内热水管道及配件安装

1. 材料、设备管理要点

（1）管材

1）钢管及管件的规格、种类，应符合设计要求。

2）铜管表面与内壁均应光洁，无疵孔、裂缝、结疤、气孔，不应有裂纹、明显的凹凸不平和超过壁厚负偏差的划痕，纵向划痕深度不应大于壁厚的10%，且不超过0.03mm；管材及管件，均应有出厂合格证和材质检测报告。

3）镀锌钢管及管件的规格、种类，应符合设计要求；管壁内外镀锌均匀，无锈蚀、飞刺；管件无偏扣、乱扣、丝扣不全或角度不准等现象；管材及管件，均应有出厂合格证和材质检测报告。

4）PP-R给水管、铝塑复合管的管壁颜色应一致，色泽应均匀，无分解变色线，内、外壁应光滑、平整、无起泡、裂口、裂纹、脱皮、痕纹及碰撞凹陷；管件表面应光滑、无毛刺、无缺损、无变形、无气泡和沙眼；管材与管件应采用同一厂家产品；同一口径管件的锁紧螺帽、紧箍环应能互换；管件内使用的密封圈材质，应符合卫生要求，宜采用丁腈橡胶、硅橡胶、三元乙炳橡胶；冷、热水管材应有明显的标志线，应分类存放，并且在施工时不应混用；管道及管件的规格、种类，应符合设计要求；管材及管件，均应有出厂合格证和材质检测报告。

（2）管道配件

1）热水表刻度符合要求，表壳铸造规矩，无砂眼、裂纹，表玻璃盖无损坏，铅封完整，应有出厂合格证。

2）阀门的规格、型号，应符合设计要求。阀体铸造规矩，表面光洁，无裂纹、开启灵活，关闭严密，填料密封完好无渗漏，手轮完整无损坏；应有出厂合格证和材质检测报告。

（3）辅材

型钢、圆钢、管卡子、螺栓、螺母、铅油、垫片、焊条等材料质量应符合要求，并应有出厂合格证和材质检测报告。

2. 施工及质量控制要点

（1）热水供应系统的管道应采用塑料管、复合管、镀锌钢管和铜管。

（2）热水供应系统管道及配件安装应按本章第二节"一、给水管道及配件安

装"的相关规定执行外,还应符合下列要求:

1)管道安装坡度符合设计规定。

2)热水供应管道应尽量利用自然弯补偿热伸缩,直线段过长则应设置补偿器。补偿器形式、规格、位置应符合设计要求,并按有关规定进行预拉伸。

3)温度控制器及阀门应安装在便于观察和维护的位置。

4)热水供应管道和阀门安装的允许偏差应符合表 3-22 的规定。

表 3-22　管道和阀门安装的允许偏差和检验方法

项　次	项　　目			允许偏差	检验方法
1	水平管道纵横方向弯曲	钢管	每米	1	用水平尺直尺拉线和尺量检查
			全长 25m 以上	≯25	
		塑料管复合管	每米	1.5	
			全长 25m 以上	≯25	
		铸铁管	每米	2	
			全长 25m 以上	≯25	
2	立管垂直度	钢管	每米	3	吊线尺量检查
			5m 以上	≯8	
		塑料管复合管	每米	2	
			5m 以上	≯8	
		铸铁管	每米	3	
			5m 以上	≯10	
3	成排管段和成排阀门	在同一平面上间距		3	尺量检查

5)热水供应系统安装完毕,管道保温之前应进行水压试验。

(3)热水供应系统竣工后必须进行冲洗。冲洗前,应将阻碍水流流通的调节阀、减压阀及其他可能损坏的温度计等仪表拆除。开启供水总阀,使管道系统具有设计要求的最大压力管流量,同时开启设计要求同时开放的最大数量的配水点,直至所有配水点均放出洁净水为合格。

(4)热水供应系统管道应按设计要求进行保温,保温材料、厚度、保护壳等应符合设计规定。

3. 施工质量验收

(1)主控项目

1)热水供应系统安装完毕,管道保温之间前应进行水压试验。试验压力应符合设计要求。当设计未注明时,热水供应系统水压试验压力应为系统顶点的工作压力加 0.1MPa,同时在系统顶点的试验压力不小于 0.3MPa。

检验方法:钢管或复合管道系统试验压力下 10min 内压力降不大于 0.02MPa,然后降至工作压力检查,压力应不降,且不渗不漏;塑料管道系统在试验压力下稳压 1h 压力降不得超过 0.05MPa,然后在工作压力 1.5 倍状态下稳压 2h,压力降不得超过 0.03MPa,连接处不得渗漏。

2)热水供应管道应尽量利用自然弯补偿热伸缩,直线段过长则应设置补偿器。补偿器型式、规格、位置应符合设计要求,并按有关规定进行预拉伸。

3)热水供应系统竣工后必须进行冲洗。

(2)一般项目

1)管道安装坡度应符合设计规定。

2)温度控制器及阀门应安装在便于观察和维护的位置。

3)热水供应管道和阀门安装的允许偏差符合表 3-7 的规定。

4)热水供应系统管道应保温(浴室内明装管道除外),保温材料、厚度、保护壳等应符合设计规定。保温层厚度和平整度的允许偏差应符合表 3-11 的规定。

二、室内热水辅助设备安装

1. 材料质量控制

(1)集热板和集热器表面应为黑色涂料,应具有耐气候性,附着力大,强度高。

(2)集热板应有良好的导热性和耐久性,不易锈蚀,宜采用铝合金板、铝板、不锈钢板或已防腐处理的钢板。

2. 施工及质量控制要点

(1)敞口水箱的满水试验和密闭水箱(罐)的水压试验必须符合设计与本施工技术标准的规定。满水试验静置 24h,观察不渗不漏。水压试验在试验压力下 10min 内压力不降,不渗不漏为合格。

(2)水泵就位前的基础混凝土强度、坐标、标高、尺寸和螺栓孔位置必须符合设计要求。

(3)水泵试运转的轴承温升必须符合设备说明书的规定。

(4)热水供应辅助设备安装的允许偏差应符合表 3-10 的规定。

(5)太阳能热水设备安装

1)支座制作安装,应根据设计详图配制,一般为成品现场组装。其支座架地脚盘安装应符合设计要求。

2)热水器设备组装

①安装固定式太阳能热水器朝向应正南,如受条件限制时,其偏移角不得大于 15°。集热器的倾角,对于春、夏、秋三个季节使用的,应采用当地纬度为倾角;

若以夏季为主,可比当地纬度减少10°。

②太阳能热水器的最低处应安装泄水装置。

③太阳能热水器安装的允许偏差应符合表3-23的规定。

表3-23　太阳能热水器安装的允许偏差和检验方法

项　目			允许偏差	检验方法
板式直管太阳能热水器	标高	中心线距地面(mm)	±20	尺量
	固定安装朝向	最大偏移角	不大于15°	分度仪检查

3)直接加热的贮热水箱制作安装

①给水应引至水箱底部,可采用补给水箱或漏斗配水方式。

②热水应从水箱上部流出,接管高度一般比上循环管进口低50~100mm。为保证水箱内的水能全部使用,应从水箱底部接出管与上部热水管并联。

③上循环管接自水箱上部,一般比水箱顶低200mm左右,并要保证正常循环时淹没在水面以下,并使浮球阀安装后工作正常。

④由集热器上、下集管接往热水箱的循环管道,应有不小于0.5‰的坡度。

⑤自然循环的热水箱底部与集热器上集管之间的距离为0.3~1.0m,上下集管设在集热器以外时应高出600mm以上。

4)自然循环系统管道安装

①为减少循环水头损失,应尽力缩短上、下循环管道的长度和减少弯头数量,应采用大于4倍曲率半径、内壁光滑的弯头和顺流三通。

②管路上不宜设置阀门。

③在设置几台集热器时,集热器可以并联、串联或混联,循环管路应对称安装,各回路的循环水头损失平衡。

④循环管路(包括上下集管)安装应有不小于1‰的坡度,以便于排气。管路最高点应设通气管或自动排气阀。

⑤循环管路系统最低点应加泄水阀,使系统存水能全部泄净。每台集热器出口应加温度计。

5)机械循环系统适合大型热水器设备使用。安装要求与自然循环系统基本相同,还应注意以下几点:

①水泵安装应能满足系统100℃高温下正常运行。

②间接加热系统高点应设膨胀管或膨胀水箱。

6)凡以水作介质的太阳能热水器,在0℃以下地区使用,应采取防冻措施。

7)太阳能热水器系统交工前进行调试运行。

3. 施工质量验收

(1)主控项目

1)在安装太阳能集热器玻璃前,应对集热排管和上、下集管作水压试验,试验压力为工作压力的1.5倍。

检验方法:试验压力下10min内压力不降,不渗不漏。

2)热交换器应以工作压力的1.5倍作水压试验。蒸汽部分应不低于蒸汽供汽压力加0.3MPa;热水部分应不低于0.4MPa。

检验方法:试验压力下10min内压力不降,不渗不漏。

3)水泵就位前的基础混凝土强度、坐标、标高、尺寸和螺栓孔位置必须符合设计要求。

4)水泵试运转的轴承温升必须符合设备说明书的规定。

5)敞口水箱的满水试验和密闭水箱(罐)的水压试验必须符合设计与本规范的规定。

检验方法:满水试验静置24h,观察不渗不漏;水压试验在试验压力10min压力不降,不渗不漏。

(2)一般项目

1)安装固定式太阳能热水器,朝向应正南。如果受条件限制时,其偏移角不得大于15°。集热器的倾角,对于春、夏、秋三个季节使用的,应采用当地纬度为倾角;若以夏季为主,可比当地纬度减少10°。

2)由集热器上、下集管接往热水箱的循环管道,应有不小于5‰的坡度。

3)自然循环的热水箱底部与集热器上集管之间的距离为0.3～1.0m。

4)制作吸热钢板凹槽时,其圆度应准确,间距应一致。安装集热排管时,应用卡箍和钢丝紧固在钢板凹槽内。

5)太阳能热水器的最低处应安装泄水装置。

6)热水箱及上、下集管等循环管道均应保温。

7)凡以水作介质的太阳能热水器,在0℃以下地区使用,应采取防冻措施。

8)热水供应辅助设备安装的允许偏差应符合表3-7的规定。

9)太阳能热水器安装的允许偏差符合表3-23的规定。

第五节　卫生器具安装

一、卫生器具安装

1. 材料质量控制

(1)卫生器具的规格、型号必须符合设计要求,并有产品出厂合格证。卫生器具的外观应规矩,造型周正,表面光滑、美观,无裂纹,边缘平滑,色调一致。

（2）卫生器具的零件规格应标准,质量应可靠,外表光滑,电镀均匀,螺纹清晰,锁母松紧适度,无砂眼、裂纹等缺陷。

（3）卫生器具的水箱应采用节水型。

（4）其他材料:镀锌管件、截止阀、八字门、水嘴、丝扣返水弯、排水口、镀锌螺栓、螺母、胶皮板、铜丝、油灰等均应符合材料要求。

2. 施工及质量控制要点

（1）卫生器具在安装前应进行检查、清洗。配件与卫生器具应配套。部分卫生器具应进行预制再安装。

（2）卫生器具安装通用要求

1）卫生器具的安装应采用预埋螺栓或膨胀螺栓安装固定。

2）卫生器具安装高度如无设计要求应符合表 3-24 规定。

表 3-24　卫生器具的安装高度

项次	卫生器具名称		卫生器具安装高度（mm）		备注
			居住和公共建筑	幼儿园	
1	污水盆（池）	架空式	800	800	
		落地式	500	500	
2	洗涤盆(池)		800	800	
3	洗脸盆、洗手盆(有塞、无塞)		800	500	自地面至器具上边缘
4	盥洗槽		800	500	
5	浴盆		≯520		
6	蹲式大便器	高水箱	1800	1800	自台阶面至高水箱底
		低水箱	900	900	自台阶面至低水箱底
7	坐式大便器	高水箱	1800	1800	自地面至高水箱底
		低水箱 外露排水管式	510		自地面至低水箱底
		虹吸喷射式	470	370	
8	小便器	挂式	600	450	自地面至下边缘
9	小便槽		200	150	自地面至台阶面
10	大便槽冲洗水箱		≮2000		自台阶面至水箱底
11	妇女卫生盆		360		自地面至器具上边缘
12	化验盆		800		自地面至器具上边缘

3)卫生器具的支、托架必须防腐良好,安装平整、牢固,与器具接触紧密、平稳。

4)卫生器具安装的允许偏差应符合表 3-25 的规定。

表 3-25 卫生器具安装的允许偏差和检验方法

项 次	项 目		允许偏差(mm)	检验方法
1	坐标	单独器具	10	拉线、吊线和尺量检查
		成排器具	5	
2	标高	单独器具	±15	
		成排器具	±10	
3	器具水平度		2	用水平尺和尺量检查
4	器具垂直度		3	吊线和尺量检查

(3)PT 型支柱式洗脸盆安装

1)按照排水管口中心画出竖线,将支柱立好,将脸盆放在支柱上,使脸盆中心对准竖线,找平后画好脸盆固定孔眼位置。同时将支柱在地面位置作好印记。按墙上印记打出 $\phi10\times80$mm 的孔洞,栽好固定螺栓。

2)将地面支柱印记内放好白灰膏,稳好支柱及脸盆,将固定螺栓加胶皮垫、眼圈、带上螺母拧至松紧适度。

3)再次将脸盆面找平,支柱找直。将支柱与脸盆接触处及支柱与地面接触处用白水泥勾缝抹光。

(4)洗脸盆安装

1)洗脸盆支架安装:应按照排水管口中心在墙面上画出竖线,由地面向上量出规定的高度,画出水平线,根据盆宽在水平线上画出支架位置的十字线。按印记剔成 $\phi30\times120$mm 孔洞,将脸盆支架找平栽牢,再将脸盆置于支架上找平、找正。将架钩在盆下固定孔内,拧紧盆架的固定螺栓,找平找正。

2)铸铁架洗脸盆安装:按上述方法找好十字线,按印记剔成 $\phi15\times70$mm 的孔洞,栽好铅皮卷,采用 2½″螺钉将盆架固定于墙上。将活动架的固定螺栓松开,拉出活动架将架钩勾在盆下固定孔内,拧紧盆架的固定螺栓,找正、找平。

(5)净身盆安装

1)净身盆配件安装完以后,应接通临时水试验无渗漏后方可进行稳装。

2)将排水预留管口周围清理干净,将临时管堵取下,检查有无杂物。将净身盆排水三通下口铜管装好。

3)将净身盆排水管插入预留排水管口内,将净身盆稳平找正。净身盆尾部距墙尺寸一致。将净身盆固定螺栓孔及底座画好印记,移开净身盆。

4)将固定螺栓孔印记画好十字线,剔成 $\phi20\times60mm$ 孔眼,将螺栓插入洞内栽好,再将净身盆孔眼对准螺栓放好,与原印记吻合后再将净身盆下垫好白灰膏,排水铜管套上护口盘。净身盆稳牢、找平、找正。固定螺栓上加胶垫、眼圈,拧紧螺母。清除余灰,擦拭干净。将护口盘内加满油灰与地面按实。净身盆底座与地面有缝隙之处,嵌入白水泥浆补齐、抹光。

(6)蹲便器、高水箱安装

1)将胶皮碗套在蹲便器进水口上,要套正、套实,用成品喉箍紧固(或用14号铜丝分别绑两道,严禁压接在一条线上,铜丝拧紧要错位 90°左右。

2)将预留排水口周围清扫干净,把临时管堵取下,同时检查管内有无杂物。找出排水管口的中心线,并画在墙上。用水平尺(或线坠)找好竖线。

3)将下水管承口内抹上油灰,蹲便器位置下铺垫白灰膏,然后将蹲便器排水口插入排水管承口内稳好。

4)稳装多联蹲便器时,应先检查排水管口的标高、甩口距墙的尺寸是否一致,找出标准地面标高,向上测量蹲便器需要的高度,用小线找平,找好墙面距离,然后按上述方法逐个进行稳装。

5)高水箱稳装:应在蹲便器稳装之后进行。首先检查蹲便器的中心与墙面中心线是否一致,如有错位应及时进行调整,以蹲便器不扭斜为准。

6)多联高水箱应按上述做法先挂两端的水箱,然后拉线找平、找直,再稳装中间水箱。

(7)背水箱坐便器安装

1)将坐便器预留排水管口周围清理干净,取下临时管堵,检查管内有无杂物。

2)将坐便器出水口对准预留排水口放平找正,在坐便器两侧固定螺栓眼处画好印记后,移开坐便器,将印记画好十字线。

3)坐便器无进水螺母的可采用胶皮碗的连接方法。

4)背水箱安装:对准坐便器尾部中心,在墙上画好垂直线和水平线。与坐便器中心对正,螺栓上套好胶皮垫,带上眼圈、螺母拧至松紧适度。

(8)挂式小便器安装

1)对准给水管中心画一条垂线,由地平向上量出规定的高度画一水平线。根据产品规格尺寸,由中心向两侧固定孔眼的距离,在横线上画好十字线,再画出上、下孔眼的位置。

2)将孔眼位置剔成 $\phi10\times60mm$ 的孔眼,栽入 $\phi6mm$ 螺栓。托起小便器挂在螺栓上。把胶垫、眼圈套入螺栓,将螺母拧至松紧适度。将小便器与墙面的缝隙嵌入白水泥浆补齐、抹光。

（9）立式小便器安装

1）立式小便器安装前应检查给、排水预留管口是否在一条垂线上，间距是否一致。符合要求后按照管口找出中心线。

2）将下水管周围清理干净，取下临时管堵，抹好油灰，在立式小便器下铺垫水泥、白灰膏的混合灰（比例为1：5）。将立式小便器稳装找平、找正。立式小便器与墙面、地面缝隙嵌入白水泥浆抹平、抹光。

（10）洗涤盆安装

1）排水管的连接：先将排水口螺母松开卸下，放在洗涤盆排水孔眼内，测量出距排水预留管口的尺寸。在排水口的丝扣处抹油、缠麻，用自制扳手卡住排水口内十字筋，使排水口溢水眼对准洗涤盆溢水口眼，用自制扳手拧紧螺母至松紧适度，吊直找正。

2）水嘴安装：将水嘴丝扣处涂油缠麻，装在给水管口内，找平、找正、拧紧，除净外露麻丝等。

3）堵链安装：在瓷盆上方50mm并对准排水口中心处剔成 $\phi10\times50$mm 孔眼，用水泥浆将螺栓浇注牢固。

（11）浴盆安装

1）浴盆稳装前应将浴盆内表面擦拭干净，同时检查瓷面是否完好。

2）有饰面的浴盆，应留有通向浴盆排水口的检修门。

（12）镀铬淋浴器安装

1）暗装管道先将冷、热水预留管口加试管找平、找正。量好短管尺寸，断管、套丝、涂铅油、缠麻，将弯头上好。

2）淋浴器锁母外丝丝头处抹油、缠麻。

3）将淋浴器上部铜管预装在三通口上，使立管垂直，固定圆盘与墙面贴实，孔眼平正，画出孔眼标记，栽入铅皮卷，锁母外加垫抹油，将锁母拧至松紧适度。

（13）排水栓和地漏的安装应平正、牢固，低于排水表面，周边无渗漏。地漏水封高度不得小于50mm。

（14）卫生器具交工前应做满水和通水试验，进行调试。

3. 施工质量验收

（1）主控项目

1）排水栓和地漏的安装应平正、牢固，低于排水表面，周边无渗漏。地漏水封高度不得小于50mm。

检验方法：试水观察检查。

2）卫生器具交工前应做满水和通水试验。

检验方法:满水后各连接件不渗不漏;能通水试验给、排水畅通。

(2)一般项目

1)卫生器具安装的允许偏差应符合表 3-25 的规定。

2)有饰面的浴盆,应留有通向浴盆排水口的检修门。

检验方法:观察检查。

3)小便槽冲洗管,应采用镀锌钢管或硬质资料管。冲洗孔应斜向下方安装,冲洗水流向同墙面成 45°角。镀锌钢管钻孔后应进行二次镀锌。

检验方法:观察检查。

4)卫生器具的支、托架必须防腐良好,安装平整、牢固,与器具接触紧密、平稳。

检验方法:观察和手扳检查。

二、卫生器具给水配件安装

1. 材料控制要点

参见本节"一、卫生器具安装"的材料控制要点。

2. 施工及质量控制要点

(1)卫生器具给水配件在安装前应进行检查、验收。配件与卫生器具应配套,部分卫生器具应进行预制再安装。

(2)卫生器具给水配件的安装高度,如设计无要求时,应符合表 3-26 的规定。

表 3-26　卫生器具给水配件的安装高度

项次	给水配件名称		配件中心距地面高度(mm)	冷热水龙头距离(mm)
1	架空式污水盆(池)水龙头		1000	—
2	落地式污水盆(池)水龙头		800	
3	洗涤盆(池)水龙头		1000	150
4	住宅集中给水龙头		1000	—
5	洗手盆水龙头		1000	
6	洗脸盆	水龙头(上配水)	1000	150
		水龙头(下配水)	800	150
		角阀(下配水)	450	
7	盥洗槽 冷热水管上下并行	水龙头	1000	150
		其中热水龙头	1100	150

（续）

项次	给水配件名称		配件中心距地面高度(mm)	冷热水龙头距离(mm)
8	浴盆	水龙头(上配水)	670	150
9	淋浴器	截止阀	1150	95
		混合阀	1150	
		淋浴喷头下沿	2100	—
10	蹲式大便器(台阶面算起)	高水箱角阀及截止阀	2040	
		低水箱角阀	250	
		手动式自闭冲洗阀	600	—
		脚踏式自闭冲洗阀	150	—
		拉管式冲洗阀(从地面算起)	1600	—
		带防污助冲器阀门(从地面算起)	900	—
11	坐式大便器	高水箱角阀及截止阀	2040	
		低水箱角阀	150	
12	大便槽冲洗水箱截止阀(从台阶面算起)		≮2400	
13	立式小便器角阀		1130	
14	挂式小便器角阀及截止阀		1050	
15	小便槽多孔冲洗管		1100	
16	实验室化验水龙头		1000	
17	妇女卫生盆混合阀		360	

注：装设在幼儿园的洗手盆、洗脸盆和盥洗槽水嘴中心距地面安装高度应 700mm,其他卫生器具给水配件的安装高度,应按卫生器具实际尺寸相应减少。

（3）卫生器具给水配件安装标高的允许偏差应符合表 3-27 的规定。

表 3-27 卫生器具给水配件安装标高的允许偏差和检验方法

项次	项 目	允许偏差(mm)	检验方法
1	大便器高、低水箱角阀及截止阀	±10	
2	水嘴	±10	尺量检查
3	淋浴器喷头下沿	±15	
4	浴盆软管沐浴器挂钩	±20	

（4）卫生器具安装完毕后通水时进行检查,看给水配件连接是否严密。

3. 施工质量验收

(1)主控项目

卫生器具给水配件应完好无损伤,接口严密,启闭部分灵活。

检验方法:观察及手扳检查。

(2)一般项目

1)卫生器具给水配件安装标高的允许偏差符合表 3-27 的规定。

检验方法:尺量检查。

2)浴盆软管淋浴器挂钩的高度,如设计无要求,应距地面 1.8m。

三、卫生器具排水管道安装

1. 材料控制要点

参见本节"一、卫生器具安装"的材料控制要点。

2. 施工及质量控制要点

(1)卫生器具排水配件在安装前应进行检查、验收。配件与卫生器具应配套,部分卫生器具排水配件应进行预制再安装。

(2)连接卫生器具的排水管管径的最小坡度,如设计无要求时,应符合表 3-28的规定。

表 3-28 连接卫生器具的排水管管径的最小坡度

项次	卫生器具名称		排水管管径(mm)	管道的最小坡度(‰)
1	污水盆(池)		50	25
2	单、双格洗涤盆(池)		50	25
3	洗手盆、洗脸盆		32～50	20
4	浴盆		50	20
5	淋浴器		50	20
6	大便器	高、低水箱	100	12
		自闭式冲洗阀	100	12
		拉管式冲洗阀	100	12
7	小便器	手动、自闭式冲洗阀	40～50	20
		自动冲洗水箱	40～50	20
8	化验盆(无塞)		40～50	25
9	净身器		40、50	20
10	饮水器		20～50	10～20
11	家用洗衣机		50(软管为30)	—

（3）与排水横管连接的各卫生器具的受水口和立管均应采取妥善可靠固定措施，管道与楼板的接合部位应采取牢固可靠的防渗、防漏措施。

（4）连接卫生器具的排水管道接口应紧密不漏，其固定支架、管卡等支撑位置应正确、牢固，与管道的接触应平整。

（5）卫生器具排水管道安装的允许偏差应符合表3-29的规定。

表 3-29　卫生器具排水管道安装的允许偏差和检验方法

项次	检 查 项 目		允许偏差(mm)	检验方法
1	横管弯曲度	每 1m 长	2	用水平尺和尺量检查
		横管长度≤10m，全长	<8	
		横管长度>10m，全长	10	
2	卫生器具的排水管口及横支管的纵横坐标	单独器具	10	用尺量检查
		成排器具	5	
3	卫生器具的接口标高	单独器具	±10	用水平尺和尺量检查
		成排器具	±5	

（6）卫生器具安装完毕后通水时进行检查，看排水管道连接是否严密。

3. 施工质量验收

（1）主控项目

1）与排水横管连接的各卫生器具的受水口和立管均应采取妥善可靠的固定措施；管道与楼板的接合部位应采取牢固可靠的防渗、防漏措施。

检验方法：观察和手扳检查。

2）连接卫生器具的排水管道接口应紧密不漏，其固定支架、管卡支撑位置应正确、牢固，与管道的接触应平整。

检验方法：观察及通水检查。

（2）一般项目

①卫生器具排水管道安装的允偏差应符合表3-29的规定。

②连接卫生器具的排水管径和最小坡度，如设计无要求时，应符合表3-28的规定。

检验方法：用水平尺和尺量检查。

第六节　室内采暖系统安装

一、管道及配件安装

1. 材料控制要点

（1）所有材料使用前应做好产品标识，注明产品名称、规格型号、批号、数量、生产日期和检验代码等,并确保材料具有可追溯性。

(2)管材不得弯曲、锈蚀,无毛刺、重皮及凹凸不平现象。

(3)管件无偏扣、方扣、乱扣、断丝和角度不准确等现象。

(4)阀门铸造规矩、无毛刺、无裂纹,开关灵活严密,丝扣无损伤,直度和角度正确,强度符合要求,手轮无损伤。安装前应按规定进行强度,严密性试验。

(5)附属装置:减压器、疏水器、过滤器、补偿器等应符合设计要求,并有出厂合格证和说明书。

(6)其他材料:型钢、圆钢、管卡子、螺栓、螺母、机油、麻、橡胶垫、焊条、焊丝等,选用时应符合国家及地方相关要求。

2. 施工及质量控制要点

(1)采暖系统按采暖介质分为热水采暖系统和蒸汽采暖系统。

(2)热水采暖系统干管布置方式有上分式、下分式。干管布置在地沟、顶棚内和非采暖房间内的必须采取保温措施。

(3)保温管在滑动支架处,宜焊上滑托,以利管道热胀移动时,不损坏保温层。滑托的反向偏位安装值与管道在该点的移伸量相同。

(4)支立管宜螺纹连接。在供水支立管始端和回水支立管末端,应有调节控制阀门或可拆卸件。

(5)采暖主支管嵌墙暗装时,应在土建砌砖墙时预留墙槽,墙槽尺寸应符合设计要求或按给水管规定预留尺寸执行。嵌墙暗装的立支管应做绝热层。土建墙面的粉刷和装饰,应待管道水压试验合格,绝热层施工完成后进行施工。

(6)焊接钢管管径大于 320mm 的管道转弯,在作为自然补偿时应使用煨弯。塑料管及复合管除必须使用直角弯头的场合外应使用管道直接弯曲转弯。

(7)当采暖热媒为 110～130℃的高温水时,管道可拆卸件应使用法兰,不得使用长丝和活接头。法兰垫料应使用耐热橡胶板。

(8)安全阀应安装在振动较小,便于检修的地方,且应垂直安装,不得倾斜。与安全阀连接的管道应畅通,进出口管道的公称直径应小于安全阀连接口的公称直径,排出管应向上排至室外,离地面 2.5m 以上。

(9)采暖管道安装的允许偏差应符合表3-30规定。

表 3-30　采暖管道安装的允许偏差和检验方法

项次	项	目		允许偏差	检验方法
1	横管道纵、横方向弯曲（mm）	每 1m	管径≤100mm	1	用水平尺、直尺、拉线和尺量检查
			管径>100mm	1.5	
		全长(25m 以上)	管径≤100mm	≯13	
			管径>100mm	≯25	

（续）

项次	项　目		允许偏差	检验方法
2	立管垂直度	每 1m	2	吊线和尺量检查
	（mm）	全长（5m以上）	≯10	
3	弯管	椭圆率 $(D_{max}-D_{min})/D_{max}$ 管径≤100mm	10%	用外卡钳和尺量检查
		椭圆率 $(D_{max}-D_{min})/D_{max}$ 管径>100mm	8%	
		折皱不平度（mm） 管径≤100mm	4	
		折皱不平度（mm） 管径>100mm	5	

注：D_{max}、D_{min} 分别为管道最大外径及最小外径。

（10）管道、金属支架和设备的防腐和涂漆应附着良好，无脱皮、起泡、流淌和漏涂缺陷。

3. 施工质量验收

（1）主控项目

1）管道安装坡度，当设计未注明时，应符合下列规定：

①气、水同向流动的热水采暖管道和汽、水同向流动的蒸汽管道及凝结水管道，坡度应为 3‰，不得小于 2‰。

②气、水逆向流动的热水采暖管道和汽、水逆向流动的蒸汽管道，坡度不应小于 5‰。

③散热器支管的坡度应为 1%，坡向应利于排气和泄水。

检验方法：观察，水平尺、拉线、尺量检查。

2）补偿器的型号、安装位置及预拉伸和固定支架的构造及安装位置应符合设计要求。

检验方法：对照图纸，现场观察，并查验预拉伸记录。

3）平衡阀及调节阀型号、规格、公称压力及安装位置应符合设计要求。安装完毕后应根据系统平衡要求进行调试并作出标志。

检验方法：对照图纸查验产品合格证，并现场查看。

4）蒸汽减压阀和管道及设备上安全阀的型号、规格、公称压力及安装位置应符合设计要求。安装完毕后应根据系统工作压力进行调试，并做出标志。

检验方法：对照图纸查验产品合格证及调试结果说明书。

5）方形补偿器制作时，应用整根无缝钢管煨制，如需要接口，其接口应设在垂直臂的中间位置，且接口必须焊接。

检验方法：观察检查。

6）方形补偿器应水平安装，并与管道的坡度一致；如其臂长方向垂直安装必须设排气及泄水装置。

检验方法:观察检查。

(2)一般项目

1)热量表、疏水器、除污器、过滤器及阀门的型号、规格、公称压力及安装位置应符合设计要求。

检验方法:对照图纸查验产品合格证。

2)钢管管道焊口尺寸的允许偏差应符合表 3-21 的要求。

3)采暖系统入口装置及分户热计量系统入户装置应符合设计要求。安装位置便于检修、维护和观察。

检验方法:现场观察。

4)散热器支管长度超过 1.5m 时,应在支管上安装管卡。

检验方法:尺量和观察检查。

5)上供下回式系统的热水干管变径应顶平偏心连接,蒸汽干管变径应底平偏心连接。

检验方法:观察检查。

6)在管道干管上焊接垂直或水平分支管道时,干管开孔所产生的钢渣及管壁等废弃物不得残留管内,且分支管道在焊接时不得插入干管内。

检验方法:观察检查。

7)膨胀水箱的膨胀管及循环管上不得安装阀门。

检验方法:观察检查。

8)当采暖热媒为 110~130℃的高温水时,管道可拆卸件应使用法兰,不得使用长丝和活接头。法兰垫料应使用耐热橡胶板。

检验方法:观察和查验进料单。

9)焊接钢管管径大于 320mm 的管道转弯,在作为自然补偿时应使用煨弯。塑料管及复合管除必须使用直角弯头的场合外应使用管道直接弯曲转弯。

检验方法:观察检查。

10)管道、金属支架和设备的防腐和涂漆应附着良好,无脱皮、起泡、流淌和漏涂缺陷。

检验方法:现场观察检查。

二、辅助设备及散热器安装

1. 材料控制要点

(1)所有材料使用前应做好产品标识,注明产品名称、规格型号、批号、数量、生产日期。

(2)散热器分铸铁和钢制两类,安装前必须取得样品资料,以制定安装方法和尺寸。散热器必须有产品合格证,并在组装前应进行外观检查,不合格产品不得使用。

(3)铸铁散热器外观质量,应符合如下要求:

1)无砂眼,裂缝。

2)长翼型散热器允许掉翼一个长度不大于50mm,侧面掉翼两个,累计长度不大于200mm。

3)圆翼型散热器允许掉翼两个,累计长度不大于翼片周长的1/2。

4)柱型和长翼型散热器上下接口面应在一平面,翘扭偏差可在平台上用塞尺检验,间隙大于0.3mm不宜使用。

5)柱型散热器接口处厚度,应上下口一致,用外卡和钢板尺测定,或用游标卡尺测定,厚度偏差应不大于0.3mm。

(4)钢制散热器外观质量要求,应符合如下要求:

1)表面光洁、油漆色泽均匀。

2)无碰撞凹穴,表面平整度好。

3)规格尺寸正确。

4)串片式的翼片整齐平正,其松动片不超过这根散热器总片数的3%。

5)接口外螺纹用螺纹环检验合格。

(5)铸铁散热器组对前的清理,应符合如下要求:

1)应用钢丝刷除锈和清除污物,将散热器内存砂倒净,然后涂刷防锈漆一遍。

2)钢管散热器未刷漆的须除锈,除污后刷防锈漆。

3)钢制散热器为工厂成品,已涂刷油漆的用纱布拭净。

4)铸铁散热器组对前,接口螺纹和丝对外螺纹,均须用钢丝刷清理干净。

5)散热器接口外密封平面用断锯片和砂布刮削打光,露出金属光泽。

(6)铸铁暖气片组对用的密封垫片,应符合如下要求:

1)低温热水采暖系统可用浸过清油的牛皮纸,耐热胶板或石棉橡胶板。

2)过热水和蒸汽采暖系统应用浸过清油的石棉橡胶板或石棉板。

3)垫片厚度均不大于1mm。

4)垫片外径不得大于密封面,且不宜用两层垫片。

(7)散热器的组对零件:对丝、炉堵、炉补心、丝扣圆翼法兰盘、弯头、弓形弯管、短丝、三通、弯头、活接头、螺栓螺母等应符合质量要求,无偏扣、方扣、乱丝、断扣,丝扣端正,松紧适宜。石棉橡胶垫以1mm厚为宜(不超过1.5mm厚),并符合使用压力要求。

2. 施工及质量控制要点

(1)水泵、水箱等辅助设备安装参见本章第二节"三、室内给水设备安装"的相关内容。

(2)热交换器等辅助设备安装参见本章第 11 节相关内容。

(3)集气罐的安装分手动和自动排气两类,手动排气的集气罐,又分温水和过热水两种,并各有立式和卧式两型,安装时应符合如下要求:

1)手动排气集气罐容积为膨胀水箱容积的 1‰,罐体直径为干管管径的 1.5～2 倍。

2)集气罐安装必须端正,角钢支架牢固,并有抱箍固定罐体。

3)温水采暖系统的热水干管在手动排气集气罐下半部两侧连接。罐顶设 DN15 空气排放管,接至附近洗涤盆上,并安装排气阀门,罐底设 DN20 放水丝堵。

4)过热水集气罐,应高于过热水干管的位置安装。

5)自动排气罐,安装时不得倾斜,罐底用 DN20 进水管,并安装阀门。

6)集气罐安装在非采暖房间,必须保温。

(4)膨胀水箱安装

1)膨胀水箱的连接管有进水管、溢水管、排污管、膨胀管、循环管、检查管,安装应符合如下要求:

①进水管应有水位控制装置;

②溢水管不得安装阀类;

③排污管接至屋面或天沟排水;

④膨胀管和循环管按设计要求与采暖系统连接,但不得安装阀类;

⑤检查管接至值班室洗涤盆上,应安装放水阀门。

2)膨胀水箱安装在非采暖房间,应做保温。

(5)除污器安装,有立式、卧式和角式三种形式,安装时应平直端正,不可倾斜。顶部应装排气阀,底部应装排污阀,安装前除污器内必须清扫和检查。

(6)散热器安装

1)散热器组对应平直紧密,组对后的平直度应符合表 3-31 规定。

表 3-31　组对后的散热器平直度允许偏差

项次	散热器类型	片数	允许偏差(mm)
1	长　翼　型	2～4	4
		5～7	6
2	铸铁片式	3～15	4
	钢制片式	16～25	6

2)散热器安装

①各种散热器的固定卡及托钩的形式、位置应符合标准图集或说明书的要求。各种散热器支架、托架数量,应符合设计或产品说明书要求。如设计无注明时,则应符合表 3-32 规定。

表 3-32 散热器支架、托架数量

项次	散热器形式	安装方式	每组片数	上部托钩或卡架数	下部托钩或卡架数	合计
1	长翼形	挂墙	2~4	1	2	3
			5	2	2	4
			6	2	3	5
			7	2	4	6
2	柱形柱翼形	挂墙	3~8	1	2	3
			9~12	1	3	4
			13~16	2	3	5
			17~20	2	5	7
			21~25	2	6	8
3	柱形柱翼形	带足落地	3~8	1	—	1
			8~12	1	—	1
			13~16	2	—	2
			17~20	2	—	2
			21~25	2	—	2

②散热器安装的允许偏差,应符合表 3-33 规定。

表 3-33 散热器安装允许偏差和检验方法

项次	项 目	允许偏差(mm)	检验方法
1	散热器背面与墙内表面距离	3	尺量
2	与窗中心线或设计定位尺寸	20	尺量
3	散热器垂直度	3	吊线和尺量

3)散热器放气阀的安装,应符合如下要求:

①钢制串片式散热器、扁管板式散热器按设计要求统计需打放风阀的散热

器数量,在加工订货时提出要求,由厂家负责做好。

②钢板板式散热器的放气阀采用专用放气阀水口堵头。

③圆翼型散热器放气阀安装,按设计要求在法兰上打放气阀孔眼,做法同炉堵上装放风阀。

3. 施工质量验收

(1)主控项目

1)散热器组对后,以及整组出厂的散热器在安装之前应作水压试验。试验压力如设计无要求时应为工作压力的 1.5 倍,但不得小于 0.6MPa。

检验方法:试验时间为 2～3min,压力不降且不渗不漏。

2)水泵、水箱、热交换器等辅助设备安装应按本章第二节"三、室内给水设备安装"和第十一节"五、热换站安装"的相关规定执行。

(2)一般项目

1)散热器组对应平直紧密,组对后的平直度应符合表 3-31 的规定。

检验方法:拉线和尺量。

2)组对散热器的垫片应符合下列规定:

①组对散热器垫片应使用成品,组对后垫片外露不应大于 1mm。

②散热器垫片材质当设计无要求时,应采用耐热橡胶。

检验方法:观察和尺量检查。

3)散热器支架、托架安装,位置应准确,埋设牢固。散热器支架、托架数量,应符合设计或产品说明书要求。如设计未注明时,则应符合表 3-32 规定。

检验方法:现场清点检查。

4)散热器背面与装饰后的墙内表面安装距离,应符合设计或产品说明书要求。如设计无注明,应为 30mm。

检验方法:尺量检查。

5)散热器安装允许偏差,应符合表 3-33 规定。

6)铸铁或钢制散热器表面的防腐及面漆应附着良好,色泽均匀,无脱落、起泡、流淌和漏涂缺陷。

检验方法:现场观察。

三、金属辐射板安装

1. 材料控制要点

(1)所有材料使用前应做好产品标识,注明产品名称、规格型号、批号、数量、生产日期。

(2)金属辐射板的类型很多,安装前必须取得样品资料,以制定安装方法和尺寸。必须有产品合格证,并在组装前应检查板面质量,应无划痕、凹陷等缺陷,进行必要的水压试验,不合格产品不得使用。

2. 施工及质量控制要点

(1)辐射板一般不现场制作。辐射板供热分类如表 3-34 所示。

表 3-34　辐射板供热分类

分类根据	名　称	特　点
板面温度	低温辐射	板面温度低于 80℃
	中温辐射	板面温度等于 80～200℃
	高温辐射	板面温度大于 200℃
辐射板构造	埋管式	以直径 15～32mm 的管道埋置于建筑表面内,构成辐射表面
	风道式	利用建筑结构的空腔使热空气循环流动期间构成辐射表面
	组合式	利用金属板杆以金属管组成辐射板
辐射板位置	顶面式	以顶棚作为辐射供暖面,辐射热占 70% 左右
	墙面式	以墙壁作为辐射供暖面,辐射热占 65% 左右
	地面式	以地面作为辐射供暖面,辐射热占 55% 左右
	楼面式	以楼板作为辐射供暖面,辐射热占 55% 左右
热媒种类	低温热水式	热媒水温低于 100℃
	高温热水式	热媒水温等于或高于 100℃
	蒸汽式	以蒸汽(低压或高压)为热媒
	热风式	以加热后的空气作为热媒
	电热式	以电热元件加热特定表面或直接发热
	燃气式	通过燃烧可燃气体经特制的辐射器发射红外线

(2)辐射板安装前必须作水压试验,如设计无要求时,试验压力为工作压力的 1.5 倍,但不得小于 0.6MPa。在试验压力下保持 2～3min 压力不降且不渗不漏为合格。

(3)按设计要求,制作与安装辐射板的支吊架。一般支吊架的形式按辐射板的安装形式分类为三种:垂直安装、倾斜安装、水平安装。带形辐射板的支吊架应保持 3m 一个。

(4)金属辐射板安装

辐射板用于全面采暖,如设计无要求,最低安装高度应符合表 3-35 的规定。

表 3-35　辐射板最低安装高度(m)

热媒平均温度(℃)	水平安装		倾斜安装与垂直面形成角度			垂直安装(板中心)
	多管	单管	60°	45°	30°	
115	3.2	2.8	2.8	2.6	2.5	2.3
125	3.4	3.0	3.0	2.8	2.6	2.5

(5)接往辐射板的送水、送汽和回水管,不宜和辐射板安装在同高度上。送水、送汽管宜高于辐射板,回水管宜低于辐射板,并且有不小于 5‰的坡度坡向回水管。

(6)背面须作保温的辐射板,保温应在防腐、试压完成后施工。保温层应紧贴在辐射板上,不得有空隙,保护壳应防腐。安装在窗台下的散热板,在靠墙处应按设计要求放置保温层。辐射板保温的允许偏差应符合表 3-36 的规定。

表 3-36　管道及设备保温层的允许偏差和检验方法

项次	项目		允许偏差(mm)	检 验 方 法
1	厚度		$+0.1\delta$ -0.05δ	用钢针刺入
2	表面平整度	卷 材	5	用 2m 靠尺和楔形塞尺检查
		发 泡	10	

注:δ为保温层厚度。

3. 施工质量验收

(1)辐射板在安装前应作水压试验,如设计无要求时,试验压力为工作压力的 1.5 倍,但不得小于 0.6MPa。

检验方法:在试验压力下 2~3min 压力不降且不渗不漏。

(2)水平安装的辐射板应有不小于 5‰的坡度坡向回水管。

检验方法:水平尺、拉线和尺量检查。

(3)辐射板管道及带状辐射板之间的连接,应使用法兰连接。

检验方法:观察检查。

四、低温热水地板辐射采暖系统安装

1. 材料控制要点

(1)所使用的主要材料、设备组件、配件、绝热材料必须具有质量合格证明文件,规格、型号及性能技术指标应符合国家现行有关标准的规定。进场时应做检查验收,并经监理工程师检查确认。

(2)施工安装用的专用工具,必须有生产厂的名称,并有出厂合格证和使用说明书。

(3)加热管下部的隔热层,应采用轻质、有一定承载力、吸湿率低和难燃或不燃的高效保温材料,且不得有散发异味及可能危害健康的挥发物。

(4)管材的质量要求

1)加热管管材应提供国家授权机构提供的有效期内的复合相关标准要求的检验报告、产品合格证。有特殊要求的管材,厂家还应提供相应说明书。

2)加热管的内外表面应光滑、平整、干净,不应有可能影响产品性能的明显划痕、凹陷、气泡等缺陷。

3)塑料管或铝塑复合管的公称外径、壁厚与偏差,应符合表 3-37 和表 3-38 的要求。

表 3-37　塑料管公称外径、最小与最大平均外径(mm)

塑料管材	公称外径	最小平均外径	最大平均外径
PEA 管、PB 管、PE—RT 管、PP—R 管、PP—B 管	16	16.0	16.3
	20	20.0	20.3
	25	25.0	25.3

表 3-38　铝塑复合管公称外径、壁厚与偏差(mm)

塑料复合管	公称外径	公称外径偏差	参考内径	壁厚最小值	壁厚偏差
搭接焊	16	+0.3	12.1	1.7	+0.5
	20	+0.3	15.7	1.9	+0.5
	25	+0.3	19.9	2.3	+0.5
对接焊	16	+0.3	10.9	2.3	+0.5
	20	+0.3	14.5	2.5	+0.5
	25(26)	+0.3	18.5(19.5)	3.0	+0.5

(5)分、集水器型号、规格、公称压力及安装位置、高度等应符合设计图纸或产品说明书要求。分水器、集水器(含连接件等)的材质宜为铜质。

(6)分水器、集水器(含连接件等)的表观,内外表面应光洁,不得有裂纹、砂眼、冷隔、夹渣、凹凸不平等缺陷。表面电镀的连接件,色泽应均匀,镀层牢固,不得有脱镀的缺陷。

(7)连接件的质量要求

1)连接件与螺纹连接部分配件的本体材料,应为锻造黄铜。使用 PP-R 作为加热管时,与 PP-R 管直接接触的连接件表面应镀镍。

2)连接件外观应完整、无缺损、无变形、无开裂。

3)连接件的物理力学性能,应符合表 3-39 的规定。

表 3-39　连接件的物理力学性能

性　　能	单位	指　　标
连接件耐水压	MPa	常温——2.5,95℃——1.2,1h 无渗漏
工作压力	MPa	95℃——1.0,1h 无渗漏
连接密封性压力	MPa	95℃——3.5,1h 无渗漏
耐拔脱力	MPa	95℃——3.0

4)连接件的螺纹,应符合国家标准《55°非密封管螺纹》GB/T 7307 的规定。螺纹应完整,如有断丝和缺丝,不得大于螺纹全长的 10%。

(8)绝热板材的质量要求

1)绝热板材宜采用聚苯乙烯泡沫塑料。

2)为增强绝热板材的整体强度,并便于安装和固定加热管,绝热板材表面可分别作以下处理:

①敷有真空镀铝聚酯薄膜面层;

②敷有玻璃布基铝箔面层;

③铺设低碳钢丝网。

2. 施工及质量控制要点

(1)辐射采暖地板的基本构造见表 3-40。

表 3-40　辐射采暖地板基本构造表

序号	构造层名称			说明
1	地面层			包括地面装饰层及其保护层
2	防水层	—	—	防水层　仅在楼层潮湿房间地面设(如厨房、卫生间等)
3	填充层			卵石混凝土
4	加热管			
5	隔热层			
6	防潮层			仅在地面层土壤上设
7	土壤	楼板		

(2)在铺设贴有铝箔的自熄型聚苯乙烯保温板之前,将地面清扫干净,不得有凹凸不平的地面,不得有砂石碎块,钢筋头等。

(3)绝热层铺设

1)土壤防潮层上部、住宅楼板上部及其下为不供暖房间的楼板上部的地板加热管之下,以及辐射采暖地板沿外墙的周边,应铺设隔热层。

2)铺设绝热层的地面应平整、干燥、无杂物。墙面根部应平直,且无积灰现象。

3)绝热层的铺设应平整,绝热层相互接合应严密。

4)绝热层铺设结合处应无缝隙,绝热层厚度允许偏差+10mm。

(4)加热管安装伸缩缝的设置应符合下列规定:

1)在内外墙、柱等垂直构件交接处应留不间断的伸缩缝。伸缩缝填充材料应采用搭接方式连接,搭接宽度不应小于10mm;伸缩缝填充材料与墙、柱应有可靠的固定措施,与地面绝热层连接应紧密,伸缩缝宽度不宜小于10mm。伸缩缝填充材料宜采用高发泡聚乙烯泡沫塑料。

2)当地面面积超过30m² 或边长超过6m时,应按不大于6m间距设置伸缩缝,伸缩缝宽度不应小于8mm。伸缩缝宜采用高发泡聚乙烯泡沫塑料或伸缩缝内满填弹性膨胀膏。

3)伸缩缝应从绝热层的上边缘做到填充层的上边缘。

4)凡是加热管穿地面伸缩缝处,一律用膨胀条将地面分隔开来,加热管在此均须加伸缩节。伸缩缝须由土建专业先行划分,相互配合协调一致。

(5)分水器、集水器的安装

1)分水器、集水器宜在开始铺设加热管之前进行安装。水平安装时,宜将分水器安装在上,集水器安装在下,中心距宜为200mm,允许偏差为±10mm。集水器中心距地面不应小于300mm。

2)地板辐射采暖系统应有独立的分水器、集水器。

3)阀门、分水器、集水器组件安装前,应做强度和严密性试验。试验应在每批数量中抽查10%,且不得少于一个。对安装在分水器进口、集水器出口及旁通管上的阀门,应逐个做强度和严密性试验,合格后方可使用。

4)阀门的强度试验压力应为工作压力的1.5倍;严密性试验压力应为工作压力的1.1倍,公称直径不大于50mm的阀门强度和严密性试验持续时间应为15s,其间压力应保持不变,且壳体、填料及密封面应无渗漏。

(6)冲洗、试压

1)水压试验应在系统冲洗之后进行。冲洗应在分水器、集水器以外主供、回水管道冲洗合格后,再进行室内供暖系统的冲洗。

2)水压试验应分别在浇捣混凝土填充层前和填充层养护期满后进行两次。水压试验应以每组分水器、集水器为单位,逐个回路进行。

3)试验压力应为工作压力的1.5倍,但不小于0.6MPa。

4)在试验压力下,稳压 1h,其压力降不应大于 0.05MPa。

5)水压试验宜采用手动泵缓慢升压,升压过程中随时观察与监察,不得有渗漏。不宜以气压试验代替水压试验。

(7)发热电缆系统安装

1)发热电缆应按照施工图纸标定的电缆间距和走向敷设,发热电缆应保持平直,电缆间距的安装误差不应大于 10mm。发热电缆敷设前,应对照施工图纸核定发热电缆的型号,并应检查电缆的外观质量。

2)发热电缆出厂后严禁剪裁和拼接,有外伤或破损的发热电缆严禁敷设。

3)发热电缆安装前应测量发热电缆的标称电阻和绝缘电阻,并做好自检记录。

4)发热电缆安装完毕,应检测发热电缆的标称电阻和绝缘电阻,并进行记录。

5)发热电缆温控器应水平安装,并应牢固固定。温控器应设在通风良好且不被风直接吹处,不得被家具遮挡,温控器的四周不得有热源体。

6)发热电缆温控器安装时,应将发热电缆可靠接地。

(8)填充层施工质量控制要点

1)混凝土填充层施工中,加热管内的水压不应低于 0.6MPa;填充层养护过程中,系统水压不应低于 0.4MPa。

2)混凝土填充层施工中,严禁使用机械振捣设备。施工人员应穿软底鞋,采用平头铁锹。

3)在加热管或发热电缆的铺设区内,严禁穿凿、钻孔或进行射钉作业。

4)系统初始加热前,混凝土填充层的养护期不应少于 21d。施工中,应对地面采取保护措施,不得在地面上加以重载、直接放置高温物体和高温加热设备。

5)填充层施工完毕后,应进行发热电缆的标称电阻和绝缘电阻检测,验收并做好记录。

(9)面层施工质量控制要点

1)面层施工前,填充层应达到面层需要的干燥度。

2)以木地板作为面层时,木材应经干燥处理,且应在填充层和找平层完全干燥后,才能进行地板施工。

3)瓷砖、大理石、花岗石面层施工时,在伸缩缝处宜采用干贴。

(10)卫生间施工质量控制要点

1)卫生间应做两层隔离层。

2)卫生间过门处应设置止水墙,在止水墙内侧应配合土建专业做防水。加热管或发热电缆穿止水墙处应采取防水措施。

3. 施工质量验收

(1)主控项目

1)地面下敷设的盘管埋地部分不应有接头。

检验方法:隐蔽前现场查看。

2)盘管隐蔽前必须进行水压试验,试验压力为工作压力的 1.5 倍,但不小于 0.6MPa。

检验方法:稳压 1h 内压力降不大于 0.05MPa 且不渗不漏。

3)加热盘管弯曲部分不得出现硬折弯现象,曲率半径应符合下列规定:

①塑料管:不应小于管道外径的 8 倍。

②复合管:不应小于管道外径的 5 倍。

检验方法:尺量检查。

(2)一般项目

1)分、集水器型号、规格、公称压力及安装位置、高度等应符合设计要求。

检验方法:对照图纸及产品说明书,尺量检查。

2)加热盘管管径、间距和长度应符合设计要求,间距偏差不大于±10mm。

检验方法:拉线和尺量检查。

3)防潮层、防水层、隔热层及伸缩缝应符合设计要求。

检验方法:填充层浇灌前观察检查。

4)填充层强度等级应符合设计要求。

检验方法:作试块抗压试验。

五、系统水压试验及调试

1. 材料控制要点

使用的材料应符合本章第一节的相关要求。

2. 施工及质量控制要点

(1)水压试验管路连接及安装

1)根据水源的位置和工程系统情况制定出试压程序和技术措施,再测量出各连接管的尺寸,标注在连接图上。

2)断管、套丝、上管件及阀件,采用丝接或焊接连接管路。

3)一般选择在系统进户入口供水管的甩头处,连接至加压泵的管路。

4)在试压管路的加压泵端和系统的末端安装压力表及表弯管。

(2)灌水前的检查

1)检查全系统管路、设备、阀件、固定支架、套管等,必须安装无误,各类连接处均无遗漏。

2)根据全系统试压或分系统试压的实际情况,检查系统上各类阀门的开、关状态,不得漏检。试压管道阀门全打开,试验管段与非试验管段连接处应予以隔断。

3)检查试压用的压力表的灵敏度是否符合要求。

4)水压试验系统中阀门都处于全关闭状态,待试压中需要开启再打开。

(3)水压试验

1)试验压力应符合设计要求。当设计未注明时,应符合下列规定:

①蒸汽、热水采暖系统,应以系统顶点工作压力加 0.1MPa 作水压试验,同时在系统顶点的试验压力不小于 0.3MPa。

②高温热水采暖系统,试验压力应为系统顶点工作压力加 0.4MPa。

③使用塑料管及复合管的热水采暖系统,应以系统顶点工作压力加 0.2MPa 作水压试验,同时在系统顶点的试验压力不小于 0.4MPa。

2)高层建筑其系统低点如果大于散热器所能承受的最大试验压力,则应分层进行水压试验。

3)系统试压合格后,放掉管道内的全部存水。不合格者应降压至零,待修补后按前述方法再次试压,直至合格。

(4)室内采暖管道通热调试

1)系统冲洗完毕应充水、加热,进行试运行和调试。

2)在巡视检查中如发现隐患,应尽量关闭小范围内的供、回水阀门,及时处理和抢修。修好后随即开启阀门。

3)全系统运行时,遇有不热处要先查明原因。如需冲洗检修,先关闭供、回水阀,泄水后再先后打开供、回水阀门,反复放水冲洗。冲洗完后再按上述程序通暖运行,直到运行正常为止。

4)若发现热度不均,应调整各个分路、立管、支管上的阀门,使其基本达到平衡后,邀请各有关单位检查验收,并办理验收手续。

5)高层建筑的采暖管道冲洗与通热,可按设计系统的特点进行划分,按区域、独立系统、分若干层等逐段进行。

6)冬期通暖时,必须采取临时采暖措施。室温应连续 24h 保持在 5℃以上后,方可进行正常送暖。

3. 施工质量验收

主控项目

1)采暖系统安装完毕,管道保温之前应进行水压试验。试验压力应符合设计要求。当设计未注明时,应符合下列规定:

①蒸汽、热水采暖系统,应以系统顶点工作压力加 0.1MPa 作水压试验,同时在系统顶点的试验压力不小于 0.3MPa。

②高温热水采暖系统,试验压力应为系统顶点工作压力加 0.4MPa。

③使用塑料管及复合管的热水采暖系统,应以系统顶点工作压力加 0.2MPa 作水压试验,同时在系统顶点的试验压力不小于 0.4MPa。

检验方法:使用钢管及复合管的采暖系统应在试验压力下 10min 内压力降不大于 0.02MPa,降至工作压力后检查不渗、不漏。

使用塑料管的采暖系统应在试验压力下 1h 内压力降不大于 0.05MPa,然后降至工作压力的 1.15 倍,稳压 2h,压力降不大于 0.03MPa,同时各连接处不渗、不漏。

2)系统试压合格后,应对系统进行冲洗并清扫过滤器及除污器。

检验方法:现场观察,直至排出水不含泥沙、铁屑等杂质,且水色不浑浊为合格。

3)系统冲洗完毕应充水、加热,进行试运行和调试。

检验方法:观察、测量室温应满足设计要求。

第七节　室外给水管网安装

一、给水管道安装

1. 材料控制要点

(1)工程所使用的主要材料、成品、半成品、配件、器具和设备必须具有中文质量合格证明文件,规格、型号及性能检测报告应符合国家技术标准或设计要求。进场时应完好,并经监理工程师核查确认。

(2)所有材料进场时应对品种、规格、外观等进行验收。包装应完好,表面无划痕及外力冲击破损。包装上应标有批号、数量、生产日期和检验代码。

(3)主要器具和设备必须有完整的安装使用说明书。在运输、保管和施工过程中,应采取有效措施防止损坏或腐蚀。

(4)给水铸铁管及管件规格品种应符合设计要求,管壁薄厚均匀,内外光滑整洁,不得有砂眼、裂纹、飞刺和疙瘩。承插口的内外径及管件应造型规矩,并有出厂合格证。

(5)镀锌碳素钢管及管件管壁内外镀锌均匀,无锈蚀。内壁无飞刺,管件无偏扣、乱扣、方扣、丝扣不全、角度不准等现象。

2. 施工及质量控制要点

(1)根据铸铁管长度,确定管段工作坑位置,铺管前把工作坑挖好。工作坑尺寸,见表 3-41。

表 3-41　工作坑尺寸表

管径(mm)	工作坑尺寸(mm)			
	宽度(m)	长度(m)		深度(m)
		承口前	承口后	
75~250	管径+0.6	0.6	0.2	0.3
250 以上	管径+1.2	1.0	0.3	0.4

(2)通用要求

1)给水管道在埋地敷设时,应在当地的冰冻线以下。如必须在冰冻线以上铺设时,应做可靠的保温防潮措施。在无冰冻地区埋地敷设时,管顶的覆土埋深不得小于 500mm;穿越道路部位的埋深不得小于 700mm。当管顶埋设深度不大于 700mm 时,应按设计要求加设金属或钢筋混凝土套管保护。

2)给水管道不得直接穿越污水井、化粪池、厕所等污染源。

3)给水系统各种井室内的管道安装,如设计无要求,井壁距法兰或承口的距离:管径小于或等于 450mm 时,不得小于 250mm;管径大于 450mm 时,不得小于 350mm。

4)给水管道与污水管道在不同标高平行敷设,其垂直间距在 500mm 以内时,给水管径小于或等于 200mm 的,管壁水平间距不得小于 1.5m;管径大于 200mm 的,不得小于 3m。

5)塑料管高出地坪处应设置护管,其高度应高出地坪 100mm。塑料管在空基础墙时,应设置金属套管。套管与基础墙预留孔上方的净空高度,若设计无规定时不应小于 100mm。

6)建筑给水铝塑复合管埋地管道敷设应符合下列规定:

①埋地进户管应先安装室内部分的管道,待土建室外施工时再进行室外部分的管道安装与连接。

②进户管穿越外墙处,应预留孔洞。孔洞高度应根据建筑物沉降量决定,一般管顶以上的净高不宜小于 100mm。公称外径 D。不小于 40mm 的管道,应采用水平折弯后进户。

③管道在室内穿出地坪处,应在管外套长度不小于 100mm 的金属套管,套管的根部应插嵌入地坪层内 30~50mm。

④埋地管道的管沟底部的地基承载力不应小于 80kN/m²,且不得有尖硬凸

出物。管沟回填时,管周100mm以内的填土不得含有料径大于10mm的尖硬石(砖)块。

(3)下管

1)复测三通、阀门、消火栓位置及排尺定位的工作坑位置、尺寸是否适合。

2)下第一根管。管中心必须对准定位中心线,找准管底标高(在水平板上挂水平线),管末端用方木垫顶在墙上或钉好点桩挡住、顶牢,严防打口时顶走管道。

3)连续下管铺设时,必须保证管与管之间接口的环形空隙均匀一致。承插口与管中心线不垂直的管,管端外形不正的管道和按照设计曲线铺设的管道,其管道四周任何一点的间隙均应符合质量标准。

4)阀门两端的甲乙短管,下沟前可在上面先接口,待牢固后再下沟。

5)若须断管,须在管的下部垫好方木。管径在75~350mm的铸铁管,可直接用剁子(或钢锯)切断;管径在400mm以上时,先走大牙一周,再用剁子截断。剁管时,在切断部位先划好线,沿线边剁边转动管道,剁子始终在管的上方。预、自应力钢筋混凝土管和钢筋混凝土管不允许切断后再用。

6)管径大于500mm的铸铁管切断时,可采用爆破断管法。先将片状黄色炸药研细过筛,装入不同直径的塑料管中,略加捣实。使用时,将药管一端封好,缠绕在管道须切断部位上,未封口的一端留出10mm长度,接上雷管或起爆药。

7)铸铁管稳好后,在靠近管道两端处填土覆盖,两侧夯实,并应随即用稍粗于接口间隙的干净麻绳将接口塞严,以防泥土及杂物进入。

(4)顶管施工

1)顶压坑的周密设计、计划、严格措施和制度,是保证顶管工程质量,保证经济效果的首要前提。

2)顶每根管的方向误差不应超过50mm。有坡度要求时,严格遵循设计要求。

3)有一条公认的可靠经验应该遵循:第一节管道顶得准确,便于保证整个管路施工顺畅。始自起顶时的累积误差,校正时十分不经济。在装上千斤顶之前,必须校准刃脚和第一节管道的高度、平面位置。在推顶第一节管时,密切注意观察,随时纠偏。

4)顶管时机具应洁净,每次退镐前将顶芯和丝杠上的泥土擦净,加润滑油后再退回,几台顶镐同时使用时,须保证顶力相同。

5)工作坑、管内的动力及照明设备,分别设漏电保护器,以备随时切断电源,照明电压不超过36V。全部电线使用安全防水线。

(5)管道接口

1)管道接口连接方式主要有铸铁给水管石棉水泥接口、膨胀水泥接口、氯化钙石膏水泥接口、青铅接口、胶圈接口、钢管焊接接口、镀锌钢管螺纹连接、法兰接口、塑料管粘接接口等,参见本章第二节的相关规定。

2)管道的坐标、标高、坡度应符合设计要求,管道安装的允许偏差应符合表 3-42 的规定。

表 3-42　室外给水管道安装的允许偏差和检验方法

项次	项　目		允许偏差(mm)	检验方法
1	坐标	铸铁管 埋地	100	拉线和尺量检查
		铸铁管 敷设在地沟内	50	
		钢管、塑料管、复合管 埋地	100	
		钢管、塑料管、复合管 敷设沟槽内或架空	40	
2	标高	铸铁管 埋地	±50	拉线和尺量检查
		铸铁管 敷设在地沟内	±30	
		钢管、塑料管、复合管 埋地	±50	
		钢管、塑料管、复合管 敷设沟槽内或架空	±30	
3	水平管纵横向弯曲	铸铁管 直段(25m 以上)起点—终点	40	拉线和尺量检查
		钢管、塑料管、复合管 直段(25m 以上)起点—终点	30	

(6)阀门、水表等安装

1)管道接口法兰、卡扣、卡箍等应安装在检查井或地沟内,不应埋在土壤中。

2)阀门、水表等安装位置应正确,阀杆要垂直向上。

3)塑料给水管道上的水表、阀门等设施其重量或启闭装置的扭矩不得作用于管道上,当管径≥50mm 时必须设独立的支承装置。

4)管路上大型闸门的支撑及时砌筑,防止闸门下沉时,管口漏水。

5)室外水表安装按有关要求进行配件和连接管的螺纹连接和法兰连接。要求位置和进出口方向正确,连接牢固、紧密。

(7)管道试压、冲洗与消毒

给水管网必须进行水压试验。给水管道竣工验收前,必须对管道进行冲洗。饮用水管道还要在冲洗后进行消毒处理,满足饮用水卫生要求。

(8)管道涂漆、防腐

1)管道和金属支架的涂漆应附着良好,无脱皮、起泡、流淌和漏涂等缺陷。

2)镀锌钢管、钢管的防腐必须符合设计要求。卷材与管材间应粘贴牢固,无空鼓、滑移、接口不严等。

3. 质量验收

（1）主控项目

1）给水管道在埋地敷设时，应在当地的冰冻线以下。如必须在冰冻线以上铺设时，应做可靠的保温防潮措施。在无冰冻地区，埋地敷设时，管顶的覆土埋深不得小于 500mm，穿越道路部位的埋深不得小于 700mm。

检验方法：现场观察检查。

2）给水管道不得直接穿越污水井、化粪池、公共厕所等污染源。

检验方法：观察检查。

3）管道接口法兰、卡扣、卡箍等应安装在检查井或地沟内，不应埋在土壤中。

检验方法：观察检查。

4）给水系统各种井室内的管道安装，如设计无要求，井壁距法兰或承口的距离：管径小于或等于 450mm 时，不得小于 250mm；管径大于 450mm 时，不得小于 350mm。

检验方法：尺量检查。

5）管网必须进行水压试验，试验压力为工作压力的 1.5 倍，但不得小于 0.6MPa。

检验方法：管材为钢管、铸铁管时，试验压力下 10min 内压力降不应大于 0.05MPa，然后降至工作压力进行检查，压力应保持不变，不渗不漏；管材为塑料管时，试验压力下，稳压 1h 压力降不大于 0.05MPa，然后降至工作压力进行检查，压力应保持不变，不渗不漏。

6）镀锌钢管、钢管的埋地防腐必须符合设计要求，如设计无规定时，可按表 3-43 规定执行。卷材与管材间应粘贴牢固，无空鼓、滑移、接口不严等。

表 3-43　埋地管道防腐层结构表

防腐层层次 （从金属表面起）	普通防腐层	加强防腐层	特加强防腐层
1	冷底子油	冷底子油	冷底子油
2	沥青涂层	沥青涂层	沥青涂层
3	外包保护层	加强包扎层 （封闭层）	加强保护层 （封闭层）
4		沥青涂层	沥青涂层
5		外包保护层	加强包扎层
6			（封闭层）
7			沥青涂层
			外包保护层
防腐层厚度不小于（mm）	3	6	9
厚度允许偏差（mm）	-3	-0.5	-0.5

检验方法：观察和切开防腐层检查。

7)给水管道在竣工后，必须对管道进行冲洗，饮用水管道还要在冲洗后进行消毒，满足饮用水卫生要求。

检验方法：观察冲洗水的浊度，查看有关部门提供的检验报告。

(2)一般项目

1)管道的坐标、标高、坡度应符合设计要求，管道安装的允许偏差应符合表3-42的规定。

2)管道和金属支架的涂漆应附着良好，无脱皮、起泡、流淌和漏涂等缺陷。

检验方法：现场观察检查。

3)管道连接应符合工艺要求，阀门、水表等安装位置应正确。塑料给水管道上的水表、阀门等设施其重量或启闭装置的扭矩不得作用于管道上。当管径≥50mm时必须设独立的支承装置。

检验方法：现场观察检查。

4)给水管道与污水管道在不同标高平行敷设，其垂直间距在500mm以内时，给水管径小于或等于200mm的，管壁水平间距不得小于1.5m；管径大于200mm的，不得小于3m。

检验方法：观察和尺量检查。

5)铸铁管承插捻口连接的对口间隙应不小于3mm，最大间隙不得大于表3-44的规定。

表3-44　铸铁管承插捻口的对口最大间隙

管径(mm)	沿直线敷设(mm)	沿曲线敷设(mm)
75	4	5
100～250	5	7～13
300～500	6	14～22

检验方法：尺量检查。

6)铸铁管沿曲线敷设，每个接口允许有2°转角，沿直线敷设，承插捻口的环型间隙应符合表3-45规定。

表3-45　铸铁管承插捻口的环型间隙

管径(mm)	标准环型间隙(mm)	允许偏差(mm)
75～200	10	(-2,+3)
250～450	11	(-2,+4)
500	12	(-2,+4)

检验方法:尺量检查。

7)捻口用的油麻填料必须清洁,填塞后应捻实,其深度应占整个环型间隙深度的 1/3。

检验方法:观察和尺量检查。

8)捻口用水泥强度应不低于 32.5MPa,接口水泥应密实饱满,其接口水泥面凹入承口边缘的深度不得大于 2mm。

检验方法:观察和尺量检查。

9)采用水泥捻口的给水铸铁管,在安装地点有侵蚀性的地下水时,应在接口处涂抹沥青防腐层。

检验方法:观察检查。

10)采用橡胶圈接口的埋地给水管道,在土壤或地下水对橡胶圈有腐蚀的地段,在回填土前应用沥青胶泥、沥青麻丝或沥青锯末等材料封闭橡胶圈接口。橡胶圈接口的管道,每个接口的最大转角不得超过表 3-46 的规定。

表 3-46 橡胶圈接口最大允许偏转角

公称直径(mm)	100	125	150	200	250	300	350	400
允许偏转角度	5°	5°	5°	5°	4°	4°	4°	3°

检验方法:观察和尺量检查。

二、消防水泵接合器及室外消火栓安装

1. 材料控制要点

(1)材料质量控制参见第一节的相关规定。

(2)室外消火栓、水泵接合器种类、规格应符合设计要求,并有有效的证明文件。

2. 施工及质量控制要点

(1)室外消火栓安装

1)严格检查消火栓的各处开关是否灵活、严密、吻合,所配带的附属设备配件是否齐全。

2)地下式消火栓的顶部出水口与消防井盖底面的距离不得大于 400mm,井内应有足够的操作空间,并设爬梯。

3)室外地下消火栓应砌筑消火栓井,室外地上消火栓应砌筑消火栓闸门井。在高级和一般路面上,井盖上表面同路面相平,允许偏差±5mm;无正规路时,井盖高出室外设计标高 50mm,并应在井口周围以 0.02 的坡度向外做护坡。

4)法兰闸阀、双法兰短管及水龙带接扣安装，接出的直管高于 1m 时，应加固定卡子一道。

5)地下消火栓安装时，如设置闸门井，必须将消火栓自身的放水口堵死，在井内另设放水门。

6)使用的闸门井井盖上应有消火栓字样。

7)管道穿过井壁、墙壁处，应根据情况采取不同的套管，保证严密不漏水。

8)消火栓的位置标志应明显，栓口的位置应方便操作。

(2)消防水泵接合器安装

1)水泵接合器应安装在接近主楼的一侧，安装在便于消防车接近的人行道或非机动车行驶地段，附近 40m 以内有可取水的室外消火栓或贮水池。

2)水泵接合器按管径分为 DN100、DN150 两种，按安装位置分为地下式、地上式、墙壁式三类，并有相应的标准图集供使用。

3)消防水泵接合器的安全阀及止回阀安装位置和方向应正确，阀门启闭应灵活。安全阀出口压力应校准。

4)地下式水泵接合器的顶部进水口与消防井盖底面的距离不得大于 400mm，且不应小于井盖的半径。井内应有足够的操作空间，并设爬梯。

5)墙壁式消防水泵接合器安装高度如设计未要求，出水栓口中心距地面应为 1.10m，与墙面上的门、窗、孔、洞的净距离不应小于 2.0m，且不应安装在玻璃幕墙下方。其上方应设有防坠落物打击的措施。

6)消防水泵接合器的位置标志应明显，栓口的位置应方便操作。地下消防水泵接合器应用铸有"消防水泵接合器"标志的铸铁井盖，并在附近设置指示其位置的固定标志；地上消防水泵接合器应设置与消火栓区别的固定标志。

(3)室外消火栓、消防水泵接合器应与系统一同试压。

(4)寒冷地区室外消火栓、消防水泵接合器应做防冻保护。

3. 施工质量验收

(1)主控项目

1)系统必须进行水压试验，试验压力为工作压力的 1.5 倍，但不得小于 0.6MPa。

检验方法：试验压力下，10min 内压力降不大于 0.05MPa，然后降至工作压力进行检查，压力保持不变，不渗不漏。

2)消防管道在竣工前，必须对管道进行冲洗。

检验方法：观察冲洗出水的浊度。

3)消防水泵接合器和消火栓的位置标志应明显，栓口的位置应方便操作。消防水泵接合器和室外消火栓当采用墙壁式时，如设计未要求，进、出水栓口的中心安装高度距地面应为 1.10m,其上方应设有防坠落物打击的措施。

检验方法:观察和尺量检查。

(2)一般项目

1)室外消火栓和消防水泵接合器的各项安装尺寸应符合设计要求,栓口安装高度允许偏差±20mm。

检验方法:尺量检查。

2)地下式消防水泵接合器顶部进水口或地下式消火栓的顶部出水口与消防井盖底面的距离不得大于 400mm,井内应有足够的操作空间,并设爬梯。寒冷地区井内应做防冻保护。

检验方法:观察和尺量检查。

3)消防水泵接合器的安全阀安装位置和方向应正确,阀门启闭应灵活。

检验方法:现场观察和手扳检查。

三、管沟及井室

1. 材料控制要点

(1)材料质量控制参见本章第一节的相关规定。

(2)水泥、砂子、石子、砂浆、混凝土的控制应符合《混凝土结构工程施工技术标准》(ZJQ08—SGJB 204—2005)的要求。

2. 施工及质量控制要点

(1)管道线路测量、定位

1)测量之前先找好当地准确的永久性水准点。在测量过程中,沿管道线路应设临时水准点,并与固定水准点相连。

2)临时水准点设在稳固和僻静之处,尽量选择永久性建筑物,距沟边大于10m。其精确度不应低于Ⅲ级,在居住区外的压力管道则不低于Ⅳ级。水准点闭合差不大于 4mm/km。

3)若管道线路与地下原有构筑物有交叉,必须在地面上用特别标志表明其位置。

(2)降水、排水

对低于地下水的管沟或有大量地面水、雨水灌入沟内或因不慎折断沟内原有给排水管道造成沟内积水,均需组织排除积水。挖土应从沟底标高最低端开始。

(3)沟槽开挖

1)测量、放线已完成,可开挖沟槽。首先按设计标高确定沟槽开挖深度。

2)为防止塌方,沟槽开挖后应留有一定的边坡,边坡的大小与土质和沟深

有关。当设计无规定时,深度在 5m 以内的沟槽,最大边坡应符合表 3-47 的
规定。

表 3-47 深度在 5m 以内的沟槽最大边坡坡度(不加支撑)

土 名 称	边坡坡度		
	人工挖土	机械挖土	
	并将土抛于沟边上	在沟底挖土	在沟上挖土
砂土	1:1.00	1:0.75	1:1.00
砂质粉土	1:0.67	1:0.50	1:0.75
粉质黏土	1:0.50	1:0.33	1:0.75
粒土	1:0.33	1:0.25	1:0.67
含砾石、卵石	1:0.67	1:0.50	1:0.75
泥炭岩白土	1:0.33	1:0.25	1:0.67
干黄土	1:0.25	1:0.10	1:0.33

注:1. 如人工挖土不把土抛于沟槽上边而是随时运走,即可采用机械在沟底挖土的坡度;

2. 表中砂土不包括细砂和松砂;

3. 在个别情况下,如有足够依据或采用多种挖土机,均可不受本表的限制;

4. 距离沟边 0.8m 内,不应堆积弃土和材料,弃土堆置高度不超过 1.5m。

3)挖深超过 2m 时,要留边坡。在遇有不同的土层断面变化处可做成折线
形边坡或加支撑处理。

4)挖沟过程中易导致的质量通病如下:

①沟底长时间敞露:施工图、材料和机具均已齐全,方可挖沟。挖沟后及时
进行下道工序。

②沟底局部超挖:挖沟过程中,随时严格检查和控制沟底标高。遇有超挖
时,必须采取补救技术措施。

③管道下沉:沟槽开挖时,要注意排除雨水与地下水,不要带水接口。管基
要坐落在原土或夯实的土上,管道基础达到强度后方可下管。

(4)管道基础施工

1)管沟验收合格,标高、坐标无误即可进行管基施工。

2)挖沟时沟底的自然土层被扰动,必须换以碎石或砂垫层。被扰动土为砂
性或沙砾土时,铺设垫层前先夯实;黏性土则须换土后再铺碎石砂垫层。事先须
将积水或泥浆清除出去。

3)基础在施工前,清除浮土层、碎石铺填后夯实至设计标高。

4)铺垫层后浇灌混凝土,从检查井开始,完成后可进行管沟的基础浇灌。

5)砂浆、混凝土的施工应遵照相关土建施工技术标准执行。

(5)回填土

1)水压试验合格、办理隐蔽验收后,方可进行土方回填。

2)回填土前,将沟槽内软泥、木料等杂物清理干净。回填土时,不得回填积泥、有机物。回填土中不应有石块及其他杂硬物体。

3)回填土过程中,不允许带水回填,槽内应无积水。如果雨期施工排水困难时,可采取随下管随回填的措施。为防止漂管,先回填到管顶以上一倍管径以上的高度。

4)管道位于车行道下时,当铺设后立即修筑路面或管道位于软土地层以及低洼、沼泽、地下水位高的地段时,沟槽回填应先用中、粗砂将管底腋角部位填充密实,然后用中、粗砂或石屑分层回填到管顶以上 0.4m,再往上可回填良质土。

5)沟槽如有支撑,随同填土逐步拆下。横撑板的沟槽,先拆撑后填土,自下而上拆除支撑。若用直撑板或板桩时,可在填土过半以后再拔出,拔出后立即灌砂充实。如因拆除支撑时不安全,可保留支撑。

6)雨后填土要测定土壤含水量,如超过规定不可回填。槽内有水则须排除后,符合规定方可回填。

7)冬期填土时,混凝土强度达到设计强度 50%后准许填土。当年或次年修建的高级路面及管道胸腔部分不能回填冻土。填土高出地面 200～300mm,作为预留沉降量。

3. 施工质量验收

(1)主控项目

1)管沟的基层处理和井室的地基必须符合设计要求。

检验方法:现场观察检查。

2)各类井室的井盖应符合设计要求,应有明显的文字标识,各种井盖不得混用。

检验方法:现场观察检查。

3)设在通车路面下或小区道路下的各种井室,必须使用重型井圈和井盖,井盖上表面应与路面相平,允许偏差±5mm。绿化带上和不通车的地方可采用轻型井圈和井盖,井盖的上表面应高出地坪 50mm,并在井口周围以 2%的坡度向外做水泥砂浆护坡。

检验方法:观察和尺量检查。

4)重型铸铁或混凝土井圈,不得直接放在井室的砖墙上,砖墙上应做不少于80mm 厚的细石混凝土垫层。

检验方法:观察和尺量检查。

（2）一般项目

1）管沟的坐标、位置、沟底标高应符合设计要求。

检验方法：观察和尺量检查。

2）管沟的沟底层应是原土层，或是夯实的回填土，沟底应平整，坡度应顺畅，不得有尖硬的物体、块石等。

检验方法：观察检查。

3）如沟基为岩石、不易消除的块石或为砾石层时，沟底应下挖 100～200mm，填铺细砂或粒径不大于 5mm 的细土，夯实到沟底标高后，方可进行管道敷设。

检验方法：观察和尺量检查。

4）管沟回填土，管顶上部 200mm 以内应用砂子或无块石及冻土块的土，并不得用机械回填；管顶上部 500mm 以内不得回填直径大于 100mm 的块石和冻土块；500mm 以上部分回填土中的石块或冻土块不得集中。上部用机械回填时，机械不得在管沟上行走。

检验方法：观察和尺量检查。

5）井室的砌筑应按设计或给定的标准图施工。井室的底标高在地下水位以上时，基层应为素土夯实；在地下水位以下时，基层应打 100mm 厚的混凝土底板。砌筑应采用水泥砂浆，内表面抹灰后应严密不透水。

检验方法：观察和尺量检查。

6）管道穿过井壁处，应用水泥砂浆分二次填塞严密、抹平，不得渗漏。

检验方法：观察检查。

第八节　室外排水管网安装

一、排水管道安装

1. 材料要求

（1）材料质量控制应符合本技术标准章第一节"二、材料、设备管理要点"的规定。

（2）水泥、砂子、石子、砂浆、混凝土的控制应符合《混凝土结构工程施工技术标准》(ZJQ—SGJB 204—2005)的要求。

2. 施工及质量控制要点

（1）管道埋设深度与覆土厚度。覆土深度指管道外壁顶部到地面的距离，埋设深度指管道内壁底到地面的距离,如图3-1所示。

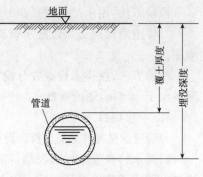

图 3-1　埋设深度与覆土厚度

(2)排水管道施工图中所列的管道安装标高均指管道内底标高。

(3)硬聚氯乙烯排水管道安装一般规定:

1)管道应敷设在原状土地层或经开槽后处理回填密实的地层上。当管道在车行道下时,管顶覆土厚度不得小于 0.1m。

2)管道应直线敷设,遇到特殊情况需利用柔性接口折线敷设时,相邻两节管纵轴线的允许转角应由管材制造厂提供。

3)硬聚氯乙烯管道穿越铁路、高等级道路路堤及构筑物等障碍物时,应设置钢筋混凝土管、钢管、铸铁管等材料制作的保护套管。

4)硬聚氯乙烯管道基础的埋深低于建(构)筑物基础底面时,管道不得敷设在建(构)筑物基础下地基扩散角受压区范围内。

(4)排水铸件管外壁在安装前应除锈,涂二遍石油沥青漆。

(5)管道在安装、回填的全部过程中,槽底不得积水或泡槽受冻。必须在回填土回填到管道的抗浮稳定的高度后才可停止排除地下水。

(6)排水管道铺设方法,主要是根据不同的管道接口,灵活地处理平基、稳管、管座和接口之间的关系,合理地安排施工顺序。

(7)管道的坐标和标高应符合设计要求,安装的允许偏差应符合表3-48的规定。

表 3-48　室外排水管道安装的允许偏差和检验方法

项次	项　　目		允许偏差(mm)	检验方法
1	坐标	埋地	100	拉线尺量
		敷设在沟槽内	50	
2	标高	埋地	±20	用水平仪、拉线和尺量
		敷设在沟槽内	±20	
3	水平管道纵横向弯曲	每 5m 长	10	拉线尺量
		全长(两井间)	30	

3. 施工质量验收

(1)主控项目

1)排水管道的坡度必须符合设计要求,严禁无坡或倒坡。

检验方法:用水准仪、拉线和尺量检查。

2)管道埋设前必须做灌水试验和通水试验,排水应畅通,无堵塞,管接口无渗漏。

检验方法:按排水检查井分段试验,试验水头应以试验段上游管顶加 1m,时间不少于 30min,逐段观察。

(2)一般项目

1)管道的坐标和标高应符合设计要求,安装的允许偏差应符合表 3-48 的规定。

2)排水铸铁管采用水泥捻口时,油麻填塞应密实,接口水泥应密实饱满,其接口面凹入承口边缘且深度不得大于 2mm。

检验方法:观察和尺量检查。

3)排水铸铁管外壁在安装前应除锈,涂二遍石油沥青漆。

检验方法:观察检查。

4)承插接口的排水管道安装时,管道和管件的承口应与水流方向相反。

检验方法:观察检查。

5)混凝土管或钢筋混凝土管采用抹带接口时,应符合下列规定:

①抹带前应将管口的外壁凿毛,扫净,当管径小于或等于 500mm 时,抹带可一次完成;当管径大于 500mm 时,应分二次抹成,抹带不得有裂纹。

②钢丝网应在管道就位前放入下方,抹压砂浆时应将钢丝网抹压牢固,钢丝网不得外露。

③抹带厚度不得小于管壁的厚度,宽度宜为 80～100mm。

检验方法:观察和尺量检查。

二、排水管沟及井池

1. 材料控制要点

参见本节"一、排水管道安装"材料控制要点。

2. 施工及质量控制要点

(1)管道测量、定位

1)根据导线桩测定管道中心线,在管线的起点、终点和转角处,钉一较长的大木桩作中心控制桩。用两个固定点控制此桩,将检查井位置相继用短木桩钉出。

2)根据设计坡度计算挖槽深度、放出上开口挖槽线。

3)用水准仪测出水平板顶标高,以便确定坡度。

4)挖沟过程中,对控制坡度的水平板要注意保护和复测。

5)挖至沟底时,在沟底补钉临时桩以便控制标高,防止多挖而破坏自然土层。

6)根据沟槽土质及沟深不同,酌情设置支撑加固见图 3-2。

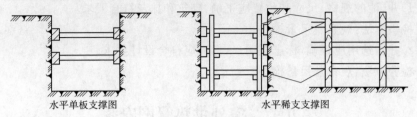

水平单板支撑图　　　　　　　　水平稀支撑图

图 3-2　管沟支撑图

（2）管道基础施工

1)验收合格,标高、坐标无误即可进行管基施工。管道及管座(墩),严禁铺设在冻土和未经处理的松土上。

2)采用套环接口的排水管道应先作接口,后作接口处混凝土基础。

3)排水管道基础好坏,对排水工程的质量有很大影响。基础形式应根据施工图纸的要求而定。

（3）井室砌筑

1)安装混凝土预制井圈,应将井圈端部洗干净并用水泥砂浆将接缝抹光。

2)井池的底板强度必须符合设计要求。排水检查井、化粪池的底板及进、出水管的标高。

3)地下水位较低,内壁可用水泥砂浆勾缝;水位较高,井室的外壁应用防水砂浆抹面,其高度应高出最高水位 200～300mm。含酸性污水检查井,内壁应用耐酸水泥砂浆抹面。

4)排水检查井底需做流槽,应用混凝土浇筑或用砖砌筑,用水泥砂浆抹光,并与管内壁接合平顺。

5)流槽下部断面为半圆形,其直径同引入管管径相等。

6)安装在室外的排水检查井与地下消火栓、给水表井等用的铸铁井盖,应有明显区别,重型与轻型井盖不得混用。

7)管道穿过井壁处,应严密、不漏水。

3. 施工质量验收

（1）主控项目

1)沟基的处理和井池的底板强度必须符合设计要求。

检验方法:现场观察和尺量检查,检查混凝土强度报告。

2)排水检查井、化粪池的底板及进、出水管的标高,必须符合设计,其允许偏差为±15mm。

检验方法:用水准仪及尺量检查。

（2）一般项目

1）井、池的规格、尺寸和位置应正确,砌筑和抹灰符合要求。

检验方法:观察及尺量检查。

2）井盖选用应正确,标志应明显,标高应符合设计要求。

检验方法:观察及尺量检查。

第九节　室外供热管网安装

一、管道及配件安装

1. 材料控制要点

（1）所有材料使用前应做好产品标识,注明产品名称、规格、型号、批号、数量、生产日期和检验代码等,并确保材料具有可追溯性。

（2）管材不得弯曲、锈蚀,无毛刺、重皮及凹凸不平现象。

（3）管件无偏扣、方扣、乱扣、断丝和角度不准确等现象。

（4）阀门铸造规矩、无毛刺、无裂纹,开关灵活严密,丝扣无损伤,直度和角度正确,强度符合要求,手轮无损伤。安装前应按规定进行强度、严密性试验。

（5）附属装置:减压器、疏水器、过滤器、补偿器等应符合设计要求,并有出厂合格证和说明书。

（6）其他材料:型钢、圆钢、管卡子、螺栓、螺母、机油、麻、橡胶垫、焊条、焊丝等,选用时应符合国家及地方相关要求。

（7）水泥、砂子、石子、砂浆、混凝土的质量控制按《混凝土结构工程施工技术标准》(ZJQ08—SGJB204—2005)的要求。

2. 施工及质量控制要点

（1）管架基础施工

1）根据不同的铺筑物和操作方式,其每侧工作面宽度见表3-49。

表 3-49　地沟操作面宽度表

| 管道结构宽度 | 每侧工作面宽度(mm) | | 基础形式 | 每侧工作面宽度 |
(mm)	非金属管道	金属管道或砖沟		(mm)
200～500	400	300	毛石砌筑	150
600～1000	500	400	混凝土需支模的	300
1100～1500	600	600	基础侧需卷材防水	800
1600～2500	800	800	基础侧抹灰或防腐	600

2)进行混凝土(或毛石混凝土)基础的施工应按下面流程进行施工,与土建各个工序和工种密切配合。

支承模板检验合格→标识混凝土上皮线→模板浇水湿润→按配比重量和坍落度拌制混凝土→浇筑捣实:耙平或压实找平混凝土上表面→覆盖、浇水养生

3)基础施工的同时,要把事先按设计图预制好的铁件(或地脚螺栓或预留孔洞),及时预埋(或预留)好,用水平仪找准设计标高。如果为预埋地脚螺栓,要注意找直、找正。在丝扣部位刷上机油后用灰袋纸或塑料布包扎好,防止损坏丝扣。

4)管沟的浇筑、砌筑按土建专业技术标准相关要求施工。

(2)管道支架安装

1)架空管架安装就位

①将预制好的并标有中心标记的管架运至施工现场,按顺序型号分别放置在基础边。

②管架基础达到强度后,根据管架的外形尺寸、重量,可采用吊车、卷扬机等不同的方法将管架立起,在基础上就位。

③同时架设好经纬仪,随时找正、找直,用事先准备好的垫铁调整。

④如果采用预埋铁件焊接固定,严格保证焊接质量,应焊透、焊牢,不允许超出夹渣、咬肉、气孔的规定值。地脚螺连接时,要从四个方向,对称地、均匀地拧紧螺栓。

⑤只有在管架固定牢固以后,方允许离开吊杆或临时支撑物。

2)不通行、半通行、通行地沟管支架安装

①对地沟的宽度、标高、沟底坡度进行检查,是否与工艺要求一致。

②在地沟内壁上,测出水平基准线,按图纸要找好坡度差。钉上钎子或木楔拉紧坡线。

③按照支架的间距值(不得超过最大间距值)在壁上定出支架位置,做上记号打眼或预留孔洞。具体尺寸按设计或标准图集的规定。

④用水浇湿已打好的洞,灌入1:2水泥砂浆,把预制好的型钢支架栽进洞内,用碎砖或石块塞紧,再用抹子压紧抹平。

⑤当管道为多层铺设时,应该待下层管道安装后,再将上层支架焊在预埋铁件上。

(3)直埋敷设

按设计规定参照本章第二节相关要求进行施工。

(4)支座安装

1)按设计要求,核对预制好的各类滑动、固定、导向支座的形式、尺寸、数量。

2)根据设计图上的位置,将支座分类送至安装地点,安装就位。

3)若为低管架或砖砌管墩,管道安装完后,接口焊完、调直。若为高管架时,测出管架上支座的标高、位置,将各类支座安装就位后焊住,然后再吊装管道。

4)支座焊接前,应该按设计要求的标高、坡度、拐角,进行拨正、找准。发现错误时应采取措施,一直到符合设计要求再焊接支座。

5)管道的管托与混凝土支柱或垫块的中心位置,根据管道热膨胀方向和热膨胀量的计算,作业面反向偏移放置。

6)滑动管支架安装后,要使管道运行过程中自由滑动无障碍。

7)管道支(吊、托)架及管座(墩)的安装应符合构造正确、埋设平整、焊接牢固的规定。

(5)管道敷设

1)架空管道安装

①管道作架空敷设时,必须待混凝土支柱达到允许承重的强度后,方可安装管道。支柱顶标高过低时,允许焊接钢垫板和型钢。

②管道上架前,对管架的垂直度、标高进行检查,有条件的应进行复测,否则应仔细查阅核算测量记录。

③根据管道布置、管径、管件、起重机具和设备、安装现场的具体情况,可局部预制,并用吊车、桅杆、滑轮、卷扬机等吊装。选麻绳吊管时,必须根据管道重量,按麻绳的破断拉力,充分考虑足够的安全系数,计算麻绳最大许用拉力。

④管道吊装过程中,绳索绑扎结扣是一项重要工作,吊装前把重物绑扎牢固,结紧绳端,防止重物脱扣松结。

⑤空作业的管架两旁须搭设脚手架,脚手架的高度以低于管道标高 1m 为宜,脚手架的宽度约 1m 左右,考虑到高空保温作业,应适当加宽便于堆料。

⑥用绳索把吊上管架的管段牢牢地绑在支架上,避免尚未焊接的管段从支架上滚落。

2)地沟内管道敷设

①管道作地沟敷设时,与土建专业的交叉配合施工应符合如下要求:

不通行地沟:设计要求为砖砌管墩,混凝土管墩,宜在土建垫层完毕后就立即施工;若设计为支、吊、托架,宜在地沟壁砌至适当高度时进行管道安装;管道安装和保温完成后,交土建砌沟壁和盖板。

半通行地沟:地沟底层和沟壁土建施工完后交付管道安装,管道安装和保温完成后,交土建盖板。特殊情况,管道安装的部分尾项工作在地沟盖板后施工。

通行地沟:地沟底层和沟壁土建施工完后交付管道安装,管道安装和保温完成后,交土建盖板。特殊情况允许保温、刷油等工程在盖板后施工。在封闭的地沟内施工,必须设置进出口和通风设施。

②不通行地沟里的管道少、管径一般较小、重量轻,地沟及支架构造简单,可以由人力借助绳索直接下沟,落放在已达到强度的支架上,然后进行组对焊接。

③半通行地沟及通行地沟的构造较复杂。沟里管道多、直径大,支架层数多。在下管就位前,必须有施工组织措施或技术措施,否则不可施工。下管可采用吊车、卷扬、倒链等起重设备或人力。

3)直埋敷设

①直埋无补偿供热管道预热伸长及三通加固应符合设计要求。

②供热管道的供、回管排列位置,设计无规定时,水平并列的应按载热介质前进方向右供左回排列,上下并列的应按上供下回排列。

(6)管道接口

1)室外碳素钢热力管道安装常用的连接方式有:焊接、螺纹连接、法兰连接等,参见第一节中的相关要求。

2)钢管对接焊口,宜用管口找正器。

3)焊缝外形尺寸应符合图纸和工艺文件的规定,焊缝高度不得低于母材表面,焊缝与母材应圆滑过渡;焊缝及热影响区表面应无裂纹、未熔合、未焊透、夹渣、弧坑和气孔等缺陷。

(7)配件安装

1)球形补偿器安装

①球形补偿器是利用球形管接头随拐弯转动来解决管道伸缩问题。一般只用在三向位移的蒸汽和热水管道上。介质由任何一端进出均可。

②球形补偿器安装前,须将通道两端封堵,存放在干燥通风的室内,要严防锈蚀。安装时须仔细核对器体上的标志,使其符合使用要求。使用中极易漏水、漏气,要安装在便于经常检修和操作的位置。

③在热水管道坡度的峰顶集气处,应安装排气阀口;在管道坡谷处,应安装泄水或疏水装置。

2)除污器安装

①除污器构造应符合设计要求,安装位置和方向应正确。

②除污器一般用法兰与干管连接,以便于拆装检修。安装时应设专门支架,并不能妨碍排污。

③热介质应从管板孔的网格外进入,同时注意水流方向与除污器要求方向相同,不得装反。

④系统试压与冲洗后,应清扫除污器。

(8)蒸汽喷射器安装

1)蒸汽喷射器的组装,其喷嘴与混合室、扩压管的中心必须一致。试运行时,应调整喷嘴与混合室的距离。

2)蒸汽喷射器出口后的直管段,一般不小于 2～3m。喷射器并联安装,在每个喷射器后宜安装止回阀。

(9)调压孔板安装

1)蒸汽系统调压板常用不锈钢制作,热水系统可用不锈钢或铝合金制作,开孔的位置及直径由设计决定。

2)高压热水采暖往往在入口处安装调压板进行减压。

3)安装时夹在两片法兰中间,两侧加垫石棉垫片,板中心应在管道轴线上。

4)应在整个采暖系统经过冲洗合格后进行安装,并在通暖时仔细检查其严密性。

(10)防腐保温

1)管道焊接前宜集中进行防腐底漆施工,钢管两端应预留 50～100mm 接口长度,焊口处的防腐在管道试压完后进行。

2)直埋管道的保温应符合设计要求,接口在现场发泡时,接头处厚度应与管道保温层厚度一致,接头处保温层必须与管道保护层成一体,符合防潮防水要求。

(11)回填土

1)挖沟、管基、降水及回填土应按设计要求进行。

2)直埋无补偿供热管道回填前应注意检查预制保温层外壳及接口的完好性。

3. 施工质量验收

(1)主控项目

1)平衡阀及调节阀型号、规格及公称压力应符合设计要求。安装后应根据系统要求进行调试,并作出标志。

检验方法:对照设计图纸及产品合格证,并现场观察调试结果。

2)直埋无补偿供热管道预热伸长及三通加固应符合设计要求。回填前应检查预制保温层外壳及接口的完好性。回填应按设计要求进行。

检验方法:回填前现场验核和观察。

3)补偿器的位置必须符合设计要求,并应按设计要求或产品说明书进行预拉伸。管道固定支架的位置和构造必须符合设计要求。

检验方法:对照图纸,并查验预拉伸记录。

4)检查井室、用户入口处管道布置应便于操作及维修,支、吊、托架稳固,并满足设计要求。

检验方法:对照图纸,观察检查。

5)直埋管道的保温应符合设计要求,接口在现场发泡时,接头处厚度应与管道保温层厚度一致,接头处保护层必须与管道保护层成一体,符合防潮防水要求。

检验方法:对照图纸,观察检查。

(2)一般项目

1)管道水平敷设及其坡度应符合设计要求。

检验方法:对照图纸,用水准仪(水平尺)、拉线和尺量检查。

2)除污器构造应符合设计要求,安装位置和方向应正确。管网冲洗后应清除内部污物。

检验方法:打开清扫口检查。

3)室外供热管道安装的允许偏差应符合表 3-50 的规定。

表 3-50　室外供热管道安装的允许偏差和检验方法

项次	项　目		允许偏差	检验方法
1	坐标(mm)	敷设在沟槽内及架空	20	用水准仪(水平尺)、直尺、拉线
		埋地	50	
2	标高(mm)	敷设在沟槽内及架空	±10	尺量检查
		埋地	±15	
3	水平管道纵、横方向弯曲(mm)	每 1m　管径≤100mm	1	用水准仪(水平尺)、直尺、拉线和尺量检查
		管径>100mm	1.5	
		全长(25m 以上)　管径≤100mm	≯13	
		管径>100mm	≯25	
4	弯管	椭圆率 $\dfrac{D_{max}-D_{min}}{D_{max}}$　管径≤100mm	8%	用外卡钳和尺量检查
		管径>100mm	5%	
		折皱不平度(mm)　管径≤100mm	4	
		管径 125~200mm	5	
		管径 250~400mm	7	

4)管道焊口的允许偏差应符合表 3-21 的规定。

5)管道及管件焊接的焊缝表面质量应符合下列规定:

①焊缝外形尺寸应符合图纸和工艺文件的规定,、焊缝高度不得低于母材表

面,焊缝与母材应圆滑过渡。

②焊缝及热影响区表面应无裂纹、未熔合、未焊透、夹渣、弧坑和气孔等缺陷。

检验方法:观察检查。

6)供热管道的供水管或蒸汽管,如设计无规定时,应敷设在载热介质前进方向的右侧或上方。

检验方法:对照图纸,观察检查。

7)地沟内的管道安装位置,其净距(保温层外表面)应符合下列规定:

与沟壁 100～150mm;

与沟底 100～200mm;

与沟顶(不通行地沟)50～100mm;(半通行和通行地沟)200～300mm。

检验方法:尺量检查。

8)架空敷设的供热管道安装高度,如设计无规定时,应符合下列规定(以保温层外表面计算):

人行地区,不小于 2.5m;

通行车辆地区,不小于 4.5m;

跨越铁路,距轨顶小于 6m。

检验方法:尺量检查。

9)防锈漆的厚度应均匀,不得有脱皮、起泡、流淌和漏涂等缺陷。

检验方法:保温前观察检查。

10)管道保温层的厚度和平整度的允许偏差应符合表 3-36 的规定。

二、系统水压试验及调试

1. 材料控制要点

材料应符合本章第一节"二、材料、设备质量管理"的规定。

2. 施工及质量控制要点

(1)水压试验

1)试压前,须对全系统或试压管段的最高处放风阀、最低处的泄水阀进行检查,若管道施工时尚未进行安装,立即进行安装。

2)根据管道进水口的位置和水源距离,设置打压泵,接通给水管路,安装压力表。

3)检查全系统的管道阀门关启状况,观察其是否满足系统或分段试压的要求。试验管道上的阀门应开启,试验管道与非试验管道应隔断。

4)灌水进入管道,打开放风阀,当放风阀出水时关闭,间隔短时间后再打开放风阀,依此顺序关启数次,直至管内空气放完后再加压。加压至试验压力,热力管网的试验压力应等于工作压力的 1.5 倍,不得小于 0.6MPa。停压 10min,如压力降不大于 0.05MPa,即可将压力降到工作压力。宜用重量不大于 1.5kg 的手锤敲打管道距焊口 150mm 处,检查焊缝质量,不渗不漏为合格。

5)若试压中已包括了全部阀门、补偿器等则为全系统试验,整个系统作一次试压即可。

(2)热力网灌充、通热

1)首先用软化水将热力管网全部充满。

2)再启动循环水泵,使水缓慢加热,严禁产生过大的温差应力。

3)同时,注意检查补偿器支架工作情况,发现异常情况要及时处理,直到全系统达到设计温度为止。

4)管网的介质为蒸汽时,应缓缓开启分汽缸上的供汽阀门,同时仔细观察管网的补偿器、阀件等工作情况。

(3)各用户供暖介质引入和系统试调

1)若为机械热水供暖系统,首先使水泵运转并达到设计压力。

2)然后开启建筑物内引入管的回、供水(汽)阀门。应通过压力表监视水泵及建筑物内的引入管上的总压力。

3)热力管网运行中,应注意排尽管网内空气后方可进行系统调试工作。

4)室内进行初调后,可对室外各用户进行系统调节。

5)系统调节从最远的用户即最不利供热点开始,利用建筑物进户处引入管的供回水温度计(如有超声波流量计更好),观察其温度差的变化,调节进户流量,采用等比失调的原理及方法进行调节。

6)当系统中有减压阀时,应根据使用压力进行调试,并作出调试后的标志。

3. 施工质量验收

(1)供热管道的水压试验压力应为工作压力的 1.5 倍,但不得小于 0.6MPa。

检验方法:在试验压力下 10min 内压力降不大于 0.05MPa,然后降至工作压力下检查,不渗不漏。

(2)管道试压合格后,应进行冲洗。

检验方法:现场观察,以水色不浑浊为合格。

(3)管道冲洗完毕应通水、加热,进行试运行和调试。当不具备加热条件时,应延期进行。

检验方法:测量各建筑物热力入口处供回水温度及压力。

(4)供热管道作水压试验时,试验管道上的阀门应开启,试验管道与非试验管道应隔断。

检验方法:开启和关闭阀门检查。

第十节　建筑中水系统及游泳池水系统安装

一、建筑中水系统管道及辅助设备安装

1. 材料控制要点

(1)材料质量控制参照本章第二节和第三节的相关内容。

(2)给水管道管材及配件应采用耐腐蚀的给水管管材及附件。

2. 施工及质量控制要点

(1)中水原水管道系统安装应遵守下列要求:

1)中水原水管道系统宜采用分流集水系统,以便于选择污染较轻的原水,简化处理流程和设备,降低处理经费。

2)便器与洗浴设备应分设或分侧布置,以便于单独设置支管、立管,有利于分流集水。

3)污废水支管不宜交叉,以免横支管标高降低过多,影响室外管线及污水处理设备的标高。

4)室内外原水管道及附属构筑物均应防渗漏,井盖应做"中"字标志。

5)中水原水系统应设分流、溢流设施和跨越管,其标高及坡度应能满足排放要求。

(2)中水供水系统是给水供水系统的一个特殊部分,其供水方式与给水系统相同。

1)中水供水系统必须单独设置。中水供水管道严禁与生活饮用水给水管道连接,并应采取下列措施:

①中水管道及设备、受水器等外壁应涂浅绿色标志。

②中水池(箱)、阀门、水表及给水栓均应有"中水"标志。

③中水管道不宜暗装于墙体和楼板内。如必须暗装于墙槽内时,必须在管道上有明显且不会脱落的标志。

2)中水管道与生活饮用水管道、排水管道平行埋设时,其水平净距离不得小于0.5m,交叉埋设时,中水管道应位于生活饮用水管道下面,排水管道的上面,

其净距离不应小于 0.15m。

3)中水给水管道不得装设取水水嘴。便器冲洗宜采用密闭型设备和器具。绿化、浇洒、汽车冲洗宜采用壁式或地下式的给水栓。

4)中水高位水箱应与生活高位水箱分设在不同的房间内,如条件不允许只能设在同一房间时,与生活高位水箱的净距离应大于 2m。止回阀安装位置和方向应正确,阀门启闭应灵活。

5)中水供水系统的溢流管、泄水管均应采取间接排水方式排出,溢流管应设隔网。

6)中水供水管道应考虑排空的可能性,以便维修。

(3)为确保中水系统的安全,试压验收要求不应低于生活饮用给水管道。

(4)原水处理设备安装后,应经试运行检测中水水质符合国家标准后,方可办理验收手续。

3. 施工质量验收

(1)主控项目

1)中水高位水箱应与生活高位水箱分设在不同的房间内,如条件不允许只能设在同一房间时,与生活高位水箱的净距离应大于 2m。

检验方法:观察和尺量检查。

2)中水给水管道不得装设取水水嘴。便器冲洗宜采用密闭型设备和器具。绿化、浇洒、汽车冲洗宜采用壁式或地下式的给水栓。

检验方法:观察检查。

3)中水供水管道严禁与生活饮用水给水管道连接,并应采取下列措施:

①中水管道外壁应涂浅绿色标志。

②中水池(箱)、阀门、水表及给水栓均应有"中水"标志。

检验方法:观察检查。

4)中水管道不宜暗装于墙体和楼板内。如必须暗装于墙槽内时,必须在管道上有明显且不会脱落的标志。

检验方法:观察检查。

(2)一般项目

1)中水给水管道管材及配件应采用耐腐蚀的给水管管材及附件。

检验方法:观察检查。

2)中水管道与生活饮用水管道、排水管道平行埋设时,其水平净距离不得小于 0.5m,交叉埋设时,中水管道应位于生活饮用水管道下面,排水管道的上面,其净距离不应小于 0.15m。

检验方法:观察和尺量检查。

二、游泳池水系统安装

1. 材料控制要点

(1)游泳池的给水口、回水口、泄水口应采用耐腐蚀的铜、不锈钢、塑料等材料制造。溢流槽、格栅应为耐腐蚀材料制造，并为组装型。

(2)游泳池的毛发聚集器应采用铜或不锈钢等耐腐蚀材料制造，过滤筒(网)的孔径应不大于 3mm，其面积应为连接管截面积的 1.5～2 倍。

(3)游泳池循环水系统加药(混凝剂)的药品溶解池、溶液池及定量投加设备应采用耐腐蚀材料制作。输送溶液的管道应采用塑料管、胶管或铜管。

(4)游泳池的浸脚、浸腰消毒池的给水管、投药管、溢流管、循环管和泄空管应采用耐腐蚀材料制成。

2. 施工及质量控制要点

(1)游泳池水系统包括给水系统、排水系统及附属装置，另外还有跳水制波系统。游泳池给水系统分直流式给水系统、直流净化给水系统、循环净化给水系统三种。一般应采用循环净化给水系统。

(2)循环净化给水系统包括充水管、补水管、循环水管和循环水泵、预净化装置(毛发聚集器)、净化加药装置、过滤装置(压力式过滤器等)、压力式过滤器反冲洗装置、消毒装置、水加热系统等。

(3)循环水系统的管道，一般应采用给水铸铁管。如采用钢管时，管内壁应采取符合饮用水要求的防腐措施。

(4)循环水管道，宜敷设在沿游泳池周边设置的管廊或管沟内。如埋地敷设，应采取防腐措施。

(5)游泳池地面，应采取有效措施防止冲洗排水流入池内。冲洗排水管(沟)接入雨污水管系统时，应设置防止雨、污水回流污染的措施。

(6)重力泄水排入排水管道时，应设置防止雨、污水回流污染的措施。

(7)机械方法泄水时，宜用循环水泵兼作提升泵，并利用过滤设备反冲洗排水管兼作泄水排水管。

(8)游泳池的给水口、回水口、泄水口、溢流槽、格栅等安装时其外表面应与池壁或池底面相平。

3. 施工质量验收

(1)主控项目

1)游泳池的给水口、回水口、泄水口应采用耐腐蚀的铜、不锈钢、塑料等材料制造。溢流槽、格栅应为耐腐蚀材料制造，并为组装型。安装时其外表面应与池壁或池底相平。

检验方法:观察检查。

2)游泳池的毛发聚集器应采用铜或不锈钢等耐腐蚀材料制造,过滤筒(网)的孔径应不大于3mm,其面积应为连接管截面积的1.5~2倍。

检验方法:观察和尺量计算方法。

3)游泳池地面,应采取有效措施防止冲洗排水流入池内。

检验方法:观察检查。

(2)一般项目

1)游泳池循环水系统加药(混凝剂)的药品溶解池、溶液池及定量投加设备应采用耐腐蚀材料制作。输送溶液的管道应采用塑料管、胶管或铜管。

检验方法:观察检查。

2)游泳池的浸脚、浸腰消毒池的给水管、投药管、溢流管、循环管和泄空管应采用耐腐蚀材料制成。

检验方法:观察检查。

第十一节　供热锅炉及辅助设备安装

一、锅炉安装

1. 材料控制要点

材料质量控制除应符合本章第一节"二、材料、设备质量管理要点"中相关要求外,还应符合如下要求:

(1)工程所使用的主要材料、成品、半成品、配件、器具和设备必须具有中文质量合格证明文件,规格、型号及性能检测报告应符合国家技术标准或设计要求。包装上应标有批号、数量、生产日期和检验代码,并经监理工程师核查确认。

(2)主要器具和设备必须有完整的安装使用说明书。在运输、保管和施工过程中,应采取有效措施防止损坏或腐蚀。

(3)锅炉出厂必须附有如下技术资料,技术资料应与实物相符。

(4)锅炉设备外观应完好无损,炉墙绝热层无空鼓,无脱落,炉拱无裂纹,无松动,受压元件可见部位无变形,无损坏。

2. 施工及质量控制要点

(1)基础放线验收及放置垫铁

1)锅炉房内清扫干净,将全部地脚螺栓孔内的杂物清出,并用皮风箱(皮老虎)吹扫。

2)根据锅炉房平面图和基础图放安装基准线:

①锅炉纵向中心基准线。

②锅炉炉排前轴基准线或锅炉前面板基准线,如有多台锅炉时应一次放出基准线。在安装不同型号的锅炉而上煤为一个系统时应保证煤斗中心在一条基准线上。

③锅炉基础标高基准点,在锅炉基础上或基础四周选有关的若干地点分别作标记,各标记间的相对位移不应超过 3mm。

3)当基础尺寸、位置不符合要求时,必须经过修正达到安装要求后再进行安装。

4)基础放线验收应有记录,并作为竣工资料归档。

5)整个基础平面要修整铲麻面,预留地脚螺栓孔内的杂物清理干净,以保证灌浆的质量。

6)在基础平面上,划出垫铁布置位置,放置时按设备技术文件规定摆放。垫铁放置的原则是:负荷集中处,靠近地脚螺栓两侧,或是机座的立筋处。相临两垫铁组间距离一般为 300~500mm,若设备安装图上有要求,应按设备安装图施工。垫铁的布置和摆放要做好记录,并经监理代表签字认可。

(2)锅炉本体安装

1)锅炉水平运输

①运输前应先选好路线,确定锚点位置,稳好卷扬机,铺好道木。

②用千斤顶将锅炉前端(先进锅炉房的一端)顶起放进滚杠,用卷扬机牵引前进,在前进过程中,随时倒滚杠和道木。道木必须高于锅炉基础,保护基础不受损坏。

2)锅炉找平及找标高

①锅炉纵向找平:用水平尺(水平尺长度不小于 600mm)放在炉排的纵排面上,检查炉排面的纵向水平度。检查点最少为炉排前后两处。要求炉排面纵向应水平或护排面略坡向炉膛后部。最大倾斜度不大于 10mm。

②锅炉横向找平:用水平尺(长度不小于 600mm)放在炉排的横排面上,检查炉排面的横向水平度,检查点最少为炉排前后两处,炉排的横向倾斜度不得大于 5mm(炉排的横向倾斜过大会导致炉排跑偏)。当炉排横向不平时,用千斤顶将锅炉一侧支架同时顶起,在支架下垫以适当厚度的钢板。垫铁的间距一般为 500~1000mm。

③锅炉标高确定:在锅炉进行纵、横向找平时同时兼顾标高的确定,标高允许偏差为±5mm。

3)锅炉安装的坐标、标高、中心线和垂直度的允许偏差应符合表 3-51 的规定。

表 3-51 锅炉安装的允许偏差和检查方法

项次	项 目		允许偏差(mm)	检验方法
1	坐标		10	经纬仪、拉线和尺量
2	标高		±5	水准仪、拉线和尺量
3	中心线垂直度	卧式锅炉炉体全高	3	吊线和尺量
		立式锅炉炉体全高	4	吊线和尺量

(3)炉排安装

1)整装锅炉安装之前,须进行整装炉排安装。

2)组装链条炉排安装的允许偏差应符合表 3-52 规定。

表 3-52 组装链条炉排安装的允许偏差和检验方法

项次	项 目	允许偏差(mm)	检验方法
1	炉排中心位置	2	经纬仪、拉线和尺量
2	墙板的标高	±5	水准仪、拉线和尺量
3	墙板的垂直度,全高	3	吊线和尺量
4	墙板间两对角线的长度之差	5	钢丝线和尺量
5	墙板框的纵向位置	5	经纬仪、拉线和尺量
6	墙板顶面的纵向水平度	长度 1/1000,且≯5	拉线、水平尺和尺量
7	墙板间的距离	跨距≤2m $\begin{array}{c}+3\\0\end{array}$ 跨距>2m $\begin{array}{c}+5\\0\end{array}$	钢丝线和尺量
8	两墙板的顶面在同一水平面上相对高差	5	水准仪、吊线和尺量
9	前轴、后轴的水平度	长度 1/1000	拉线、水平尺和尺量
10	前轴和后轴的轴心线相对标高差	5	水准仪、吊线和尺量
11	各轨道在同一水平面上的相对高差	5	水准仪、吊线和尺量
12	相邻两轨道间的距离	±2	钢丝线和尺量

3)往复炉排安装的允许偏差应符合表 3-53 的规定。

表 3-53　往复炉排安装的允许偏差和检验方法

项次	项　目	允许偏差(mm)	检验方法
1	两侧板的相对标高	3	水准仪、吊线和尺量
2	两侧板间距离　跨距≤2m	+3 0	钢丝线和尺量
	两侧板间距离　跨距>2m	+4 0	
3	两侧板的垂直度(全高)	3	吊线和尺量
4	两侧板间对角线的长度之差	5	钢丝线和尺量
5	炉排片的纵向间隙	1	钢板尺量
6	炉排两侧的间隙	2	

(4)炉排减速机安装

1)一般整装锅炉的炉排减速机由制造厂装配成整机运到现场进行安装。

2)减速机就位及找正找平

①将垫铁放在划好基准线和清理好预留孔的基础上,靠近地脚螺栓预留孔。

②将减速机(带地脚螺栓,螺栓露出螺母1~2扣)吊装在设备基础上,并使减速机纵、横中心线与基础纵、横中心基准线相吻合。

③根据炉排输入轴的位置和标高进行找正找平,用水平仪结合更换垫铁厚度或打入楔形铁的方法加以调整。

3)设备找平找正后,即可进行地脚螺栓孔浇筑混凝土。浇筑时应捣实,防止地脚螺栓倾斜。待混凝土强度达到75%以上时,方可拧紧地脚螺栓。在拧紧螺栓时应进行水平的复核,无误后将机内加足机械油准备试车。

(5)平台扶梯安装

1)长、短支撑的安装:先将支撑孔中杂物清理干净,然后安装长短支撑。支撑安装要正,螺栓应涂机油、石墨后拧紧。

2)平台安装:平台应水平,平台与支撑连接螺栓要拧紧。

3)平台扶手柱和栏杆安装:平台扶手柱要垂直于平台,螺栓连接要牢固,栏杆煨弯处应一致美观。

4)安装爬梯、扶手柱及栏杆:先将爬梯上端与平台螺栓连接,找正后将下端焊在锅炉支架板上或耳板上,与耳板用螺栓连接。扶手栏杆有焊接接头时,焊后应光滑。

(6)液压传动装置安装

1)对预埋板进行清理和除锈。

2)检查和调整使铰链架纵横中心线与滑轨纵横中心相符,以确保铰链架的前后位置有较大的调节量,调整后将铰链架的固定螺栓稍加紧固。

3)把液压缸的活塞杆全部拉出(最大行程),并将活塞杆的长拉脚与摆轮连接好,再把活塞缸与铰链架连接好。然后根据摆轮的位置和图纸的要求把滑轨的位置找正焊牢,最后认真检查调整铰链的位置并将螺栓拧紧。

4)油管路的清洗和试压

①把高压软管与油缸相接的一端断开,放在空油桶内,然后启动油泵,调节溢流阀调压手轮,逆时针旋转使油压维持在 0.2MPa,再通过人工方法控制行程开关,使两条油管都得到冲洗。冲洗完毕把高压软管与油缸装好。

②油管试压:利用液压箱的油泵即可。启动油泵,通过调节溢流阀的手轮,使油压逐步升到 3.0MPa,在此压力下活塞动作一个行程,油管、接头和液压缸均无泄漏为合格,并立即把油压调到炉排的正常工作压力。因油压长时间超载会使电机烧毁。

5)液压传动装置冲洗、试压应作记录。

(7)锅炉水压试验

1)水压试验应报请当地技术监督局有关部门参加。

2)水压试验步骤及合格标准

①向炉内上水。打开自来水阀门向炉内上水,待锅炉最高点放气管见水无气后关闭放气阀,最后把自来水阀门关闭。

②用试压泵缓慢升压至 0.3～0.4MPa 时,应暂停升压,进行一次检查和必要的紧固螺栓工作。

③待升至工作压力时,应停泵检查各处有无渗漏或异常现象,再升至试验压力后停泵。锅炉应在试验压力下保持 10min,压力降不超过 0.02MPa,然后降至工作压力进行检查。

④达到要求为试验合格:压力不降、不渗、不漏;观察检查,不得有残余变形;受压元件金属壁和焊缝上不得有水珠和水雾;胀口处不滴水珠。

3. 施工质量验收

(1)主控项目

1)锅炉设备基础的混凝土强度必须达到设计要求,基础的坐标、标高、几何尺寸和螺栓孔位置应符合表 3-54 的规定。

表 3-54　锅炉及辅助设备基础的允许偏差和检验方法

项次	项　　目		允许偏差(mm)	检验方法
1	基础坐标位置		20	经纬仪、接线和尺量
2	基础各不同平面的标高		0,-20	水准仪、拉线尺量
3	基础平面外形尺寸		20	
4	凸台上平面尺寸		0,-20	尺量检查
5	凹穴尺寸		+20,0	
6	基础上平面水平度	每米	5	水平仪(水平尺)和楔形塞尺检查
		全长	10	
7	竖向偏差	每米	5	经纬仪或吊线和尺量
		全高	10	
8	预埋地脚螺栓	标高(顶端)	+20,0	水准仪、拉线和尺量
		中心距(根部)	2	
9	预留地脚螺栓孔	中心位置	10	尺量
		深度	-20,0	
		孔壁垂直度	10	吊线和尺量
10	预埋活动地脚螺栓锚板	中心位置	5	拉线和尺量
		标高	+20,0	
		水平度(带槽锚板)	5	水平尺和楔形塞尺检查
		水平度(带螺纹孔锚板)	2	

2)非承压锅炉,应严格按设计或产品说明书的要求施工。锅筒顶部必须敞口或装设大气连通管,连通管上不得安装阀门。

检验方法:对照设计图纸或产品说明书检查。

3)以天然气为燃料的锅炉的天然气释放管或大气排放管不得直接通向大气,应通向贮存或处理装置。

检查方法:对照设计图纸检查。

4)两台或两台以上燃油锅炉共用一个烟囱时,每一台锅炉的烟道上均应配备风阀或挡板装置,并应具有操作调节和闭锁功能。

检验方法:观察和手扳检查。

5)锅炉的锅筒和水冷壁的下集箱及后棚管的后集箱的最低处排污阀及排污管道不得采用螺纹连接。

检查方法:观察检查。

6)锅炉的汽、水系统安装完毕后,必须进行水压试验,水压试验的压力应符合表 3-55 的规定。

表 3-55　水压试验压力规定

项次	设备名称	工作压力 P(MPa)	试验压力(MPa)
		P<0.59	1.5P 但不小于 0.2
1	锅炉本体	0.59≤P≤1.18	P+0.3
		P>1.18	1.25P
2	可分式省煤器	P	1.25P+0.5
3	非承压锅炉	大气压力	0.2

注:1. 工作压力 P 对蒸汽锅炉指锅筒工作压力,对热水锅炉指锅炉额定出水压力;

　　2. 铸铁锅炉水压试验同热水锅炉;

　　3. 非承压锅炉水压试验压力为 0.2MPa,试验期间压力应保持不变。

检验方法:

①在试验压力下 10min 内压力降不超过 0.02MPa,然后降至工作压力进行检查,压力不降、不渗、不漏。

②观察检查,不得有残余变形,受压元件金属壁和焊缝上不得有水珠和水雾。

7)机械炉排安装完毕后应做冷态运转试验,连续运转时间不应少于 8h。

检验方法:观察运转试验全过程。

8)锅炉本体管道及管件焊接的焊缝质量应符合下列规定:

①管道及管件焊接的焊缝表面质量应符合下列要求:

焊缝外形尺寸应符合图纸和工艺文件的规定,焊缝高度不得低于母材表,焊缝与母材应圆滑过渡。

焊缝及热影响区表面应无裂纹、未熔合、未焊透、夹渣、弧坑和气孔等缺陷。

②钢管管道焊接的焊口允许偏差应符合表 3-36 的规定:

③无损探伤的检测结果应符合锅炉本体设计的相关要求。

检验方法:观察和检验无损伤检测报告。

(2)一般项目

1)锅炉安装的坐标、标高、中心线和垂直度的允许偏差应符合表 3-51 的规定。

2)组装链条炉排安装的允许偏差应符合表 3-52 规定。

3)往复式炉排安装的允许偏差应符合表 3-53 的规定。

4)铸铁省煤器破损的肋片数不应大于总肋片数的 5%,有破损肋片的根数不应大于总根数的 10%。铸铁省煤器支承架安装的允许偏差应符合表 3-56 规定。

表 3-56　铸铁省煤器支承架安装的允许偏差和检验方法

项次	项　目	允许偏差（mm）	拉验方法
1	支承架的位置	3	经纬仪、拉线和尺量
2	支承架的标高	0 −5	水准仪、吊线和尺量
3	支承架的纵、横向水平度（每 1m）	1	水平尺和塞尺检查

5）锅炉本体安装应按设计或产品说明书要求布置并坡向排污阀。

检验方法：用水平尺或水准仪检查。

6）锅炉由炉底送风的风室及锅炉底座与基础之间必须封、堵严密。

检验方法：观察检查。

7）省煤器的出口处（或入口处）应按设计或锅炉图纸要求安装阀门和管道。

检验方法：对照设计图纸检查。

8）电动调节阀门的调节机构与电动执行机构的转臂应在同一平面内动作，传动部分应灵活、无空行程及卡阻现象，其行程及伺服时间应满足使用要求。

检验方法：操作时观察检查。

二、辅助设备及管道安装

1. 材料控制要点

（1）锅炉辅助设备应齐全完好，并经业主、施工单位、监理共同开箱检查，设备的型号、规格、技术数据、构造尺寸、外形尺寸、风机进出口的位置、叶轮旋转方向等都符合设计要求。根据设备清单对所有设备及零部件进行清点验收。各类设备的切削加工面、机壳、转子等均无变形或锈蚀、碰损等缺陷。

（2）各种金属管材、型钢、阀门及管件的规格、型号必须符合设计要求，并符合产品出厂质量标准，外观质量良好，不得有损伤、锈蚀或其他表面缺陷。

（3）分汽缸属于一、二类压力容器。分汽缸必须由具有相应资质的压力容器制造厂制造。

2. 施工及质量控制要点

（1）风管安装

1）安装烟道时应使之自然吻合，不得强行连接，更不允许将烟道重量压在风机上。当采用钢板风道时，风道法兰连接要严密。应设置安装防护装置。

2）安装调节风门时应注意不要装反，应标明开、关方向。

3）安装调节风门后试拨转动，检查是否灵活，定位是否可靠。

4）安装冷却水管：冷却水管应干净畅通。排水管应安装漏斗以便于直观出水的大小,出水大小可用阀门调整。安装后应按要求进行水压试验,如无规定时,试验压力不低于 0.4MPa。

5)风机试运行:试运行前用手转动风机,检查是否灵活。先关闭调节阀门,接通电源,进行点试,检查风机转向是否正确,有无摩擦和振动现象。启动后再稍开调节门,调节门的开度应使电机的电流不超过额定电流。运转时检查电机和轴承升温是否正常。风机试运行不小于 2h,并作好运行记录。

(2)除尘器安装

1)安装前首先核对除尘器的旋转方向与引风机的旋转方向是否一致,安装位置是否便于清灰、运灰。除尘器落灰口距地面高度一般为 0.6～1.0m。检查除尘器内壁耐磨涂料有无脱落。

2)检查除尘器的垂直度和水平度:除尘器的垂直度和水平度允许偏差为1/1000,找正后进行地脚螺栓孔灌浆,混凝土强度达到 75% 以上时,将地脚螺栓拧紧。

3)除尘器应按图纸位置安装,安装后再安装烟道。设计无要求时,弯头的弯曲半径不应小于管径的 1.5 倍,扩散管渐扩角度不得大于 20°。

(3)水处理设备安装

1)低压锅炉的炉外水处理一般采用钠离子交换水处理方法。多采用固定床顺流再生、逆流再生和浮动床三种工艺。

2)离子交换器安装前,先检查设备表面有无撞痕,罐内防腐有无脱落,如有脱落应作好记录,采取措施后再安装。为防止树脂流失应检查布水喷嘴和孔板垫布有无损坏,如损坏应更换。

3)配管完毕后,根据说明书进行水压试验。检查法兰、视镜、管道接口等,以无渗漏为合格。

(4)水泵安装

1)将水泵吊装就位,找平找正,与基准线相吻合,泵体水平度 0.1mm/m,然后进行灌浆。

2)泵与电机轴的同心度:轴向倾斜 0.8mm/1m,径向位移 0.1mm。

3)手摇泵应垂直安装。安装高度如设计无要求时,泵中心距地面为 800mm。

4)水泵安装后外观质量检查:泵壳不应有裂纹、砂眼及凹凸不平等缺陷,多级泵的平衡管路应无损伤或折陷现象,蒸汽往复泵的主要部件活塞及活动轴必须灵活。

(5)箱、罐等静态设备安装

1)箱、罐安装允许偏差不得超过表 3-57 的规定。

表 3-57　箱、罐安装允许偏差

项次	项　目	允许偏差
1	标高	±5mm
2	水平度或垂直度	2/1000L 或 2/1000H 但不大于 10mm(L——长度,H——高度)
3	坐标	15mm

2)箱、罐及支、吊、托架安装,应平直牢固,位置正确,支架安装的允许偏差应符合表 3-58 的规定。

表 3-58　箱、罐支架安装允许偏差

项次	项　目		允　许　偏　差
1	支架立柱	位置	5mm
		垂直度	2/1000H 但不大于 10mm(H——高度)
2	支架横梁	上表面标高	±5mm
		侧向弯曲	2/1000L 但不大于 10mm(L——长度)

(6)管道、阀门和仪表安装

1)连接锅炉及辅助设备的工艺管道安装完毕后,必须进行系统的水压试验,试验压力为系统中最大工作压力的 1.5 倍。在试验压力 10min 内压力降不超过 0.05MPa,然后降至工作压力进行检查,不渗不漏为合格。

2)管道连接的法兰、焊缝和连接管件以及管道上的仪表、阀门的安装位置应便于检修,并不得紧贴墙壁、楼板或管架。

3)连接锅炉及辅助设备的工艺管道安装的允许偏差应符合表 3-59 的规定。

表 3-59　工艺管道安装的允许偏差和检验方法

项次	项　目		允许偏差(mm)	检　查　方　法
1	坐标	架空	15	水准仪、拉线和尺量
		地沟	10	
2	标高	架空	±15	水准仪、拉线和尺量
		地沟	±10	
3	水平管道纵、横方向弯曲	DN≤100mm	2‰,最大 50	直尺和拉线检查
		DN>100mm	3‰,最大 70	
4	立管垂直		2‰,最大 15	吊线和尺量
5	成排管道间距		3	直尺尺量
6	交叉管的外壁或绝热层间距		10	

· 112 ·

(7)设备管道防腐

在涂刷油漆前,必须清除管道及设备表面的灰尘、污垢、锈斑、焊渣等物。涂漆的厚度应均匀,不得有脱皮、起泡、流淌和漏涂等缺陷。

3. 施工质量验收

(1)主控项目

1)辅助设备基础的混凝土强度必须达到设计要求,基础的坐标、标高、几何尺寸和螺栓孔位置必须符合表 3-54 的规定。

2)风机试运转,轴承温升应符合下列规定:

①滑动轴承温度最高不得超过 60℃;滚动轴承温度最高不得超过 80℃。

检验方法:用温度计检查。

②轴承径向单振幅应符合下列规定:

a. 风机转速小于 1000r/min 时,不应超过 0.10mm;

b. 风机转速为 1000～1450r/min 时,不应超过 0.08mm。

检验方法:用测振仪表检查。

3)分汽缸(分水器、集水器)安装前应进行水压试验,试验压力为工作压力的 1.5 倍,但不得小于 0.6MPa。

检验方法:试验压力下 10min 内无压降、无渗漏。

4)敞口箱、罐安装前应做满水试验;密闭箱、罐应以工作压力的 1.5 倍作水压试验,但不得小于 0.4MPa。

检验方法:满水试验满水后静置 24h 不渗不漏;水压试验在试验压力下 10min 内无压降,不渗不漏。

5)地下直埋油罐在埋地前应做气密性试验,试验压力降不应小于 0.03MPa。

检验方法:试验压力下观察 30min 不渗、不漏,无压降。

6)连接锅炉及辅助设备的工艺管道安装完毕后,必须进行系统的水压试验,试验压力为系统中最大工作压力的 1.5 倍。

检验方法:在试验压力 10min 内压力降不超过 0.05MPa,然后降至工作压力进行检查,不渗不漏。

7)各种设备的主要操作通道的净距如设计不明确时不应小于 1.5m,辅助的操作通道净距不应小于 0.8m。

检验方法:尺量检查。

8)管道连接的法兰、焊缝和连接管件以及管道上的仪表、阀门的安装位置应便于检修,并不得紧贴墙壁、楼板或管架。

检验方法:观察检查。

9)管道焊接质量应符合下列规定:

①管道及管件焊接的焊缝表面质量应符合下列要求：

焊缝外形尺寸应符合图纸和工艺文件的规定,焊缝高度不得低于母材表,焊缝与母材应圆滑过渡。焊缝及热影响区表面应无裂纹、未熔合、未焊透、夹渣、弧坑和气孔等缺陷。

②钢管管道焊接的焊口允许偏差应符合表 3-36 的规定。

（2）一般项目

1）锅炉辅助设备安装的允许偏差应符合表 3-60 的规定。

表 3-60　锅炉辅助设备安装的允许偏差和检验方法

项次	项	目		允许偏差(mm)	检验方法
1	送、引风机		坐　标	10	经纬仪、拉线和尺量
			标　高	±5	水准仪、拉线和尺量
2	各种静置设备 （各种容器、 箱、罐等）		坐　标	15	经纬仪、拉线和尺量
			标　高	±5	水准仪、拉线和尺量
			垂直度(1m)	2	吊线和尺量
3	离心式水泵		泵体水平度(1m)	0.1	水平尺和塞尺检查
		联轴器 同心度	轴向倾斜(1m)	0.8	水准仪、百分表(测微 螺钉)和塞尺检查
			径向位移	0.1	

2）连接锅炉及辅助设备的工艺管道安装的允许偏差应符合表 3-59 的规定。

3）单斗式提升机安装应符合下列规定：

①导轨的间距偏差不大于 2mm。

②垂直式导轨的垂直度偏差不大于 1‰；倾斜式导轨的倾斜度偏差不大于 2‰。

③料斗的吊点与料斗垂心在同一垂线上,重合度偏差不大于 10mm。

④行程开关位置应准确,料斗运行平稳,翻转灵活。

检验方法:吊线坠、拉线及尺量检查。

4）安装锅炉送、引风机,转动应灵活无卡碰等现象；送、引风机的传动部位,应设置安全防护装置。

检验方法:观察和启动检查。

5）水泵安装的外观质量检查:泵壳不应有裂纹、砂眼及凹凸不平等缺陷；多级泵的平衡管路应无损伤或折陷现象；蒸汽往复泵的主要部件、活塞及活动轴必须灵活。

检验方法:观察和启动检查。

6）手摇泵应垂直安装。安装高度如设计无要求时,泵中心距地面为 800mm。

检验方法:吊线和尺量检查。

7)水泵试运转,叶轮与泵壳不应相碰,进、出口部位的阀门应灵活。轴承温升应符合产品说明书的要求。

检验方法:通电、操作和测温检查。

8)注水器安装高度,如设计无要求时,中心距地面为 1.0~1.2m。

检验方法:尺量检查。

9)除尘器安装应平稳牢固,位置和进、出口方向应正确。烟道与引风机连接时应采用软接头,不得将烟管重量压在风机上。

检验方法:观察检查。

10)热力除氧器和真空除氧器的排气管应通向室外,直接排入大气。

检验方法:观察检查。

11)软化水设备罐体的视镜应布置在便于观察的方向。树脂装填的高度应按设备说明书要求进行。

检验方法:对照说明书,观察检查。

12)管道及设备保温层的厚度和平整度的允许偏差应符合表 3-11 的规定:

13)在涂刷油漆前,必须清除管道及设备表面的灰尘、污垢、锈斑、焊渣等物。涂漆的厚度应均匀,不得有脱皮、起泡、流淌和漏涂等缺陷。

检验方法:现场观察检查。

三、安全附件安装

1. 材料控制要点

(1)根据清单对所有安全附件及零部件进行清点验收。对缺损件应做记录并及时解决,清点后应妥善保管。

(2)安全阀上必须有下列装置:

1)杠杆式安全阀有防止重锤自行移动的装置和限制杠杆越出的导架;

2)弹簧式安全阀要的提升手把和防止随便拧动调整螺丝的装置;

3)静重式安全阀要有防止重片飞脱装置;

4)冲量式安全阀的冲量接入导管上的阀门,要保持全开并加铅封。

(3)压力表应符合下列要求:

1)压力表精度不应低于 2.5 级;

2)压力表表盘刻度极限值应大于或等于工作压力的 1.5 倍;

3)表盘直径不得小于 100mm。

(4)压力表有下列情况之一者禁止使用:

1）有限止钉的压力表在无压力时，指针转动后不能回到限止钉处；没有限止钉的压力表在无压力时，指针离零位的数值超过压力表规定允许偏差。

2）表盘玻璃破碎或表盘刻度模糊不清。

3）封印损坏或超过校验有效期限。

4）表内泄漏或指针跳动。

5）其他影响压力表的准确指示的缺陷。

（5）水位计应有下列装置：

1）为防止水位计（表）损坏伤人，玻璃管式水位表应有防护装置（如保护罩、快关阀、自动闭球锁等），但不得妨碍观察真实水位。

2）水位计（表）应有放水阀门和接到安全地点的放水管。

（6）水位计（表）结构应符合下列要求：

1）锅炉运行中能够吹洗和更换玻璃板（管）、云母片。

2）旋塞内径及玻璃管的内径都不得小于 8mm。

2. 施工及质量控制要点

（1）安全阀安装

1）额定热功率大于 1.4MW 的锅炉，至少应装设两个安全阀（不包括省煤器），并应使其中一个先动作；额定热功率小于或等于 1.4MW 的锅炉至少应装设一个安全阀。省煤器进口或出口安装一个安全阀。

2）安全阀应在锅炉水压试验合格后再安装。水压试验时，安全阀管座可用盲板法兰封闭，试完压后应立即将其拆除。

3）安全阀应垂直安装，并装在锅炉锅筒、集箱的最高位置。在安全阀和锅筒之间或安全阀和集箱之间，不得装有取用蒸汽的汽管和取用热水的出水管，并不许装阀门。

4）蒸汽锅炉安全阀应安装排气管直通室外安全处，排气管的截面积不应小于安全阀出口的截面积。排气管应坡向室外并在最低点的底部装泄水管，并接到安全处。热水锅炉安全阀泄水管应接到安全地点。排气管和排水管上不得装阀门。

5）安全阀必须设有下列装置：

①杠杆式安全阀应有防止重锤自行移动的装置并限制杠杆越出导架。

②弹簧式安全阀应设有提升把手并防止随意拧动调整螺栓。

③静重式安全阀应有防止重锤飞出的限制装置。

6）严禁在安装中用加重物、移动重锤、将阀芯卡死等手段任意提高安全阀的开启压力或使其失效。

（2）水位表安装

1）每台锅炉至少应装两个彼此独立的水位表。但额定蒸发量≤0.2t/h 的锅炉可以装一个水位表。

2)采用双色水位表时,每台锅炉只能装一个,另一个装普通(无色的)水位表。

3)水位表应装于便于观察的地方,并有足够的照明度。采用玻璃管水位表时应装有防护罩,防止损坏伤人。

4)水位表安装前应检查旋塞转动是否灵活,填料是否符合使用要求,不符合要求时应更换填料。水位表的玻璃管或玻璃板应干净透明。

5)安装水位表时,应使水位表的两个表口保持垂直和同心,填料要均匀,接头应严密。

6)安装玻璃管时,端口有裂纹的不应使用,安装后的玻璃管距上下口的空隙不应大于 10mm,充填石棉线紧固时,不可堵塞管孔。

7)水位表应有放水旋塞(或阀门),泄水管应接到安全处。当泄水管接至安装有排污管的漏斗时,漏斗与排污管之间应加阀门,防止锅炉排污时从漏斗冒汽伤人。

8)电接点式水位表的零点应与锅筒正常水位重合。

9)报警器的泄水管可与水位表的泄水管接在一起,但报警器泄水管上应单独安装一个截止阀,绝不允许在合用管段上仅装一个阀门。

(3)压力表安装

1)弹簧管压力表应垂直安装,垫片要规整,垫片表面应涂机油石墨,丝扣部分涂白铅油,连接要严密。安装完后在表盘上或表壳上划出明显的标志标出最高工作压力。

2)电接点压力表安装同弹簧管式压力表,应定期进行试验,检查其灵敏度,有问题应及时处理。

(4)温度计(表)安装

1)安装在管道和设备上的套管温度计,底部应插入流动介质内,不得装在引出的管段上或死角处。

2)热电偶温度计的保护套管应保证规定的插入深度。

3)温度计与压力表在同一管道上安装时,按介质流动方向温度计应在压力表下游处安装,如温度计需在压力表的上游安装时,其间距不应小于 300mm。

(5)锅炉的高低水位报警器和超温、超压报警器及联锁保护装置必须按设计要求安装齐全和有效。

3. 施工质量验收

(1)主控项目

1)锅炉和省煤器安全阀的定压调整应符合表 3-61 的规定。锅炉上装有两个安全阀时,其中的一个按表中较高值定压,另一个按较低值定压。装有一个安全阀时,应按较低值定压。

表 3-61　安全阀定压规定

项次	工作设备	安全阀开启压力(MPa)
1	蒸汽锅炉	工作压力+0.02MPa
		工作压力+0.04MPa
2	热水锅炉	1.12倍工作压力,但不少于工作压力+0.07MPa
		1.14倍工作压力,但不少于工作压力十0.10MPa
3	省煤器	1.1倍工作压力

检验方法:检查定压合格证书。

2)压力表的刻度极限值,应大于或等于工作压力的 1.5 倍,表盘直径不得小于 100mm。

检验方法:现场观察和尺量检查。

3)安装水位表应符合下列规定:

①水位表应有指示最高、最低安全水位的明显标志,玻璃板(管)的最低可见边缘应比最低安全水位低 25mm,最高可见边缘的应比最高全水位高 25mm。

②玻璃管式水位表应有防护装置。

③电接点式水位表的零点应与锅筒正常水位重合。

④采用双色水位表时,每台锅炉只能装设一个,另一个装设普通水位表。

⑤水位表应有放水旋塞(或阀门)和接到安全地点的放水管。

检验方法:现场观察和尺量检查。

4)锅炉的高、低水位报警器和超温、超压报警器及联锁保护装置必须按设计要求安装齐全和有效。

检验方法:启动、联动试验并作好试验记录。

5)蒸汽锅炉安全阀应安装通向室外的排气管。热水锅炉安全阀泄水管应接到安全地点。在排气管和泄水管上不得装设阀门。

检验方法:观察检查。

(2)一般项目

1)安装压力表必须符合下列规定:

①压力表必须安装在便于观察和吹洗的位置,并防止受高温、冰冻和振动的影响,同时要有足够的照明。

②压力表必须设有存水弯管。存水弯管采用钢管煨制时,内径不应不小

10mm;采用铜管煨制时,内径不应小于 6mm。

③压力表与水弯管之间应安装三通旋塞。

检验方法:观察和尺量检查。

2)测压仪表取源部件在水平工艺管道上安装时,取压口的方位应符合下列规定:

①测量液体压力的,在工艺管道的下半部与管道水平中心线成 0°~45°夹角范围内。

②测量蒸汽压力的,在工艺管道上半部或下半部与管道水平中心线成 0°~45°夹角范围内。

3)测量气体压力的,在工艺管道的上半部。

检验方法:观察和尺量检查。

4)安装温度计应符合下列规定:

①安装在管道和设备上的套管温度计,底部应插入流动介质内,不得装在引出的管段上或死角处。

②压力式温度计的毛细管应固定好并有保护措施,其转弯处的弯曲半径不应小于 50mm,温包必须全部浸入介质内。

③热电偶温度计的保护套管应保证规定的插入深度。

检验方法:观察和尺量检查。

5)温度计与压力表在同一管道上安装时,按介质流动方向温度计应在压力表下游处安装,如温度计需在压力表的上游安装时,其间距不应小于 300mm。

检验方法:观察和尺量检查。

四、烘炉、煮炉和试运行

1. 材料控制要点

(1)材料质量控制应符合本章第一节"二、材料、设备质量控制要点"的相关要求。

(2)准备用于烘炉、煮炉的材料,质量和数量都能满足烘炉、煮炉、试运行的需要。木材及煤炭等燃料中不得有金属物。

2. 施工及质量控制要点

(1)烘炉

1)整体快装锅炉一般采用轻型炉墙,根据炉墙潮湿程度,一般应烘烤时间为 4~6d,升温应缓慢。

2)关闭排污阀、主汽阀、副汽阀和水位表的泄水阀。打开上水系统的阀门,如有省煤器时,开启省煤器循环管阀门,将合格软化水上至比锅炉正常水位稍低位置。

3)整个烘炉期间要注意观察炉墙、炉拱情况,按时做好温度记录,最后画出实际升温曲线图。

(2)煮炉

1)为了节约时间和燃料,在烘炉末期进行煮炉。非砌筑或浇注保温材料的锅炉,安装后可直接进行煮炉。煮炉时间一般为 2~3d,如蒸汽压力较低,可适当延迟时间。

2)一般采用碱性溶液煮炉,加药量根据锅炉锈蚀、油污情况及锅炉水容量而定。

3)将两种药品按用量配好后,用水溶解成液体,从安全阀座处,缓慢加入锅筒内,然后封闭安全阀。操作人员要采取有效防护措施防止化学药品腐蚀。加药时,炉水加至低水位。

4)升压煮炉:加药后间断开动引风机,适量鼓风使炉膛温度和锅炉压力逐渐升高,进入升压煮炉。在达到锅炉额定压力的 25%、50%、75%时分别连续煮炉12h 后停火,煮炉结束。

5)煮炉结束后,待锅炉蒸汽压力降至零,水温低于 70℃时,方可将炉水放掉,换水冲洗。待锅炉冷却后,打开人孔和手孔,彻底清除锅筒和集装箱内部的沉积物,并用清水冲洗干净,

6)检查锅炉和集箱内壁,无油垢、无锈斑、有金属光泽为煮炉合格。煮炉结束后炉墙砂浆含水率达到 2.5%以下。

(3)锅炉试运行及安全阀定压

锅炉在烘炉、煮炉合格后,正式运行之前应进行 48h 的带负荷连续运行,同时应进行安全阀的热状态定压检验和调整。

1)锅炉试运行应具备下列条件:

①对于单机试车、烘炉煮炉中发现的问题或故障,应全部进行排除、修复或更换。

②锅炉开火前的内部检查:如汽水分离器、连续排污和定期排污装置、进水管及隔板等应齐全完好;锅筒、集箱及受热面管道内污垢清除干净,无缺陷破坏、无杂物遗留在里面。

③锅炉开火前的外部检查:炉膛中无积灰、杂物,炉墙、炉拱、隔火墙应完整严密;水冷壁管、排管外表面无缺陷;风道及烟道内应干净,且没有其他杂物留下,风、烟道调节阀应完整严密、启动灵活、准确;锅炉炉墙应完好严密,炉门、灰门、看火门和人孔等装置完整齐全、灵活、严密。

2)升火时炉膛温升不宜太快,避免锅炉受热不均产生较大的热应力影响锅

炉寿命。一般情况从点火到燃烧正常,时间不得小于3～4h。

3)升火后应注意水位变化,炉水受热后水位会上升,超过最高水位时,通过排污保持水位正常。

4)安全阀定压

①试运行正常后,可进行安全阀的调整定压工作。

②锅炉装有两个安全阀的,一个按表中较高值调整,另一个按较低值调整。先调整锅筒上开启压力较高的安全阀,然后再调整开启压力较低的安全阀。

③省煤器安全阀的调整定压:将锅炉给水阀临时关闭,靠给水泵升压,通过调节省煤器循环管阀门来控制安全阀开启压力。当锅炉需上水时,应在锅炉上水后再进行调整。安全阀调整完毕,应及时把锅炉给水阀门打开。

④安全阀调整完毕后,锅炉应带负荷连续试运行48h,以锅炉及全部辅助设备运行正常为合格。

3. 施工质量验收

(1)主控项目

1)锅炉火焰烘炉应符合下列规定:

①火焰应在炉膛中央燃烧,不应直接烧烤炉墙及炉拱。

②烘炉时间一般不少于4d,升温应缓慢,后期烟温不应高于160℃,且持续时间不应少于24h。

③链条炉排在烘炉过程中应定期转动。

④烘炉的中、后期应根据锅炉水水质情况排污。

检验方法:计时测温、操作观察检查。

2)烘炉结束后应符合下列规定:

①炉墙经烘烤后没有变形、裂纹及塌落现象。

②炉墙砌筑砂浆含水率达到7%以下。

检验方法:测试及观察检查。

3)锅炉在烘炉、煮炉合格后,应进行48h的带负荷连续试运行,同时应进行安全阀的热状态定压检验和调整。

检查方法:检查烘炉、煮炉及试运行全过程。

(2)一般项目

煮炉时间一般应为2～3d,如蒸汽压力较低,可适当延长煮炉时间。非砌筑或浇注保温材料保温的锅炉,安装后可直接进行煮炉。煮炉结束后,锅筒和集箱内壁应无油垢,擦去附着物后金属表面应无锈斑。

检验方法:打开锅筒和集箱检查孔检查。

五、热换站安装

1. 材料控制要点

（1）对热交换器和密闭式膨胀水箱按压力容器的技术规定进行检查验收。设备应随机带制造图、强度计算书、材质、焊接、水压试验等合格证明，以及使用说明书等有关技术资料。

（2）各种金属管材、型钢、阀门及管件的规格、型号必须符合设计要求，并符合产品出厂质量标准，外观质量良好，不得有损伤、锈蚀或其他表面缺陷。

（3）分汽缸必须由具有相应资质的压力容器制造厂制造。出厂时，应经当地锅炉压力容器监督检验部门监检合格，并提交产品合格证（包含材质、无损探伤、水压试验和图纸等资料）。

2. 施工及质量控制要点

（1）换热站一般包括高温热水热力站和蒸汽供热热力站两种。包括热源管道系统（包括蒸汽或高温热水的供回水管道、控制与计量装置及凝结水管道）、热交换设备、低温热水管道系统及其水循环设施、水处理和补水设施等。

（2）低温热水供热热力站一般不进行热交换而采取直接供应用户采暖或生活热水。其安装可按本节相关要求执行。

（3）热交换器安装

1）对热交换器按压力容器的技术规定进行检查验收。

2）组织各方进行设备基础复查，并形成验收记录。

3）设备座架制作完毕，安装在合格的基础或预埋铁件上。用水准仪或水平尺、线坠找正、找平、找垂直，同时核对相对标高和相对位置。然后拧紧地脚螺栓进行二次灌浆，或者将座架支腿焊在预埋铁件上，安装应牢固。

4）整体换热器安装：根据现场条件采用叉车、滚杠等将换热器运到安装部位；采用汽车吊、拔杆、悬吊式滑轮组等设备机具将换热器吊到预先准备好的支架或支座上，同时进行设备定位复核（许多整体换热器都带有支座，直接吊装到位即可）。

5）组装式换热器安装

①由于组装换热器各部件的重量较小，一般采用拔杆吊装。

②组装的顺序一般是由下向上，先主件后副件。先将主部件放到支架上，按安装尺寸调整好位置和方向，再吊装副件进行连接。

③组装换热器的各部件间大多是法兰连接，法兰连接工艺同法兰阀门安装，根据介质的温度和压力确定密封件。

④在组装部件时要同时关注几个法兰的对口情况，以保证全部接口的正确

和严密,同时也要保证换热器整体的水平度和垂直度。

6)壳管式热交换器的安装,如设计无要求时,其封头与墙壁或屋顶的距离不得小于换热管的长度。

7)各种控制阀门应布置在便于操作和维修的部位。仪表安装位置应便于观察和更换。交换器蒸汽入口处应按要求装设减压装置。

(4)闭式膨胀水罐装置安装:

1)闭式膨胀水罐装置包括:闭式膨胀水罐、补水泵、安全阀、电接点压力表、超压报警器、电磁阀、软化水箱或软化水池等。闭式膨胀水罐有立式和卧式两种。

2)正确选定初始压力、终止压力、安全阀的启闭压力、电接点压力表的两个触点压力和超压报警压力等参数。这些压力参数应由设计和生产厂家技术部门共同研究确定,并写入设计资料。

3)按设计要求和生产厂家安装使用说明书的要求进行安装和调试,并作好调试记录。安全阀的定压必须由有资质的检测单位进行,并出具检测报告。

(5)分汽缸、分水器、集水器、水处理设备、水泵、除污器等设备安装按照本章相关内容执行。

(6)热交换站试运行

1)热交换站的试运行是在安装和单机试运转基础上进行的带负荷的联合试运转。在联合试运转前应先行办理交工验收手续。

2)建设单位组织,施工、设计单位参加,进行热交换站带负荷联合试运转。

3)热交换站试运转的要求:

①在二次热网有用热的条件时,进行连续 24h 运转,作出全部运行记录,包括热力站内所有温度、压力、流量、水泵转速及相关的电压、电流情况记录。

②由建设、监理、安装单位共同对试运转的情况和各项记录进行分析,得出试运转合格的结论,以证明该热交换站建设合格,可以投入使用。

3.施工质量验收

(1)主控项目

1)热交换器应以最大工作压力的 1.5 倍作水压试验,蒸汽部分应不低于蒸汽供汽压力加 0.3MPa,热水部分应不低于 0.4MPa。

检验方法:在试验压力下,保持 10min 压力不降。

2)高温水系统中,循环水泵和换热器的相对安装位置应按设计文件施工。

检验方法:对照设计图纸检查。

3)壳管式热交换器的安装,如设计无要求时,其封头与墙壁或屋顶的距离不得小于换热管的长度。

检验方法：观察和尺量检查。

（2）一般项目

1）换热站内设备安装的允许偏差应符合表 3-60 的规定。

2）换热站内的循环泵、调节阀、减压器、疏水器、除污器、流量计等安装应符合《建筑给水、排水及采暖工程施工质量验收规范》（GB 50242—2002）的相关规定。

3）换热站内管道安装的允许偏差应符合表 3-59 的规定。

4）管道及设备保温层的厚度和平整度的允许偏差应符合表 3-11 的规定。

第十二节　分部工程质量验收

（1）检验批、分项工程、分部（子分部）工程质量的验收，均应在施工单位自检合格的基础上进行。并应按检验批、分项、分部（或子分部）、单位（或子单位）工程的程序进行验收，同时做好记录。

1）检验批、分项工程的质量验收应全部合格。

检验批质量验收见表 2-6。

分项工程质量验收见表 2-7。

2）分部（子分部）工程的验收，必须在分项工程验收通过的基础上，对涉及安全、卫生和使用功能的重要部位进行抽样检验和检测。

建筑给水、排水及采暖（分部）工程质量验收见表 2-8。

（2）建筑给水、排水及采暖工程的检验和检测应包括下列主要内容：

1）承压管道系统和设备及阀门水压试验。

2）排水管道灌水、通球及通水试验。

3）雨水管道灌水及通水试验。

4）给水管道通水试验及冲洗、消毒检测。

5）卫生器具通水试验，具有溢流功能的器具满水试验。

6）地漏及地面清扫口排水试验。

7）消火栓系统测试。

8）采暖系统冲洗及测试。

9）安全阀及报警联动系统动作测试。

10）锅炉 48h 负荷试运行。

（3）工程质量验收文件和记录中应包括下列主要内容：

1）开工报告。

2）图纸会审记录、设计变更及洽商记录。

3）施工组织设计或施工方案。

4）主要材料、成品、半成品、配件、器具和设备出厂合格证及进场验收单。

5）隐蔽工程验收及中间试验记录。

6）设备试运转记录。

7）安全、卫生和使用功能检验和检测记录。

8）检验批、分项、子分部、分部工程质量验收记录。

9）竣工图。

第四章 通风空调工程

第一节 基 本 规 定

一、通风与空调工程质量管理

1. 通风与空调工程施工质量验收依据

通风与空调工程施工质量的验收,除应符合《通风与空调工程施工质量验收规范》(GB 50243—2002)的规定外,还应按照被批准的设计图纸、合同约定的内容和相关技术标准的规定进行。施工图纸修改必须有设计单位的设计变更通知书或技术核定签证。

2. 施工现场质量管理体系

通风与空调工程施工现场应建立相应的质量管理体系,并应包括下列内容:
(1)岗位责任制;
(2)技术管理责任制;
(3)质量管理责任制;
(4)工程质量分析例会制。

3. 施工现场施工质量控制和检验制度

施工现场应建立施工质量控制和检验制度,并应包括下列内容:
(1)施工组织设计(方案)及技术交底执行情况检查制度;
(2)材料与设备进场检验制度;
(3)施工工序控制制度;
(4)相关工序间的交接检验以及专业工种之间的中间交接检查制度;
(5)施工检验及试验制度。

4. 通风与空调工程施工质量管理要求

(1)通风与空调工程分项工程施工质量的验收,应按《通风与空调工程施工质量验收规范》(GB 50243—2002)对应分项的具体条文规定执行。子分部中的各个分项,可根据施工工程的实际情况一次验收或数次验收。

（2）管道穿越墙体和楼板时，应按设计要求设置套管，套管与管道间应采用阻燃材料填塞密实；当穿越防火分区时，应采用不燃材料进行防火封堵。

（3）管道与设备连接前，系统管道水压试验、冲洗（吹洗）试验应合格。

（4）隐蔽工程在隐蔽前，应经施工项目技术（质量）负责人、专业工长及专职质量检查员共同参加的质量检查，检查合格后再报监理工程师（建设单位代表）进行检查验收，填写隐蔽工程验收记录，重要部位还应附必要的图像资料。

（5）隐蔽的设备及阀门应设置检修口，并应满足检修和维护需要。

（6）用于检查、试验和调试的器具、仪器及仪表应检定合格，并应在有效期内。

（7）通风与空调工程竣工的系统调试，应在建设和监理单位的共同参与下进行，施工企业应具有专业检测人员和符合有关标准规定的测试仪器。

（8）通风与空调工程施工质量的保修期限，自竣工验收合格日起计算为二个采暖期、供冷期。在保修期内发生施工质量问题的，施工企业应履行保修职责，责任方承担相应的经济责任。

（9）净化空调系统洁净室（区域）的洁净度等级应符合设计的要求。

二、通风与空调工程技术管理

（1）通风与空调工程施工前，建设单位应组织设计、施工、监理等单位对设计文件进行交底和会审，形成书面记录，并应由参与会审的各方签字确认。

（2）通风与空调工程施工前，施工单位应编制通风与空调工程施工组织设计（或施工方案），并应经本单位技术负责人审查合格、监理（建设）单位审查批准后实施。施工单位应对通风与空调工程的施工作业人员进行技术交底和必要的作业指导培训。

（3）施工图变更需经原设计单位认可，当施工图变更涉及通风与空调工程的使用效果和节能效果时，该项变更应经原施工图设计文件审查机构审查，在实施前应办理变更手续，并应获得监理和建设单位的确认。

（4）系统检测与试验，试运行与调试前，施工单位应编制相应的技术方案，并应经审查批准。

（5）通风与空调工程采用的新技术、新工艺、新材料、新设备，应按有关规定进行评审、鉴定及备案。施工前应对新的或首次采用的施工工艺制定专项的施工技术方案。

三、通风与空调工程材料与设备管理

（1）通风与空调工程施工应根据施工图及相关产品技术文件的要求进行，使用的材料与设备应符合设计要求及国家现行有关标准的规定。严禁使用国家明令禁止使用或淘汰的材料与设备。

(2)通风与空调工程所使用的材料与设备应有中文质量证明文件,并齐全有效。质量证明文件应反映材料与设备的品种、规格、数量和性能指标,并与实际进场材料和设备相符。设备的型式检验报告应为该产品系列,并应在有效期内。

(3)材料与设备进场时,施工单位应对其进行检查和试验,合格后报请监理工程师(建设单位代表)进行验收,填写材料(设备)进场验收记录。未经监理工程师(建设单位代表)验收合格的材料与设备,不应在工程中使用。

(4)通风与空调工程使用的绝热材料和风机盘管进场时,应按现行国家标准《建筑节能工程施工质量验收规范》(GB 50411—2007)的有关要求进行见证取样检验。

四、通风与空调工程检测与试验

1. 一般要求

(1)采暖通风与空气调节工程检测可分为过程检测、试运行与调试检测。

(2)委托第三方检测的程序应符合下列规定:

1)委托方应提出检测要求,并应提供完整的技术资料;

2)委托方与检测机构应签订委托合同;

3)检测机构应组成检测小组,制定检测方案并实施;

4)检测机构应出具检测报告。

(3)参加检测的工作人员应经专业技术培训,所使用的检测仪器和设备应在合格检定或校准有效期内。

(4)检测人员应根据检测范围,选择和操作相关检测仪器设备,与检测仪器设备相关的技术资料应便于检测人员的取用。

(5)检测时应妥善保管检测资料和检测结果,检测后应做好技术档案归档工作。

(6)检测报告的保存管理应符合下列规定:

1)报告发出后,报告副本、原始记录和相关资料应统一管理;

2)报告的保存和销毁应按相应制度执行。

2. 基本技术参数测试方法

(1)采暖通风与空气调节系统各项性能均应在系统实际运行状态下进行检测。

(2)冷水(热泵)机组及其水系统性能检测工况应符合现行行业标准《公共建筑节能检测标准》(JGJ/T 177—2009)的规定。

（3）基本参数检测项目应包括：风系统基本参数、水系统基本参数、室内环境基本参数、电气和其他参数，以及系统性能参数。

1）风系统基本参数检测仪表性能应符合表 4-1 的规定。

表 4-1　风系统基本参数检测仪表性能

序号	测量参数（单位）	检测仪器	仪表准确度
1	送、回风温度（℃）	玻璃水银温度计、热电阻温度计、热电偶温度计等各类温度计（仪）	0.5℃
2	风速（m/s）	风速仪、毕托管和微压计	0.5m/s
3	风量（m³/h）	毕托管和微压计、风速仪、风量罩	5%（测量值）
4	动压、静压（Pa）	毕托管和微压计	1.0Pa
5	大气压力（Pa）	大气压力计	2hPa

2）水系统基本参数检测仪表性能应符合表 4-2 的要求。

表 4-2　水系统基本参数检测仪表性能

序号	测量参数	单位	检测仪器	仪表准确度
1	温度	℃	玻璃水银温度计、铂电阻温度计等各类温度计（仪）	0.2℃（空调） 0.5℃（采暖）
2	流量	m³/h	超声波流量计或其他形式流量计	≤2%（测量值）
3	压力	Pa	压力仪表	≤5%（测量值）

3）室内环境基本参数检测仪表性能应符合表 4-3 的要求。

表 4-3　室内环境基本参数检测仪表性能

序号	测量参数	单位	检测仪器	仪表准确度
1	温度	℃	温度计（仪）	0.5℃热响应时间不应大于 90s
2	相对湿度	%RH	相对湿度仪	5%RH
3	风速	m/s	风速仪	0.5m/s
4	噪声	dB(A)	声级计	0.5dB(A)
5	洁净度	粒/m³	尘埃粒子计数器	采样速率大于 1L/min
6	静压差	Pa	微压计	1.0Pa

4）电气参数和其他参数等检测仪表性能应符合表 4-4 的要求。

表 4-4　电气参数和其他参数等检测仪表性能

序号	测量参数	单位	检测仪器	仪表准确度
1	电流	A	交流电流表 交流钳形电流表	2.0 级
2	电压	V	电压表	1.0 级
3	功率	kW	功率表或电流电压表	1.5 级
4	功率因数	%	功率因数表	1.5 级
5	转速	r/min	各类接触式 非接触式转速表	1.5 级

5）系统性能参数详见《采暖通风与空气调节工程检测技术规程》(JGJ/T 260—2011)第 3.6 节有关内容。

3. 检测与试验项目及条件

(1)通风与空调系统检测与试验项目应包括下列内容：

1)风管批量制作前,对风管制作工艺进行验证试验时,应进行风管强度与严密性试验。

2)风管系统安装完成后,应对安装后的主、干风管分段进行严密性试验,应包括漏光检测和漏风量检测。

3)水系统阀门进场后,应进行强度与严密性试验。

4)水系统管道安装完毕,外观检查合格后,应进行水压试验。

5)冷凝水管道系统安装完毕,外观检查合格后,应进行通水试验。

6)水系统管道水压试验合格后,在与制冷机组、空调设备连接前,应进行管道系统冲洗试验。

7)开式水箱(罐)在连接管道前,应进行满水试验;换热器及密闭容器在连接管道前,应进行水压试验。

8)风机盘管进场检验时,应进行水压试验。

9)制冷剂管道系统安装完毕,外观检查合格后,应进行吹污、气密性和抽真空试验。

10)通风与空调设备进场检验时,应进行电气检测与试验。

(2)检测与试验前应具备下列条件：

1)检测与试验技术方案已批准,并进行方案交底。

2)检测与试验所使用的测试仪器和仪表齐备,已检定合格,并在有效期内;其量程范围、精度应能满足测试要求。

3)参加检测与试验的人员已经过培训,掌握、熟悉检测与试验内容和技术要求,掌握测试仪器和仪表的使用方法。

4)所需用的水、电、蒸汽、压缩空气等满足检测与试验要求。

5)检测与试验的项目施工已完成,经检查应符合设计要求,且外观检查合格。

(3)检测与试验其他要求

1)检测与试验时,应根据检测与试验项目选择相应的测试仪器和仪表。

2)检测与试验应在监理工程师(建设单位代表)的监督下进行,并应形成书面记录,签字应齐全;检测与试验结束后,应提供完整的检测与试验报告。

3)检测与试验用水应清洁,试验结束后,试验用水应排入指定地点。水压试验的环境温度不宜低于5℃,当环境温度低于5℃时,应有防冻措施。试验后应排净管道内积水,并使用0.1～0.2MPa的压缩空气吹扫管道内积水。

4)检测与试验时的成品保护措施应包括下列内容:

①检测与试验时,不应损坏管道、设备的外保护(绝热)层。

②漏光检测拖动光源时,应避免划伤风管内壁。

③管道冲洗合格后,应采取保护措施防止污物进入管内。

第二节　风管系统安装

一、支吊架

1. 材料控制要点

支、吊架的型钢材料选用应符合下列规定:

(1)风管支、吊架的型钢材料应按风管、部件、设备的规格和重量选用,并应符合设计要求。当设计无要求时,在最大允许安装间距下,风管吊架的型钢规格应符合表4-5～表4-9的规定。

表4-5　水平安装金属矩形风管的吊架型钢最小规格(mm)

风管长边尺寸 b	吊杆直径	吊架规格	
		角钢	槽钢
b≤400	φ8	∟25×3	[50×37×4.5
400<b≤1250	φ8	∟30×3	[50×37×4.5
1250<b≤2000	φ10	∟40×4	[50×37×4.5 [63×40×4.8
2000<b≤2500	φ10	∟50×5	—

表 4-6 水平安装金属圆形风管的吊架型钢最小规格(mm)

风管直径 D	吊杆直径	抱箍规格		角钢横担
		钢丝	扁钢	
D≤250	φ8	φ2.8		
250<D≤450	φ8	* φ2.8 或 φ5	25×0.75	—
450<D≤630	φ8	* φ3.6		
630<D≤900	φ8	* φ3.6		
900<D≤1250	φ10	—	25×1.0	—
1250<D≤1600	* φ10	—	* 25×1.5	
1600<D≤2000	* φ10	—	* 25×2.0	∟ 40×4

注:1. 吊杆直径中的"*"表示两根圆钢;

  2. 钢丝抱箍中的"*"表示两根钢丝合用;

  3. 扁钢中的"*"表示上、下两个半圆弧。

表 4-7 水平安装非金属与复合风管的吊架横担型钢最小规格(mm)

风管类别		角钢或槽钢横担				
		∟ 25×3 [50×37×4.5	∟ 30×3 [50×37×4.5	∟ 40×4 [50×37×4.5	∟ 50×5 [63×40×4.8	∟ 63×5 [80×43×5.0
非金属风管	无机玻璃钢风管	b≤630	—	b≤1000	b≤1500	b<2000
	硬聚氯乙烯风管	b≤630		b≤1000	b≤2000	b>2000
复合风管	酚醛铝箔复合风管	b≤630	630<b≤1250	b>1250		
	聚氨酯铝箔复合风管	b≤630	630<b≤1250	b>1250		
	玻璃纤维复合风管	b≤450	450<b≤1000	1000<b≤2000	—	—
	玻镁复合风管	b≤630	—	b≤1000	b≤1500	b<2000

表 4-8 水平安装非金属与复合风管的吊架吊杆型钢最小规格(mm)

风管类别		吊杆直径			
		$\phi 6$	$\phi 8$	$\phi 10$	$\phi 12$
非金属风管	无机玻璃钢风管	—	$b \leqslant 1250$	$1250 < b \leqslant 2500$	$b > 2500$
	硬聚氯乙烯风管	—	$b \leqslant 1250$	$1250 < b \leqslant 2500$	$b > 2500$
复合风管	聚氨酯复合风管	$b \leqslant 1250$	$1250 < b \leqslant 2000$	—	—
	酚醛铝箔复合风管	$b \leqslant 800$	$800 < b \leqslant 2000$	—	—
	玻璃纤维复合风管	$b \leqslant 600$	$600 < b \leqslant 2000$	—	—
	玻镁复合风管	—	$b \leqslant 1250$	$1250 < b \leqslant 2500$	$b > 2500$

注:b 为风管内边长。

表 4-9 水平管道支吊架的型钢最小规格(mm)

公称直径	横担角钢	横担槽钢	加固角钢或槽钢（斜支撑型）	膨胀螺栓	吊杆直径	吊环、抱箍
25	∟ 20×3	—		M8	$\phi 6$	30×2 扁钢或 $\phi 10$ 圆钢
32	∟ 20×3	—		M8	$\phi 6$	
40	∟ 20×3	—	—	M10	$\phi 8$	
50	∟ 25×4	—	—	M10	$\phi 8$	40×3 扁钢或 $\phi 12$ 圆钢
65	∟ 36×4	—	—	M14	$\phi 8$	
80	∟ 36×4	—	—	M14	$\phi 10$	
100	∟ 45×4	[50×37×4.5	—	M16	$\phi 10$	50×3 扁钢或 $\phi 16$ 圆钢
125	∟ 50×5	[50×37×4.5	—	M16	$\phi 12$	
150	∟ 63×5	[63×40×4.8	—	M18	$\phi 12$	
200	—	[63×40×4.8	* ∟ 45×4 或[63×40×4.8	M18	$\phi 16$	50×4 扁钢或 $\phi 18$ 圆钢
250	—	[100×48×5.3	* ∟ 45×4 或[63×40×4.8	M20	$\phi 18$	60×5 扁钢或 $\phi 20$ 圆钢
300	—	[126×53×5.5	* ∟ 45×4 或[63×40×4.8	M20	$\phi 22$	60×5 扁钢或 $\phi 20$ 圆钢

注:表中"*"表示两个角钢加固件。

（2）水管支、吊架的型钢材料应按水管、附件、设备的规格和重量选用，并应符合设计要求。当设计无要求时，应符合表 4-6 的规定。

2. 施工及质量控制要点

（1）支、吊架的预埋件位置应正确、牢固可靠，埋入结构部分应除锈、除油污，并不应涂漆，外露部分应做防腐处理。

（2）支、吊架定位放线时，应按施工图中管道、设备等的安装位置，严禁将管道穿墙套管作为管道支架。支、吊架的最大允许间距应满足设计要求。

（3）风管系统支吊架

1）支、吊架不应设置在风口、检查口处以及阀门、自控机构的操作部位，且距风口不应小于 200mm。

2）水平安装的复合风管与支、吊架接触面的两端，应设置厚度大于或等于 1.0mm，宽度宜为 60～80mm，长度宜为 100～120mm 的镀锌角形垫片。

3）垂直安装的非金属与复合风管，可采用角钢或槽钢加工成"井"字形抱箍作为支架。支架安装时，风管内壁应衬镀锌金属内套，并应采用镀锌螺栓穿过管壁将抱箍与内套固定。螺孔间距不应大于 120mm，螺母应位于风管外侧。螺栓穿过的管壁处应进行密封处理。

4）消声弯头或边长（直径）大于 1250mm 的弯头、三通等应设置独立的支、吊架。

5）长度超过 20m 的水平悬吊风管，应设置至少 1 个防晃支架。

6）柔性风管的支、吊架处的防潮层和保护层应连续、严密。

（4）保温风管不得与支、吊托架直接接触。保温风管的支、吊架应放在保温层外部，风管与支架间应垫上坚固的隔热防腐材料，其厚度与保温层相等。

（5）绝热风管的支、吊架装置宜放在绝热层外部，风管壁不得与支、吊架构件直接接触，应使用与绝热层厚度相同的坚固隔热防腐材料垫隔。支、吊架处的防潮层和保护层应连续、严密。

（6）装配式管道吊架各配件的连接应牢固，并应有防松动措施。

二、风管与部件

1. 材料控制要点

（1）风管连接的密封材料应根据输送介质温度选用，并应符合该风管系统功能的要求，其防火性能应符合设计要求，密封垫料应安装牢固，密封胶应涂抹平整、饱满，密封垫料的位置应正确，密封垫料不应凸入管内或脱落。当设计无要求时，法兰垫料材质及厚度应符合下列规定：

　　1)输送温度低于 70℃ 的空气时,可采用橡胶板、闭孔海绵橡胶板、密封胶带或其他闭孔弹性材料;输送温度高于 70℃ 的空气时,应采用耐高温材料;

　　2)防、排烟系统应采用不燃材料;

　　3)输送含有腐蚀性介质的气体,应采用耐酸橡胶板或软聚乙烯板;

　　4)法兰垫料厚度宜为 3~5mm。

　　(2)洁净空调系统风管的法兰垫料应采用不产尘、不易老化并具有一定强度和弹性的材料,厚度宜为 5~8mm,不应采用乳胶海绵、厚纸板、石棉橡胶板、铅油麻丝及油毡纸等。

　　2. 施工及质量控制要点

　　(1)风管及部件连接接口距墙面、楼板的距离不应影响操作,连接阀部件的接口严禁安装在墙内或楼板内;

　　(2)风管采用法兰连接时,其螺母应在同一侧;法兰垫片不应凸入风管内壁,也不应凸出法兰外;

　　(3)风管与风道连接时,应采取风道预埋法兰或安装连接件的形式接口,结合缝应填耐火密封填料,风道接口应牢固;

　　(4)风管内严禁穿越和敷设各种管线;

　　(5)固定室外立管的拉索,严禁与避雷针或避雷网相连;

　　(6)输送含有易燃、易爆气体或安装在易燃、易爆环境的风管系统应有良好的接地措施,通过生活区或其他辅助生产房间时,不应设置接口,并应具有严密不漏风措施;

　　(8)输送产生凝结水或含蒸汽的潮湿空气风管,其底部不应设置拼接缝,并应在风管最低处设排液装置;

　　(9)风管测定孔应设置在不产生涡流区且便于测量和观察的部位;吊顶内的风管测定孔部位,应留有活动吊顶板或检查口。

　　(10)洁净空调系统风管安装应符合下列规定:

　　1)风管安装场地所用机具应保持清洁,安装人员应穿戴清洁工作服、手套和工作鞋等。

　　2)经清洗干净包装密封的风管、静压箱及其部件,在安装前不应拆封。安装时,拆开端口封膜后应随即连接,安装中途停顿时,应将端口重新封好。

　　3)法兰垫料不应直缝对接连接,表面严禁涂刷涂料。

　　4)风管与洁净室吊顶、隔墙等围护结构的接缝处应严密。

　　(11)法兰垫料的接口形式应符合下列规定:

　　1)法兰垫料采用对接接口和阶梯形接口(图 4-1)时,应在对接部位涂密封胶;

2)洁净空调系统风管的法兰垫料接口应采用阶梯形或榫形(图 4-2),并应涂密封胶。

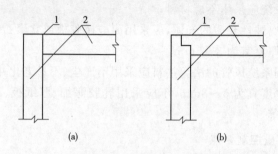

(a)   (b)

图 4-1   法兰垫料接头示意

(a)对接接口;(b)阶梯接口

1-密封胶;2-法兰垫料

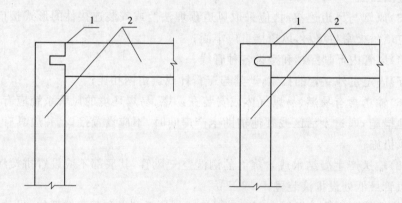

图 4-2   法兰垫料榫形接头密封示意

1-密封胶;2-法兰垫料

三、金属、非金属与复合风管

1. 材料控制要点

(1)材料进场检验合格;材料进场检验内容主要包括检查质量证明文件齐全,材料的形式、规格符合要求,无变形、划痕等外观质量缺陷,复合风管承插口和插接件接口表面应无损坏。

(2)制作金属风管的板材及型材的种类、材质和特性要求应符合表 4-10 的规定。

表 4-10　金属板材及型材的种类、材质和特性要求

种类	材质要求	板材特性要求
钢板	材质应符合现行国家标准《优质碳素结构钢冷轧钢板和钢带》(GB/T 13237—2013)或《优质碳素结构钢热轧薄钢板和钢带》(GB/T 710—2008)的规定	钢板表面应平整光滑，厚度应均匀不应有裂纹、结疤等缺陷
镀锌钢板（带）	材质应符合现行国家标准《连续热镀锌钢板及钢带》(GB/T 2518—2008)的规定	钢板表面应平整光滑，厚度应均匀，不应有裂纹、结疤镀锌层脱落、锈蚀、划痕等缺陷；满足机械咬合功能，板面镀锌层厚度采用双面三点试验平均值应大于或等于 $100g/m^2$（或 100 号以上）
不锈钢板	应采用奥氏体不锈钢，其材质应符合现行国家标准《不锈钢冷轧钢板和钢带》(GB/T 3280—2015)的规定	不锈钢板表面不应有明显的划痕、刮伤、斑痕和凹穴等缺陷
型材	材质应符合现行国家标准《热轧钢棒尺寸、外形、重量及允许偏差》(GB/T 702—2008)的规定	—

(3)非金属与复合风管材料的防火性能应符合设计要求及现行国家有关标准的规定。目前，国家现行有关防火标准有《高层民用建筑设计防火规范》(GB 50045—2005)、《建筑内部装修设计防火规范》(GB 50222—2001)、《建筑设计防火规范》(GB 50016—2014)及《建筑材料及制品燃烧性能分级》(GB 8624—2012)等。

(4)非金属与复合风管板材的技术参数及适用范围应符合表 4-11 的规定。

2. 施工及质量控制要点

(1)金属风管

风管连接应牢固、严密，并应符合下列规定：

1)角钢法兰连接时，接口应无错位，法兰垫料无断裂、无扭曲，并在中间位置。螺栓应与风管材质相对应，在室外及潮湿环境中，螺栓应有防腐措施或采用镀锌螺栓。

2)薄钢板法兰连接时，薄钢板法兰应与风管垂直、贴合紧密，四角采用螺栓固定，中间采用弹簧夹或顶丝卡等连接件，其间距不应大于 150mm，最外端连接件距风管边缘不应大于 100mm。

表 4-11　非金属与复合风管板材的技术参数及适用范围

风管类别		材料密度 （kg/m³）	厚度（mm）	强度	适用范围
非金属风管	无机玻璃钢风管	≤2000	符合现行国家标准《通风与空调工程施工质量验收规范》（GB 50243—2002)的有关规定	弯曲强度≥65MPa	低、中、高压空调系统及防排烟系统
	硬聚氯乙烯风管	1300~1600	—	拉伸强度≥34MPa	洁净室及含酸碱的排风系统
复合风管	酚醛铝箔复合风管	60	20	弯曲强度≥1.05MPa	设计工作压力≤2000Pa 的空调系统及潮湿环境，风速≤12m/s,b≤2000mm
	聚氨酯铝箔复合风管	≥45	≥20	弯曲强度≥1.02MPa	设计工作压力≤2000Pa 的空调系统、洁净空调系统及潮湿环境，风速≤12m/s,b≤2000mm
	玻璃纤维复合风管	≥70	≥25	—	设计工作压力≤1000Pa 的空调系统，风速≤10m/s,b≤2000mm
玻镁复合风管	普通型		≥25		按复合板不同类型分别适合空调系统、洁净系统及防排烟系统
	节能型		≥31		
	低温节能型		≥43		
	洁净型	—	≥31	—	
	排烟型		≥18		
	防火型		≥35		
	耐火型		≥45		

注:b 为风管内边长尺寸。

3)边长小于或等于 630mm 的风管可采用 S 形平插条连接边长小于或等于 1250mm 的风管可采用 S 形立插条连接,应先安装 S 形立插条,再将另一端直接插入平缝中。

4)C形、S形直角插条连接适用于矩形风管主管与支管连接,插条应从中间外弯90°做连接件,插入翻边的主管、支管,压实结合面,并应在接缝处均匀涂抹密封胶。

5)立咬口连接适用于边长(直径)小于或等于1000mm的风管。应先将风管两端翻边制作小边和大边的咬口,然后将咬口小边全部嵌入咬口大边中,并应固定几点,检查无误后进行整个咬口的合缝,在咬口接缝处应涂抹密封胶。

6)芯管连接时,应先制作连接短管,然后在连接短管和风管的结合面涂胶,再将连接短管插入两侧风管,最后用自攻螺丝或铆钉紧固,铆钉间距宜为100~120mm。带加强筋时,在连接管1/2长度处应冲压一圈ϕ8mm的凸筋,边长(直径)小于700mm的低压风管可不设加强筋。

7)边长小于或等于630mm的支风管与主风管连接应符合下列规定:

①S形直角咬接(图4-3a)支风管的分支气流内侧应有30°斜面或曲率半径为150mm的弧面,连接四角处应进行密封处理;

②联合式咬接(图4-3b)连接四角处应作密封处理;

③法兰连接(图4-3c)主风管内壁处应加扁钢垫,连接处应密封。

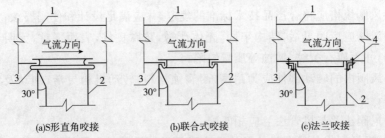

图4-3 支风管与主风管连接方式

1-主风管;2-支风管;3-接口;4-扁钢垫

8)风管安装后应进行调整,风管应平正,支、吊架顺直。

(2)非金属与复合风管

1)插接连接时,应逐段顺序插接,在插口处涂专用胶,并应用自攻螺钉固定。

2)硬聚氯乙烯风管的直管段连接长度大于20m时,应按设计要求设置伸缩节;支管的重量不得由干管承受,应单独设置支吊架。

3)硬聚氯乙烯风管膨胀系数大,因此支吊架抱箍不能将风管固定过紧,应当留有一定的间隙,以便伸缩。

4)硬聚氯乙烯风管与热力管道或发热设备应有一定的距离,防止风管受热变形。

5)玻璃钢风管易受外界环境影响而变形,因此在选用支、吊托架时要加大其受力接触面。

6)无机玻璃钢风管垂直支架间距应小于或等于 3000mm,每根垂直风管不应少于 2 个支架。

7)空调风管采用 PVC 及铝合金插件连接时,应采取防冷桥措施。在 PVC 及铝合金插件接口凹槽内可填满橡塑海绵、玻璃纤维等碎料,应采用胶粘剂粘接在凹槽内,碎料四周外部应采用绝热材料覆盖,绝热材料在风管上搭接长度应大 20mm。中、高压风管的插接法兰之间应加密封垫料或采取其他密封措施。

8)柔性风管转弯处的截面不应缩小,弯曲长度不宜超过 2m,弯曲形成的角度应大于 90°。

9)柔性风管安装时长度应小于 2mm,并不应有死弯或塌凹。柔性短管安装后应松紧适度,不应扭曲,并不应作为找正、找平的异径连接管。

四、风管部件与消声器

1. 材料控制要点

(1)成品风阀质量应符合下列规定:

1)风阀规格应符合产品技术标准的规定,并应满足设计和使用要求;

2)风阀应启闭灵活,结构牢固,壳体严密,防腐良好,表面平整,无明显伤痕和变形,并不应有裂纹、锈蚀等质量缺陷;

3)风阀内的转动部件应为耐磨、耐腐蚀材料,转动机构灵活,制动及定位装置可靠;

4)风阀法兰与风管法兰应相匹配。

(2)现场制作的风罩尺寸及构造应满足设计及相关产品技术文件要求,并应符合下列规定:

1)风罩应结构牢固,形状规则,内外表面平整、光滑,外壳无尖锐边角;

2)厨房锅灶的排烟罩下部应设置集水槽;用于排出蒸汽或其他潮湿气体的伞形罩,在罩口内侧也应设置排出凝结液体的集水槽;集水槽应进行通水试验,排水畅通,不渗漏;

3)槽边侧吸罩、条缝抽风罩的吸入口应平整,转角处应弧度均匀,罩口加强板的分隔间距应一致;

4)厨房锅灶排烟罩的油烟过滤器应便于拆卸和清洗。

(3)成品风口应结构牢固,外表面平整,叶片分布均匀,颜色一致,无划痕和变形,符合产品技术标准的规定。表面应经过防腐处理,并应满足设计及使用要求。风口的转动调节部分应灵活、可靠,定位后应无松动现象。

(4)消声材料应具备防腐、防潮功能,其卫生性能、密度、导热系数、燃烧等级应符合国家有关技术标准的规定。

(5)成品过滤器应根据使用功能要求选用。过滤器的规格及材质应符合设计要求;过滤器的过滤速度、过滤效率、阻力和容尘量等应符合设计及产品技术文件要求;框架与过滤材料应连接紧密、牢固,并应标注气流方向。

(6)风管内加热器的加热形式、加热管用电参数、加热量等应符合设计要求。加热器进场应进行测试,加热管与框架之间应绝缘良好,接线正确。

2. 施工及质量控制要点

(1)风口

1)风口安装位置应正确,调节装置定位后应无明显自由松动。室内安装的同类型风口应规整,与装饰面应贴合严密。

2)吊顶风口可直接固定在装饰龙骨上,当有特殊要求或风口较重时,应设置独立的支、吊架。

3)可调风口安装应先安装调节阀框,后安装风口的叶片框,同一方向的风口其调节装置应设在同一侧。

4)散流器风口安装时,应注意风口留孔洞要比喉口尺寸大,留出扩散板的安装位置。

(2)风阀

1)阀门安装方向应正确、便于操作,启闭灵活。斜插板风阀的阀板向上为拉启,水平安装时,阀板应顺气流方向插入。手动密闭阀安装时,阀门上标志的箭头方向应与受冲击波方向一致。

2)阀门的阀体结构应牢固,调节装置应灵活可靠,阀板制动、阀指示定位等装置应准确无误。

3)防火阀有水平安装和垂直安装,又有左式、右式之分,安装时务必不能装错装反。同时注意易熔片应安装在风管的迎风侧。

(3)风帽

1)风帽安装高度超过屋面 1.5m 时应设拉索固定,拉索的数量不应少于 3 根,且设置均匀、稳固。

2)穿过屋面安装的风管部分,应在屋面上方设置防雨罩,防雨罩与接口应严密。屋面以上的风管与风帽,必须完好不漏水。

3)不连接风管的筒形风帽,可用法兰直接固定在混凝土或木板底座上。当排送湿度较大的气体时,应在底座设置滴水盘并有排水措施。

(4)消声器、静压箱

1)消声器、静压箱安装时,应单独设置支、吊架,固定应牢固。

严禁其他支、吊架固定在消声器法兰及支吊架上。

2)过滤器与框架及框架与风管或机组壳体之间应严密,静电空气过滤器的安装应能保证金属外壳接地良好。

3)风管内电加热器接线柱外露时,应加装安全防护罩,电加热器外壳应接地良好;

五、施工质量验收

1. 主控项目

(1)在风管穿过需要封闭的防火、防爆的墙体或楼板时,应设预埋管或防护套管,其钢板厚度不应小于 1.6mm。风管与防护套管之间,应用不燃且对人体无危害的柔性材料封堵。

检查数量:按数量抽查 20%,不得少于 1 个系统。

检查方法:尺量、观察检查。

(2)风管安装必须符合下列规定:

1)风管内严禁其他管线穿越;

2)输送含有易燃、易爆气体或安装在易燃、易爆环境的风管系统应有良好的接地,通过生活区或其他辅助生产房间时必须严密,并不得设置接口;

3)室外立管的固定拉索严禁拉在避雷针或避雷网上。

检查数量:按数量抽查 20%,不得少于 1 个系统。

检查方法:手扳、尺量、观察检查。

(3)输送空气温度高于 80℃的风管,应按设计规定采取防护措施。

检查数量:按数量抽查 20%,不得少于 1 个系统。

检查方法:观察检查。

(4)风管部件安装必须符合下列规定:

1)各类风管部件及操作机构的安装,应能保证其正常的使用功能,并便于操作;

2)斜插板风阀的安装,阀板必须为向上拉启;水平安装时,阀板还应为顺气流方向插入;

3)止回风阀、自动排气活门的安装方向应正确。

检查数量:按数量抽查 20%,不得少于 5 件。

检查方法:尺量、观察检查,动作试验。

(5)防火阀、排烟阀(口)的安装方向、位置应正确。防火分区隔墙两侧的防火阀,距墙表面不应大于 200mm。

检查数量:按数量抽查 20%,不得少于 5 件。

检查方法:尺量、观察检查,动作试验。

(6)净化空调系统风管的安装还应符合下列规定:

1)风管、静压箱及其他部件,必须擦拭干净,做到无油污和浮尘,当施工停顿或完毕时,端口应封好;

2)法兰垫料应为不产尘、不易老化和具有一定强度和弹性的材料,厚度为5～8mm,不得采用乳胶海绵;法兰垫片应尽量减少拼接,并不允许直缝对接连接,严禁在垫料表面涂涂料;

3)风管与洁净室吊顶、隔墙等围护结构的接缝处应严密。

检查数量:按数量抽查20%,不得少于1个系统。

检查方法:观察、用白绸布擦拭。

(7)集中式真空吸尘系统的安装应符合下列规定:

1)真空吸尘系统弯管的曲率半径不应小于4倍管径,弯管的内壁面应光滑,不得采用褶皱弯管;

2)真空吸尘系统三通的夹角不得大于45°;四通制作应采用两个斜三通的做法。

检查数量:按数量抽查20%,不得少于2件。

检查方法:尺量、观察检查。

(8)风管系统安装完毕后,应按系统类别进行严密性检验,漏风量应符合设计与《通风与空调工程施工质量验收规范》(GB 50243—2002)第4.2.5条的规定。风管系统的严密性检验,应符合下列规定:

1)低压系统风管的严密性检验应采用抽检,抽检率为5%,且不得少于1个系统。在加工工艺得到保证的前提下,采用漏光法检测。检测不合格时,应按规定的抽检率做漏风量测试。

中压系统风管的严密性检验,应在漏光法检测合格后,对系统漏风量测试进行抽检,抽检率为20%,且不得少于1个系统。

高压系统风管的严密性检验,为全数进行漏风量测试。

系统风管严密性检验的被抽检系统,应全数合格,则视为通过;如有不合格时,则应再加倍抽检,直至全数合格。

2)净化空调系统风管的严密性检验,1～5级的系统按高压系统风管的规定执行;6～9级的系统按《通风与空调工程施工质量验收规范》GB50243第4.2.5条的规定执行。

检查数量:按条文中的规定。

检查方法:参见《通风与空调工程施工质量验收规范》(GB 50243—2002)附录 A 的规定进行严密性测试。

（9）手动密闭阀安装，阀门上标志的箭头方向必须与受冲击波方向一致。

检查数量：全数检查。

检查方法：观察、核对检查。

2. 一般项目

（1）风管的安装应符合下列规定：

1）风管安装前，应清除内、外杂物，并做好清洁和保护工作；

2）风管安装的位置、标高、走向，应符合设计要求。现场风管接口的配置，不得缩小其有效截面；

3）连接法兰的螺栓应均匀拧紧，其螺母宜在同一侧；

4）风管接口的连接应严密、牢固。风管法兰的垫片材质应符合系统功能的要求，厚度不应小于 3mm。垫片不应凸入管内，亦不宜突出法兰外；

5）柔性短管的安装，应松紧适度，无明显扭曲；

6）可伸缩性金属或非金属软风管的长度不宜超过 2m，并不应有死弯或塌凹；

7）风管与砖、混凝土风道的连接接口，应顺着气流方向插入，并应采取密封措施。风管穿出屋面处应设有防雨装置；

8）不锈钢板、铝板风管与碳素钢支架的接触处，应有隔绝或防腐绝缘措施。

检查数量：按数量抽查 10％，不得少于 1 个系统。

检查方法：尺量、观察检查。

（2）无法兰连接风管的安装还应符合下列规定：

1）风管的连接处，应完整无缺损、表面应平整，无明显扭曲；

2）承插式风管的四周缝隙应一致，无明显的弯曲或褶皱；内涂的密封胶应完整，外粘的密封胶带，应粘贴牢固、完整无缺损；

3）薄钢板法兰形式风管的连接，弹性插条、弹簧夹或紧固螺栓的间隔不应大于 150mm，且分布均匀，无松动现象；

4）插条连接的矩形风管，连接后的板面应平整、无明显弯曲。

检查数量：按数量抽查 10％，不得少于 1 个系统。

检查方法：尺量、观察检查。

（3）风管的连接应平直、不扭曲。明装风管水平安装，水平度的允许偏差为 3/1000，总偏差不应大于 20mm。明装风管垂直安装，垂直度的允许偏差为 2/1000，总偏差不应大于 20mm。暗装风管的位置，应正确、无明显偏差。除尘系统的风管，宜垂直或倾斜敷设，与水平夹角宜大于或等于 45°，小坡度和水平管应尽量短。

对含有凝结水或其他液体的风管,坡度应符合设计要求,并在最低处设排液装置。

检查数量:按数量抽查10%,但不得少于1个系统。

检查方法:尺量、观察检查。

(4)风管支、吊架的安装应符合下列规定:

1)风管水平安装,直径或长边尺寸小于等于400mm,间距不应大于4m;大于400mm,不应大于3m。螺旋风管的支、吊架间距可分别延长至5m和3.75m;对于薄钢板法兰的风管,其支、吊架间距不应大于3m。

2)风管垂直安装,间距不应大于4m,单根直管至少应有2个固定点。

3)风管支、吊架宜按国标图集与规范选用强度和刚度相适应的形式和规格。对于直径或边长大于2500mm的超宽、超重等特殊风管的支、吊架应按设计规定。

4)支、吊架不宜设置在风口、阀门、检查门及自控机构处,离风口或插接管的距离不宜小于200mm。

5)当水平悬吊的主、干风管长度超过20m时,应设置防止摆动的固定点,每个系统不应少于1个。

6)吊架的螺孔应采用机械加工。吊杆应平直,螺纹完整、光洁。安装后各副支、吊架的受力应均匀,无明显变形。

风管或空调设备使用的可调隔振支、吊架的拉伸或压缩量应按设计的要求进行调整。

7)抱箍支架,折角应平直,抱箍应紧贴并箍紧风管。安装在支架上的圆形风管应设托座和抱箍,其圆弧应均匀,且与风管外径相一致。

检查数量:按数量抽查10%,不得少于1个系统。

检查方法:尺量、观察检查。

(5)非金属风管的安装还应符合下列的规定:

1)风管连接两法兰端面应平行、严密,法兰螺栓两侧应加镀锌垫圈;

2)应适当增加支、吊架与水平风管的接触面积;

3)硬聚氯乙烯风管的直段连续长度大于20m,应按设计要求设置伸缩节;支管的重量不得由干管来承受,必须自行设置支、吊架;

4)风管垂直安装,支架间距不应大于3m。

检查数量:按数量抽查10%,不得少于1个系统。

检查方法:尺量、观察检查。

(6)复合材料风管的安装还应符合下列规定:

1)复合材料风管的连接处,接缝应牢固,无孔洞和开裂。当采用插接连接

时,接口应匹配、无松动,端口缝隙不应大于 5mm;

2)采用法兰连接时,应有防冷桥的措施;

3)支、吊架的安装宜按产品标准的规定执行。

检查数量:按数量抽查 10%,但不得少于 1 个系统。

检查方法:尺量、观察检查。

(7)集中式真空吸尘系统的安装应符合下列规定:

1)吸尘管道的坡度宜为 5/1000,并坡向立管或吸尘点;

2)吸尘嘴与管道的连接,应牢固、严密。

检查数量:按数量抽查 20%,不得少于 5 件。

检查方法:尺量、观察检查。

(8)各类风阀应安装在便于操作及检修的部位,安装后的手动或电动操作装置应灵活、可靠,阀板关闭应保持严密。

防火阀直径或长边尺寸大于等于 630mm 时,宜设独立支、吊架。

排烟阀(排烟口)及手控装置(包括预埋套管)的位置应符合设计要求。预埋套管不得有死弯及瘪陷。

除尘系统吸入管段的调节阀,宜安装在垂直管段上。

检查数量:按数量抽查 10%,不得少于 5 件。

检查方法:尺量、观察检查。

(9)风帽安装必须牢固,连接风管与屋面或墙面的交接处不应渗水。

检查数量:按数量抽查 10%,不得少于 5 件。

检查方法:尺量、观察检查。

(10)排、吸风罩的安装位置应正确,排列整齐,牢固可靠。

检查数量:按数量抽查 10%,不得少于 5 件。

检查方法:尺量、观察检查。

(11)风口与风管的连接应严密、牢固,与装饰面相紧贴;表面平整、不变形,调节灵活、可靠。条形风口的安装,接缝处应衔接自然,无明显缝隙。同一厅室、房间内的相同风口的安装高度应一致,排列应整齐。

明装无吊顶的风口,安装位置和标高偏差不应大于 10mm。

风口水平安装,水平度的偏差不应大于 3/1000。

风口垂直安装,垂直度的偏差不应大于 2/1000。

检查数量:按数量抽查 10%,不得少于 1 个系统或不少于 5 件和 2 个房间的风口。

检查方法:尺量、观察检查。

(12)净化空调系统风口安装还应符合下列规定:

1)风口安装前应清扫干净,其边框与建筑顶棚或墙面间的接缝处应加设密封垫料或密封胶,不应漏风;

2)带高效过滤器的送风口,应采用可分别调节高度的吊杆。

检查数量:按数量抽查 20%,不得少于 1 个系统或不少于 5 件和 2 个房间的风口。

检查方法:尺量、观察检查。

第三节　通风与空调设备安装

一、空气处理设备

1. 材料控制要点

(1)空气处理设备、管道、管件及阀门等的种类、型号规格、性能及技术参数等必须符合设计文件、现行有关规范、标准与产品技术文件的规定。

(2)空气处理设备应有装箱清单、设备说明书、产品质量合格证书和产品性能检测报告等随机文件,进口设备还应具有商检合格的证明文件。

(3)设备安装前,应进行开箱检查,并形成验收文字记录。参加人员为建设、监理、施工和厂商等方单位的代表。

(4)设备就位前应对其基础进行验收,合格后方能安装。

2. 施工及质量控制要点

(1)空调末端装置

1)风机盘管、变风量空调末端装置的叶轮应转动灵活、方向正确,机械部分无摩擦、松脱,电机接线无误;应通电进行三速试运转,电气部分不漏电,声音正常。

2)风机盘管、变风量空调末端装置的安装及配管应满足设计要求,并应符合下列规定:

①风机盘管、变风量空调末端装置安装位置应符合设计要求,固定牢靠,且平正;

②与冷热水管道的连接,宜采用金属软管,软管连接应牢固,无扭曲和瘪管现象;

③冷凝水管与风机盘管连接时,宜设置透明胶管,长度不宜大于 150mm,接口应连接牢固、严密,坡向正确,无扭曲和瘪管现象;

④冷热水管道上的阀门及过滤器应靠近风机盘管、变风量空调末端装置安装;调节阀安装位置应正确,放气阀应无堵塞现象;

3)诱导器安装时,方向应正确,喷嘴不应脱落和堵塞,静压箱封头的密封材料应无裂痕、脱落现象。一次风调节阀应灵活可靠。

4)风管接缝处采用低温状态下不硬化、不脆化、粘接性能良好的密封胶密封,咬口、铆接部位均应涂胶密封,防止变风量空调系统在大风量高速运行时,接缝处若有大的渗漏容易造成结露,污染天花板。

5)冷凝水管道敷设应有坡度,保证排放畅通。

(2)风机

1)风机安装位置应正确,底座应水平;

2)落地安装时,应固定在隔振底座上,底座尺寸应与基础大小匹配,中心线一致;隔振底座与基础之间应按设计要求设置减振装置;

3)风机吊装时,吊架及减振装置应符合设计及产品技术文件的要求。

4)风机与风管连接时,应采用柔性短管连接,风机的进出风管、阀件应设置独立的支、吊架。

(3)空气处理机组与空气热回收装置

1)组合式空调机组及空气热回收装置的现场组装应由供应商负责实施,组装完成后应进行漏风率试验,漏风率应符合现行国家标准《组合式空调机组》(GB/T 14294—2008)的规定。

2)空气处理机组与空气热回收装置的过滤网应在单机试运转完成后安装。

3)空气热回收装置可按空气处理机组进行配管安装。接管方向应正确,连接可靠、严密。

4)组合式空调机组的配管应符合下列规定:

①水管道与机组连接宜采用橡胶柔性接头,管道应设置独立的支、吊架;

②机组接管最低点应设泄水阀,最高点应设放气阀;

③阀门、仪表应安装齐全,规格、位置应正确,风阀开启方向应顺气流方向;

④凝结水的水封应按产品技术文件的要求进行设置;

⑤在冬季使用时,应有防止盘管、管路冻结的措施;

⑥机组与风管采用柔性短管连接时,柔性短管的绝热性能应符合风管系统的要求。

(4)除尘器

1)除尘器设备的进口和出口方向应符合设计要求;安装连接各部法兰时,密封填料应加在螺栓内侧,以保证密封。人孔盖及检查门应压紧不得漏气。

2)除尘的排尘装置、卸料装置、排泥装置的安装必须严密,并便于以后操作和维修。各种阀门必须开启灵活、关闭严密。传动机构必须转动自如,动作稳定可靠。

3）袋式除尘器安装

①布袋接口应牢固,各部件连接处要严密。分室反吹袋式除尘器的滤袋安装必须平直,每条滤袋的拉紧力保持在 25～35N/m。与滤袋接触的短管、袋帽应光滑无毛刺。

②机械回转扁袋除尘器的旋臂转动应灵活可靠,净气室上部顶盖应密封不漏气、旋转灵活。

③脉冲除尘器喷吹孔的孔眼对准文氏管的中心,同心度允许偏差为±2mm。

4）电除尘器安装

①电除尘器壳体及辅助设备均匀接地,在各种气候条件下接地电阻应小于 4Ω。

②清灰装置动作应灵活、可靠,不可与周围其他物件相碰。

③电除尘器外壳应做保温层。

3. 施工质量验收

（1）主控项目

1）通风机的安装应符合下列规定：

①型号、规格应符合设计规定,其出口方向应正确;

②叶轮旋转应平稳,停转后不应每次停留在同一位置上;

③固定通风机的地脚螺栓应拧紧,并有防松动措施。

检查数量：全数检查。

检查方法：依据设计图核对、观察检查。

2）通风机传动装置的外露部位以及直通大气的进、出口,必须装设防护罩（网）或采取其他安全设施。

检查数量：全数检查。

检查方法：依据设计图核对、观察检查。

3）空调机组的安装应符合下列规定：

①型号、规格、方向和技术参数应符合设计要求;

②现场组装的组合式空气调节机组应做漏风量的检测,其漏风量必须符合现行国家标准《组合式空调机组》(GB/T 14294—2008)的规定。

检查数量：按总数抽检 20％,不得少于 1 台。净化空调系统的机组,1～5 级全数检查,6～9 级抽查 50％。

检查方法：依据设计图核对,检查测试记录。

4）除尘器的安装应符合下列规定：

①型号、规格、进出口方向必须符合设计要求;

②现场组装的除尘器壳体应做漏风量检测,在设计工作压力下允许漏风率

为 5％,其中离心式除尘器为 3％;

③布袋除尘器、电除尘器的壳体及辅助设备接地应可靠。

检查数量:按总数抽查 20％,不得少于 1 台;接地全数检查。

检查方法:按图核对、检查测试记录和观察检查。

5)高效过滤器应在洁净室及净化空调系统进行全面清扫和系统连续试车 12h 以上后,在现场拆开包装并进行安装。

安装前需进行外观检查和仪器检漏。目测不得有变形、脱落、断裂等破损现象;仪器抽检检漏应符合产品质量文件的规定。

合格后立即安装,其方向必须正确,安装后的高效过滤器四周及接口,应严密不漏;在调试前应进行扫描检漏。

检查数量:高效过滤器的仪器抽检检漏按批抽 5％,不得少于 1 台。

检查方法:观察检查、按《通风与空调工程施工质量验收规范》(GB 50243—2002)附录 B 规定扫描、检测或查看检测记录。

6)净化空调设备的安装还应符合下列规定:

①净化空调设备与洁净室围护结构相连的接缝必须密封;

②风机过滤器单元(FFU 与 FMU 空气净化装置)应在清洁的现场进行外观检查,目测不得有变形、锈蚀、漆膜脱落、拼接板破损等现象;在系统试运转时,必须在进风口处加装临时中效过滤器作为保护。

检查数量:全数检查。

检查方法:按设计图核对、观察检查。

7)静电空气过滤器金属外壳接地必须良好。

检查数量:按总数抽查 20％,不得少于 1 台。

检查方法:核对材料、观察检查或电阻测定。

8)电加热器的安装必须符合下列规定:

①电加热器与钢构架间的绝热层必须为不燃材料;接线柱外露的应加设安全防护罩;

②电加热器的金属外壳接地必须良好;

③连接电加热器的风管的法兰垫片,应采用耐热不燃材料。

检查数量:按总数抽查 20％,不得少于 1 台。

检查方法:核对材料、观察检查或电阻测定。

9)干蒸汽加湿器的安装,蒸汽喷管不应朝下。

检查数量:全数检查。

检查方法:观察检查。

10)过滤吸收器的安装方向必须正确,并应设独立支架,与室外的连接管段不得泄漏。

检查数量:全数检查。

检查方法:观察或检测。

(2)一般项目

1)通风机的安装应符合下列规定:

①通风机的安装,应符合表 4-12 的规定,叶轮转子与机壳的组装位置应正确;叶轮进风口插入风机机壳进风口或密封圈的深度,应符合设备技术文件的规定,或为叶轮外径值的 1/100;

表 4-12 通风机安装的允许偏差

项次	项目	允许偏差	检验方法
1	中心线的平面位移	10mm	经纬仪或拉线和尺量检查
2	标高	±10mm	水准仪或水平仪、直尺、拉线和尺量检查
3	皮带轮轮宽中心平面偏移	1mm	在主、从动皮带轮端面拉线和尺量检查
4	传动轴水平度	纵向 0.2/1000 横向 0.3/1000	在轴或皮带轮 0°和 180°的两个位置上,用水平仪检查
5	联轴器	两轴芯径向位移 0.05mm 两轴线倾斜 0.2/1000	在联轴器互相垂直的四个位置上,用百分表检查

②现场组装的轴流风机叶片安装角度应一致,达到在同一平面内运转,叶轮与筒体之间的间隙应均匀,水平度允许偏差为 1/1000;

③安装隔振器的地面应平整,各组隔振器承受荷载的压缩量应均匀,高度误差应小于 2mm;

④安装风机的隔振钢支、吊架,其结构形式和外形尺寸应符合设计或设备技术文件的规定;焊接应牢固,焊缝应饱满、均匀。

检查数量:按总数抽查 20%,不得少于 1 台。

检查方法:尺量、观察或检查施工记录。

2)组合式空调机组及柜式空调机组的安装应符合下列规定:

①组合式空调机组各功能段的组装,应符合设计规定的顺序和要求;各功能段之间的连接应严密,整体应平直;

②机组与供回水管的连接应正确,机组下部冷凝水排放管的水封高度应符合设计要求;

③机组应清扫干净,箱体内应无杂物、垃圾和积尘;

④机组内空气过滤器(网)和空气热交换器翅片应清洁、完好。

检查数量:按总数抽查 20%,不得少于 1 台。

检查方法:观察检查。

3)空气处理室的安装应符合下列规定:

①金属空气处理室壁板及各段的组装位置应正确,表面平整,连接严密、牢固;

②喷水段的本体及其检查门不得漏水,喷水管和喷嘴的排列、规格应符合设计的规定;

③表面式换热器的散热面应保持清洁、完好。当用于冷却空气时,在下部应设有排水装置,冷凝水的引流管或槽应畅通,冷凝水不外溢;

④表面式换热器与围护结构间的缝隙,以及表面式热交换器之间的缝隙,应封堵严密;

⑤换热器与系统供回水管的连接应正确,且严密不漏。

检查数量:按总数抽查 20%,不得少于 1 台。

检查方法:观察检查。

4)单元式空调机组的安装应符合下列规定:

①分体式空调机组的室外机和风冷整体式空调机组的安装,固定应牢固、可靠;除应满足冷却风循环空间的要求外,还应符合环境卫生保护有关法规的规定;

②分体式空调机组的室内机的位置应正确、并保持水平,冷凝水排放应畅通。管道穿墙处必须密封,不得有雨水渗入;

③整体式空调机组管道的连接应严密、无渗漏,四周应留有相应的维修空间。

检查数量:按总数抽查 20%,不得少于 1 台。

检查方法:观察检查。

5)除尘设备的安装应符合下列规定:

①除尘器的安装位置应正确、牢固平稳,允许误差应符合表 4-13 的规定;

表 4-13　除尘器安装允许偏差和检验方法

项次	项目		允许偏差(mm)	检验方法
1	平面位移		≤10	用经纬仪或拉线、尺量检查
2	标高		±10	用水准仪、直尺、拉线和尺量检查
3	垂直度	每米	≤2	吊线和尺量检查
		总偏差	≤10	

②除尘器的活动或转动部件的动作应灵活、可靠,并应符合设计要求;

③除尘器的排灰阀、卸料阀、排泥阀的安装应严密,并便于操作与维护修理。

检查数量:按总数抽查 20%,不得少于 1 台。

检查方法:尺量、观察检查及检查施工记录。

6)现场组装的静电除尘器的安装,还应符合设备技术文件及下列规定:

①阳极板组合后的阳极排平面度允许偏差为 5mm,其对角线允许偏差为 10mm;

②阴极小框架组合后主平面的平面度允许偏差为 5mm,其对角线允许偏差为 10mm;

③阴极大框架的整体平面度允许偏差为 15mm,整体对角线允许偏差为 10mm;

④阳极板高度小于或等于 7m 的电除尘器,阴、阳极间距允许偏差为 5mm。阳极板高度大于 7m 的电除尘器,阴、阳极间距允许偏差为 10mm;

⑤振打锤装置的固定,应可靠;振打锤的转动,应灵活。锤头方向应正确;振打锤头与振打砧之间应保持良好的线接触状态,接触长度应大于锤头厚度的 0.7 倍。

检查数量:按总数抽查 20%,不得少于 1 组。

检查方法:尺量、观察检查及检查施工记录。

7)现场组装布袋除尘器的安装,还应符合下列规定:

①外壳应严密、不漏,布袋接口应牢固;

②分室反吹袋式除尘器的滤袋安装,必须平直。每条滤袋的拉紧力应保持在 25~35N/m;与滤袋连接接触的短管和袋帽,应无毛刺;

③机械回转扁袋袋式除尘器的旋臂,转动应灵活可靠,净气室上部的顶盖,应密封不漏气,旋转应灵活,无卡阻现象;

④脉冲袋式除尘器的喷吹孔,应对准文氏管的中心,同心度允许偏差为 2mm。

检查数量:按总数抽查 20%,不得少于 1 台。

检查方法:尺量、观察检查及检查施工记录。

8)洁净室空气净化设备的安装,应符合下列规定:

①带有通风机的气闸室、吹淋室与地面间应有隔振垫;

②机械式余压阀的安装,阀体、阀板的转轴均应水平,允许偏差为 2/1000。余压阀的安装位置应在室内气流的下风侧,并不应在工作面高度范围内;

③传递窗的安装,应牢固、垂直,与墙体的连接处应密封。

检查数量:按总数抽查 20%,不得少于 1 件。

检查方法:尺量、观察检查。

9)装配式洁净室的安装应符合下列规定:

①洁净室的顶板和壁板(包括夹芯材料)应为不燃材料;

②洁净室的地面应干燥、平整,平整度允许偏差为 1/1000;

③壁板的构配件和辅助材料的开箱,应在清洁的室内进行,安装前应严格检查其规格和质量。壁板应垂直安装,底部宜采用圆弧或钝角交接;安装后的壁板之间、壁板与顶板间的拼缝,应平整严密,墙板的垂直允许偏差为 2/1000,顶板水平度的允许偏差与每个单间的几何尺寸的允许偏差均为 2/1000;

④洁净室吊顶在受荷载后应保持平直,压条全部紧贴。洁净室壁板若为上、下槽形板时,其接头应平整、严密;组装完毕的洁净室所有拼接缝,包括与建筑的接缝,均应采取密封措施,做到不脱落,密封良好。

检查数量:按总数抽查 20%,不得少于 5 处。

检查方法:尺量、观察检查及检查施工记录。

10)洁净层流罩的安装应符合下列规定:

①应设独立的吊杆,并有防晃动的固定措施;

②层流罩安装的水平度允许偏差为 1/1000,高度的允许偏差为 ±1mm;

③层流罩安装在吊顶上,其四周与顶板之间应设有密封及隔振措施。

检查数量:按总数抽查 20%,且不得少于 5 件。

检查方法:尺量、观察检查及检查施工记录。

11)风机过滤器单元(FFU、FMU)的安装应符合下列规定:

①风机过滤器单元的高效过滤器安装前应按《通风与空调工程施工质量验收规范》(GB 50243—2002)第 7.2.5 条的规定检漏,合格后进行安装,方向必须正确;安装后的 FFU 或 FMU 机组应便于检修;

②安装后的 FFU 风机过滤器单元,应保持整体平整,与吊顶衔接良好。风机箱与过滤器之间的连接,过滤器单元与吊顶框架间应有可靠的密封措施。

检查数量:按总数抽查 20%,且不得少于 2 个。

检查方法:尺量、观察检查及检查施工记录。

12)高效过滤器的安装应符合下列规定:

①高效过滤器采用机械密封时,须采用密封垫料,其厚度为 6~8mm,并定位贴在过滤器边框上,安装后垫料的压缩应均匀,压缩率为 25%~50%;

②采用液槽密封时,槽架安装应水平,不得有渗漏现象,槽内无污物和水分,槽内密封液高度宜为 2/3 槽深。密封液的熔点宜高于 50℃。

检查数量:按总数抽查 20%,且不得少于 5 个。

检查方法:尺量、观察检查。

13)消声器的安装应符合下列规定:

①消声器安装前应保持干净,做到无油污和浮尘;

②消声器安装的位置、方向应正确,与风管的连接应严密,不得有损坏与受潮。两组同类型消声器不宜直接串联;

③现场安装的组合式消声器,消声组件的排列、方向和位置应符合设计要求。单个消声器组件的固定应牢固;

④消声器、消声弯管均应设独立支、吊架。

检查数量:整体安装的消声器,按总数抽查 10%,且不得少于 5 台。现场组装的消声器全数检查。

检查方法:手扳和观察检查、核对安装记录。

14)空气过滤器的安装应符合下列规定:

①安装平整、牢固,方向正确。过滤器与框架、框架与围护结构之间应严密无穿透缝;

②框架式或粗效、中效袋式空气过滤器的安装,过滤器四周与框架应均匀压紧,无可见缝隙,并应便于拆卸和更换滤料;

③卷绕式过滤器的安装,框架应平整、展开的滤料,应松紧适度、上下筒体应平行。

检查数量:按总数抽查 10%,且不得少于 1 台。

检查方法:观察检查。

15)风机盘管机组的安装应符合下列规定:

①机组安装前宜进行单机三速试运转及水压检漏试验。试验压力为系统工作压力的 1.5 倍,试验观察时间为 2min,不渗漏为合格;

②机组应设独立支、吊架,安装的位置、高度及坡度应正确、固定牢固;

③机组与风管、回风箱或风口的连接,应严密、可靠。

检查数量:按总数抽查 10%,且不得少于 1 台。

检查方法:观察检查、查阅检查试验记录。

16)转轮式换热器安装的位置、转轮旋转方向及接管应正确,运转应平稳。

检查数量:按总数抽查 20%,且不得少于 1 台。

检查方法:观察检查。

17)转轮去湿机安装应牢固,转轮及传动部件应灵活、可靠,方向正确;处理空气与再生空气接管应正确;排风水平管须保持一定的坡度,并坡向排出方向。

检查数量:按总数抽查 20%,且不得少于 1 台。

检查方法:观察检查。

18)蒸汽加湿器的安装应设置独立支架,并固定牢固;接管尺寸正确、无渗漏。

检查数量:全数检查。

检查方法：观察检查。

19)空气风幕机的安装，位置方向应正确、牢固可靠，纵向垂直度与横向水平度的偏差均不应大于 2/1000。

检查数量：按总数 10％的比例抽查，且不得少于 1 台。

检查方法：观察检查。

20)变风量末端装置的安装，应设单独支、吊架，与风管连接前宜做动作试验。

检查数量：按总数抽查 10％，且不得少于 1 台。

检查方法：观察检查、查阅检查试验记录。

二、空调冷热源与辅助设备

1. 材料控制要点

(1)空调冷热源与辅助设备、管道、管件及阀门等的种类、型号规格、性能及技术参数等必须符合设计文件、现行有关规范、标准与产品技术文件的规定。

(2)空调冷热源与辅助设备应有装箱清单、设备说明书、产品质量合格证书和产品性能检测报告等随机文件，进口设备还应具有商检合格的证明文件。

(3)设备安装前，应进行开箱检查，并形成验收文字记录。参加人员为建设、监理、施工和厂商等方单位的代表。

(4)设备就位前应对其基础进行验收，合格后方能安装。

(5)制冷机组本体的安装、试验、试运转及验收还应符合现行国家标准《制冷设备、空气分离设备安装工程施工及验收规范》(GB 50274—2010)有关条文的规定。

2. 施工及质量控制要点

(1)蒸汽压缩式制冷(热泵)机组

1)蒸汽压缩式制冷(热泵)机组就位安装应符合下列规定：

①机组安装位置应符合设计要求，同规格设备成排就位时，尺寸应一致；

②减振装置的种类、规格、数量及安装位置应符合产品技术文件的要求；采用弹簧隔振器时，应设有防止机组运行时水平位移的定位装置；

③机组应水平，当采用垫铁调整机组水平度时，垫铁放置位置应正确、接触紧密，每组不超过 3 块。

2)蒸汽压缩式制冷(热泵)机组配管应符合下列规定：

①机组与管道连接应在管道冲(吹)洗合格后进行；

②与机组连接的管路上应按设计及产品技术文件的要求安装过滤器、阀门、部件、仪表等，位置应正确、排列应规整；

③机组与管道连接时，应设置软接头，管道应设独立的支吊架；

④压力表距阀门位置不宜小于 200mm。

3)蒸汽压缩式制冷(热泵)机组配管应符合下列规定:

①机组与管道连接应在管道冲(吹)洗合格后进行;

②与机组连接的管路上应按设计及产品技术文件的要求安装过滤器、阀门、部件、仪表等,位置应正确、排列应规整;

③机组与管道连接时,应设置软接头,管道应设独立的支吊架;

④压力表距阀门位置不宜小于 200mm。

4)空气源热泵机组安装还应符合下列规定:

①机组安装在屋面或室外平台上时,机组与基础间的隔振装置应符合设计要求,并应采取防雷措施和可靠的接地措施;

②机组配管与室内机安装应同步进行。

(2)吸收式制冷机组

1)吸收式制冷机组的真空泵就位后,应找正、找平。抽气连接管宜采用直径与真空泵进口直径相同的金属管,采用橡胶管时,宜采用真空胶管,并对管接头处采取密封措施。

2)吸收式制冷机组的屏蔽泵就位后,应找正、找平,其电线接头处应采取防水密封。

3)吸收式机组安装后,应对设备内部进行清洗。

4)燃油吸收式制冷机组安装尚应符合下列规定:

①燃油系统管道及附件安装位置及连接方法应符合设计与消防的要求。

②油箱上不应采用玻璃管式油位计。

③油管道系统应设置可靠的防静电接地装置,其管道法兰应采用镀锌螺栓连接或在法兰处用铜导线进行跨接,且接合良好。油管道与机组的连接不应采用非金属软管。

④燃烧重油的吸收式制冷机组就位安装时,轻、重油油箱的相对位置应符合设计要求。

⑤直燃型吸收式制冷机组的排烟管出口应按设计要求设置防雨帽、避雷针和防风罩等。

(3)冷却塔

1)冷却塔的安装位置应符合设计要求,进风侧距建筑物应大于 1000mm。

2)冷却塔与基础预埋件应连接牢固,连接件应采用热镀锌或不锈钢螺栓,其紧固力应一致,均匀。

3)冷却塔安装应水平,单台冷却塔安装的水平度和垂直度允许偏差均为 2/1000。同一冷却水系统的多台冷却塔安装时,各台冷却塔的水面高度应一致,高差不应大于 30mm。

4)冷却塔的积水盘应无渗漏,布水器应布水均匀。

5)冷却塔的风机叶片端部与塔体四周的径向间隙应均匀。对于可调整角度的叶片,角度应一致。

6)组装的冷却塔,其填料的安装应在所有电、气焊接作业完成后进行。

(4)换热设备

1)安装前应清理干净设备上的油污、灰尘等杂物,设备所有的孔塞或盖,在安装前不应拆除;

2)应按施工图核对设备的管口方位、中心线和重心位置,确认无误后再就化;

3)换热设备的两端应留有足够的清洗、维修空间。

4)换热设备与管道冷热介质进出口的接管应符合设计及产品技术文件的要求并应在管道上安装阀门、压力表、温度计、过滤器等。流量控制阀应安装在换热设备的进口处。

(5)蓄热蓄冷设备

1)蓄冰盘管布置应紧凑,蓄冰槽上方应预留不小于 1.2m 的净高作为检修空间。

2)蓄冰设备的接管应满足设计要求,并应符合下列规定:

①温度和压力传感器的安装位置处应预留检修空间;

②盘管上方不应有主干管道、电缆、桥架、风管等。

3)管道系统试压和清洗时,应将蓄冰槽隔离。

4)冰蓄冷系统管道充水时,应先将蓄冰槽内的水填充至视窗上 0% 的刻度上,充水之后,不应再移动蓄冰槽。

5)乙二醇溶液的填充应符合下列规定:

①添加乙二醇溶液前,管道应试压合格,且冲洗干净;

②乙二醇溶液的成分及比例应符合设计要求;

③乙二醇溶液添加完毕后,在开始蓄冰模式运转前,系统应运转不少于 6h,系统内的空气应完全排出,乙二醇溶液应混合均匀,再次测试乙二醇溶液的密度,浓度应符合要求。

6)现场制作水蓄冷蓄热罐时,其焊接应符合现行国家标准《立式圆筒形钢制焊接储罐施工规范》(GB 50128—2014)、《钢结构工程施工质量验收规范》(GB 50205—2001)和《现场设备、工业管道焊接工程施工规范》(GB 50236—2011)的有关规定。

(6)软化水装置

1)软化水装置的电控器上方或沿电控器开启方向应预留不小于 600mm 的

检修空间；

2)盐罐安装位置应靠近树脂罐,并应尽量缩短吸盐管的长度;

3)过滤型的软化水装置应按设备上的水流方向标识安装,不应装反;非过滤型的软化水装置安装时可根据实际情况选择进出口。

4)软化水装置配管应符合设计要求,并应符合下列规定:

①进、出水管道上应装有压力表和手动阀门,进、出水管道之间应安装旁通阀,出水管道阀门前应安装取样阀,进水管道宜安装Y形过滤器;

②排水管道上不应安装阀门,排水管道不应直接与污水管道连接;

③与软化水装置连接的管道应设独立支架。

(7)水泵

1)泵与管道连接

①泵与管道连接应在泵的地脚螺栓二次灌浆强度达到75%以上后进行。

②配管时,在泵出水口将柔性短管、止回阀、阀门依次进行连接。

③配管的法兰规格、技术参数应与水泵、阀门的法兰规格、技术参数相同。

④阀门与水泵的接管应为柔性接口。柔性短管不得强行对口连接,与其连接的管道应设置独立支架。

2)水泵吸入管安装应满足设计要求,并应符合下列规定:

①吸入管水平段应有沿水流方向连续上升的不小于0.5%坡度。

②水泵吸入口处应有不小于2倍管径的直管段吸入口不应直接安装弯头。

③吸入管水平段上严禁因避让其他管道安装向上或向下的弯管。

④水泵吸入管变径时,应做偏心变径管,管顶上平。

⑤水泵吸入管应按设计要求安装阀门、过滤器。水泵吸入管与泵体连接处,应设置可挠曲软接头。不宜采用金属软管。

⑥吸入管应设置独立的管道支、吊架。

3)水泵出水管安装应满足设计要求,并应符合下列规定:

①出水管段安装顺序应依次为变径管、可挠曲软接头、短管、止回阀、闸阀(蝶阀);

②出水管变径应采用同心变径;

③出水管应设置独立的管道支、吊架。

(8)制冷制热附属设备

1)附属设备支架、底座应与基础紧密接触,安装平正、牢固,地脚螺栓应垂直拧紧;

2)定压稳压装置的罐顶至建筑物结构最低点的距离不应小于1.0m,罐与罐之间及罐壁与墙面的净距不宜小于0.7m;

3)电子净化装置、过滤装置安装应位置正确,便于维修和清理。

3. 施工质量验收

(1)主控项目

1)冷却塔的型号、规格、技术参数必须符合设计要求。对含有易燃材料冷却塔的安装,必须严格执行施工防火安全的规定。

检查数量:全数检查。

检查方法:按图纸核对,监督执行防火规定。

2)水泵的规格、型号、技术参数应符合设计要求和产品性能指标。水泵正常连续试运行的时间,不应少于 2h。

检查数量:全数检查。

检查方法:按图纸核对,实测或查阅水泵试运行记录。

3)水箱、集水缸、分水缸、储冷罐的满水试验或水压试验必须符合设计要求。储冷罐内壁防腐涂层的材质、涂抹质量、厚度必须符合设计或产品技术文件要求,储冷罐与底座必须进行绝热处理。

检查数量:全数检查。

检查方法:尺量、观察检查,查阅试验记录。

4)制冷设备与制冷附属设备的安装应符合下列规定:

①制冷设备、制冷附属设备的型号、规格和技术参数必须符合设计要求,并具有产品合格证书、产品性能检验报告;

②设备的混凝土基础必须进行质量交接验收,合格后方可安装;

③设备安装的位置、标高和管口方向必须符合设计要求。用地脚螺栓固定的制冷设备或制冷附属设备,其垫铁的放置位置应正确、接触紧密;螺栓必须拧紧,并有防松动措施。

检查数量:全数检查。

检查方法:查阅图纸核对设备型号、规格;产品质量合格证书和性能检验报告。

5)直接膨胀表面式冷却器的外表应保持清洁、完整,空气与制冷剂应呈逆向流动;表面式冷却器与外壳四周的缝隙应堵严,冷凝水排放应畅通。

检查数量:全数检查。

检查方法:观察检查。

6)燃油系统的设备与管道,以及储油罐及日用油箱的安装,位置和连接方法应符合设计与消防要求。燃气系统设备的安装应符合设计和消防要求。调压装置、过滤器的安装和调节应符合设备技术文件的规定,且应可靠接地。

检查数量:全数检查。

检查方法:按图纸核对、观察、查阅接地测试记录。

7)制冷设备的各项严密性试验和试运行的技术数据,均应符合设备技术文件的规定。对组装式的制冷机组和现场充注制冷剂的机组,必须进行吹污、气密性试验、真空试验和充注制冷剂检漏试验,其相应的技术数据必须符合产品技术文件和有关现行国家标准、规范的规定。

检查数量:全数检查。

检查方法:旁站观察、检查和查阅试运行记录。

(2)一般项目

1)制冷机组与制冷附属设备的安装应符合下列规定:

①制冷设备及制冷附属设备安装位置、标高的允许偏差,应符合表 4-14 的规定;

表 4-14　制冷设备与制冷附属设备安装允许偏差和检验方法

项次	项目	允许偏差(mm)	检验方法
1	平面位移	10	经纬仪或拉线和尺量检查
2	标高	±10	水准仪或经纬仪、拉线和尺量检查

②整体安装的制冷机组,其机身纵、横向水平度的允许偏差为 1/1000,并应符合设备技术文件的规定;

③制冷附属设备安装的水平度或垂直度允许偏差为 1/1000,并应符合设备技术文件的规定;

④采用隔振措施的制冷设备或制冷附属设备,其隔振器安装位置应正确;各个隔振器的压缩量,应均匀一致,偏差不应大于 2mm;

⑤设置弹簧隔振的制冷机组,应设有防止机组运行时水平位移的定位装置。

检查数量:全数检查。

检查方法:在机座或指定的基准面上用水平仪、水准仪等检测、尺量与观察检查。

2)模块式冷水机组单元多台并联组合时,接口应牢固,且严密不漏。连接后机组的外表,应平整、完好,无明显的扭曲。

检查数量:全数检查。

检查方法:尺量、观察检查。

3)燃油系统油泵和蓄冷系统载冷剂泵的安装,纵、横向水平度允许偏差为 1/1000,联轴器两轴芯轴向倾斜允许偏差为 0.2/1000,径向位移为 0.05mm。

检查数量:全数检查。

检查方法:在机座或指定的基准面上,用水平仪、水准仪等检测,尺量、观察检查。

4)冷却塔安装应符合下列规定：

①基础标高应符合设计的规定，允许误差为±20mm。冷却塔地脚螺栓与预埋件的连接或固定应牢固，各连接部件应采用热镀锌或不锈钢螺栓，其紧固力应一致、均匀；

②冷却塔安装应水平，单台冷却塔安装水平度和垂直度允许偏差均为2/1000。同一冷却水系统的多台冷却塔安装时，各台冷却塔的水面高度应一致，高差不应大于30mm；

③冷却塔的出水口及喷嘴的方向和位置应正确，积水盘应严密无渗漏；分水器布水均匀。带转动布水器的冷却塔，其转动部分应灵活，喷水出口按设计或产品要求，方向应一致；

④冷却塔风机叶片端部与塔体四周的径向间隙应均匀。对于可调整角度的叶片，角度应一致。

检查数量：全数检查。

检查方法：尺量、观察检查，积水盘做充水试验或查阅试验记录。

5)水泵及附属设备的安装应符合下列规定：

①水泵的平面位置和标高允许偏差为±10mm，安装的地脚螺栓应垂直、拧紧，且与设备底座接触紧密；

②垫铁组放置位置正确、平稳，接触紧密，每组不超过3块；

③整体安装的泵，纵向水平偏差不应大于0.1/1000，横向水平偏差不应大于0.20/1000；解体安装的泵纵、横向安装水平偏差均不应大于0.05/1000；

水泵与电机采用联轴器连接时，联轴器两轴芯的允许偏差，轴向倾斜不应大于0.2/1000，径向位移不应大于0.05mm；

小型整体安装的管道水泵不应有明显偏斜。

④减震器与水泵及水泵基础连接牢固、平稳、接触紧密。

检查数量：全数检查。

检查方法：扳手试拧、观察检查，用水平仪和塞尺测量或查阅设备安装记录。

6)水箱、集水器、分水器、储冷罐等设备的安装，支架或底座的尺寸、位置符合设计要求。设备与支架或底座接触紧密，安装平正、牢固。平面位置允许偏差为15mm，标高允许偏差为±5mm，垂直度允许偏差为1/1000。

膨胀水箱安装的位置及接管的连接，应符合设计文件的要求。

检查数量：全数检查。

检查方法：尺量、观察检查，旁站或查阅试验记录。

第四节　制冷剂管道与附件安装

一、管道与附件

1. 材料控制要点

(1)制冷管道及管件、阀门应选用正规厂家的产品,其规格、型号、性能及技术参数等必须符合图纸设计要求,并具有出厂合格证明或质量鉴定文件。

(2)无缝钢管内外表面无明显腐蚀、裂纹、重皮及凹凸不平等缺陷;铜管内外壁均应光洁,无疵孔、裂缝、结疤、层裂或气泡等缺陷。

2. 施工及质量控制要点

(1)管道安装位置、坡度及坡向应符合设计要求。

(2)制冷剂系统的液体管道不应有局部上凸现象;气体管道不应有局部下凹现象。

(3)液体干管引出支管时,应从干管底部或侧面接出;气体干管引出支管时,应从干管上部或侧面接出。有两根以上的支管从干管引出时,连接部位应错开,间距不应小于支管管径的2倍,且不应小于200mm。

(4)管道三通连接时,应将支管按制冷剂流向弯成弧形再进行焊接,当支管与干管直径相同且管道内径小于50mm时,应在干管的连接部位换上大一号管径的管段,再进行焊接。

(5)不同管径的管道直接焊接时,应同心。

(6)分体式空调制冷剂管道安装应符合设计要求及产品技术文件的规定,并应符合下列规定:

1)连接前,应清洗制冷剂管道及盘管;

2)制冷剂配管安装时,应尽量减少钎焊接头和转弯;

3)分歧管应依据室内机负荷大小进行选用;

4)分歧管应水平或竖直安装,安装时不应改变其定型尺寸和装配角度;

5)有两根以上的支管从干管引出时,连接部位应错开,分歧管间距不应小于200mm;

6)制冷剂管道安装应顺直、固定牢固,不应出现管道扁曲、褶皱现象。

二、阀门与附件

1. 材料控制要点

同本节"一、管道与附件"的材料控制要点

2. 施工及质量控制要点

（1）阀门安装位置、方向应符合设计要求；

（2）安装带手柄的手动截止阀，手柄不应向下；电磁阀、调节阀、热力膨胀阀、升降式止回阀等的阀头均应向上竖直安装；

（3）热力膨胀阀的感温包应安装在蒸发器末端的回气管上，接触良好，绑扎紧密，并用绝热材料密封包扎、其厚度与管道绝热层相同。

（4）安全阀安装前，应检查铅封情况、出厂合格证书和定压测试报告，不得随意拆启。

（5）自控阀门应按设计要求安装，在连接封口前做开启动作试验。

（6）搬运阀门时，不允许随手抛掷。吊装时，绳索应拴在阀体与阀盖的法兰连接处，不得拴在手轮或阀杆上。

三、施工质量验收

1. 主控项目

（1）制冷系统管道、管件和阀门的安装应符合下列规定：

1）制冷系统的管道、管件和阀门的型号、材质及工作压力等必须符合设计要求，并应具有出厂合格证、质量证明书；

2）法兰、螺纹等处的密封材料应与管内的介质性能相适应；

3）制冷剂液体管不得向上装成"Ω"形。气体管道不得向下装成"U"，形（特殊回油管除外）；液体支管引出时，必须从干管底部或侧面接出；气体支管引出时，必须从干管顶部或侧面接出；有两根以上的支管从干管引出时，连接部位应错开，间距不应小于2倍支管直径，且不小于200mm；

4）制冷机与附属设备之间制冷剂管道的连接，其坡度与坡向应符合设计及设备技术文件要求。当设计无规定时，应符合表4-15的规定；

表 4-15　制冷剂管道坡度、坡向

管道名称	坡向	坡度
压缩机吸气水平管（氟）	压缩机	≥10/1000
压缩机吸气水平管（氨）	蒸发器	≥3/1000
压缩机排气水平管	油分离器	≥10/1000
冷凝器水平供液管	贮液器	(1～3)/1000
油分离器至冷凝器水平管	油分离器	(3～5)/1000

5)制冷系统投入运行前,应对安全阀进行调试校核,其开启和回座压力应符合设备技术文件的要求。

检查数量:按总数抽检20%,且不得少于5件。第5款全数检查。

检查方法:核查合格证明文件、观察、水平仪测量、查阅调校记录。

(2)燃油管道系统必须设置可靠的防静电接地装置,其管道法兰应采用镀锌螺栓连接或在法兰处用铜导线进行跨接,且接合良好。

检查数量:系统全数检查。

检查方法:观察检查、查阅试验记录。

(3)燃气系统管道与机组的连接不得使用非金属软管。燃气管道的吹扫和压力试验应为压缩空气或氮气,严禁用水。当燃气供气管道压力大于0.005MPa时,焊缝的无损检测的执行标准应按设计规定。当设计无规定,且采用超声波探伤时,应全数检测,以质量不低于Ⅱ级为合格。

检查数量:系统全数检查。

检查方法:观察检查、查阅探伤报告和试验记录。

(4)氨制冷剂系统管道、附件、阀门及填料不得采用铜或铜合金材料(磷青铜除外),管内不得镀锌。氨系统的管道焊缝应进行射线照相检验,抽检率10%,以质量不低于Ⅲ级为合格。在不易进行射线照相检验操作的场合,可用超声波检验代替,以不低于Ⅱ级为合格。

检查数量:系统全数检查。

检查方法:观察检查、查阅探伤报告和试验记录。

(5)输送乙二醇溶液的管道系统,不得使用内镀锌管道及配件。

检查数量:按系统的管段抽查20%,且不得少于5件。

检查方法:观察检查、查阅安装记录。

(6)制冷管道系统应进行强度、气密性试验及真空试验,且必须合格。

检查数量:系统全数检查。

检查方法:旁站、观察检查和查阅试验记录。

2. 一般项目

(1)制冷系统管道、管件的安装应符合下列规定:

1)管道、管件的内外壁应清洁、干燥;铜管管道支吊架的型式、位置、间距及管道安装标高应符合设计要求,连接制冷机的吸、排气管道应设单独支架;管径小于等20mm的铜管道,在阀门处应设置支架;管道上下平行敷设时,吸气管应在下方;

2)制冷剂管道弯管的弯曲半径不应小于3.5D(管道直径),其最大外径与最小外径之差不应大于0.08D,且不应使用焊接弯管及皱褶弯管;

3)制冷剂管道分支管应按介质流向弯成90°弧度与主管连接,不宜使用弯曲半径小于1.5D的压制弯管;

4)铜管切口应平整、不得有毛刺、凹凸等缺陷,切口允许倾斜偏差为管径的1%,管口翻边后应保持同心,不得有开裂及皱褶,并应有良好的密封面;

5)采用承插钎焊焊接连接的铜管,其插接深度应符合表4-16的规定,承插的扩口方向应迎介质流向。当采用套接钎焊焊接连接时,其插接深度应不小于承插连接的规定。

表4-16 承插式焊接的铜管承口的扩口深度表(mm)

铜管规格	≤DN15	DN20	DN25	DN32	DN40	DN50	DN65
承插口的扩口深度	9~12	12~15	15~18	17~20	21~24	24~26	26~30

采用对接焊缝组对管道的内壁应齐平,错边量不大于0.1倍壁厚,且不大于1mm。

6)管道穿越墙体或楼板时,管道的支吊架和钢管的焊接应按《通风与空调工程施工质量验收规范》(GB 50243—2002)第9章的有关规定执行。

检查数量:按系统抽查20%,且不得少于5件。

检查方法:尺量、观察检查。

(2)制冷系统阀门的安装应符合下列规定:

1)制冷剂阀门安装前应进行强度和严密性试验。强度试验压力为阀门公称压力的1.5倍,时间不得少于5min;严密性试验压力为阀门公称压力的1.1倍,持续时间30s不漏为合格。合格后应保持阀体内干燥。如阀门进、出口封闭破损或阀体锈蚀的还应进行解体清洗;

2)位置、方向和高度应符合设计要求;

3)水平管道上的阀门的手柄不应朝下;垂直管道上的阀门手柄应朝向便于操作的地方;

4)自控阀门安装的位置应符合设计要求。电磁阀、调节阀、热力膨胀阀、升降式止回阀等的阀头均应向上;热力膨胀阀的安装位置应高于感温包,感温包应装在蒸发器末端的回气管上,与管道接触良好,绑扎紧密;

5)安全阀应垂直安装在便于检修的位置,其排气管的出口应朝向安全地带,排液管应装在泄水管上。

检查数量:按系统抽查20%,且不得少于5件。

检查方法:尺量、观察检查、旁站或查阅试验记录。

(3)制冷系统的吹扫排污应采用压力为0.6MPa的干燥压缩空气或氮气,以浅色布检查5min,无污物为合格。系统吹扫干净后,应将系统中阀门的阀芯拆下清洗干净。

检查数量：全数检查。

检查方法：观察、旁站或查阅试验记录。

第五节 水系统管道与附件安装

一、管道与附件

1. 材料控制要点

（1）管材、管件、阀门等型号、规格、材质及承压应符合设计要求和施工规范规定。

（2）碳素钢管、无缝钢管。管材不得弯曲、锈蚀，无飞刺、重皮及凹凸不平现象。

（3）硬聚氯乙烯（UPVC）、聚丙烯（PP－R）、聚丁烯（PB）与交联聚乙烯（PEX）等有机材料管道，表面无明显压瘪、无划伤等现象。

（4）阀门铸造规矩、无毛刺、无裂纹，开关灵活严密，丝扣无损伤，直度和角度正确，强度符合要求，手轮无损伤。

（5）丝接管件无偏丝、断丝、角度不准确等缺陷。

（6）压力表、温度计等要计量准确。型钢、标准件要使用国标产品。软接头、法兰等要符合标准要求。

（7）钢材要使用符合国家标准的管材和型钢，应具备产品合格证书及材质证明。

（8）阀门应具备产品合格证书和使用说明书。

（9）各种有机管道应具备产品合格证书及性能检测报告。

（10）密封材料、电焊条、气焊条等消耗材料的质量均必须符合设计及有关技术标准的要求。

2. 施工及质量控制要点

（1）管道螺纹连接

1）螺纹应规整，不应有毛刺、乱丝，不应有超过10％的断丝或缺扣。

2）管道螺纹应留有足够的装配余量可供拧紧，不应用填料来补充螺纹的松紧度。

3）填料应按顺时针方向薄而均匀地紧贴缠绕在外螺纹上，上管件时，不应将填料挤出。

4）螺纹连接应紧密牢固。管道螺纹应一次拧紧，不应倒回。螺纹连接后管螺纹根部应有 2~3 扣的外露螺纹。多余的填料应清理干净,并做好外露螺纹的防腐处理。

5)镀锌钢管根部外露螺纹在水压试验合格后应补刷防锈涂料。

(2)管道熔接

1)管材连接前,端部宜去掉 20~30mm,切割管材宜采用专用剪和割刀,切口应平整、无毛刺,并应擦净连接断面上的污物。

2)承插热熔连接前,应标出承插深度,插入的管材端口外部宜进行坡口处理,坡角不宜小于 30°,坡口长度不宜大于 4mm。

3)对接热熔连接前,检查连接管的两个端面应吻合,不应有缝隙,调整好对口的两连接管间的同心度,错口不宜大于管道壁厚的 10%。

4)电熔连接前,应检查机具与管件的导线连接正确,通电加热电压满足设备技术文件的要求。

5)熔接加热温度、加热时间、冷却时间、最小承插深度应满足热熔加热设备和管材产品技术文件的要求。

6)熔接接口在未冷却前可校正,严禁旋转。管道接口冷却过程中,不应移动、转动管道及管件,不应在连接件上施加张拉及剪切力。

7)热熔接口应接触紧密、完全重合,熔接圈的高度宜为 2~4mm,宽度宜为 4~8mm,高度与宽度的环向应均匀一致,电熔接口的熔接圈应均匀地挤在管件上。

(3)管道焊接

1)管道坡口应表面整齐、光洁,不合格的管口不应进行对口焊接;

2)管道对口、管道与管件对口时外壁应平齐。

3)管道对口后进行点焊,点焊高度不超过管道壁厚的 70%。其焊缝根部应焊透,点焊位置应均匀对称。

4)采用多层焊时。在焊下层之前,应将上一层的焊渣及金属飞溅物清理干净。各层的引弧点和熄弧点均应错开 20mm。

5)焊缝应满焊,高度不应低于母材表面,并应与母材圆滑过渡。焊接后应立刻清除焊缝上的焊渣、氧化物等。焊缝外观质量不应低于现行国家标准《现场设备、工业管道焊接工程施工规范》(GB 50236—2011)的有关规定。

6)焊接钢管、镀锌钢管不得采用热煨弯。

(4)焊缝的位置

1)直管段管径大于或等于 DN150 时,焊缝间距不应小于 150mm;管径小于 DN150 时,焊缝间距不应小于管道外径;

2)管道弯曲部位不应有焊缝;

3)管道接口焊缝距支、吊架边缘不应小于 100mm;

4)焊缝不应紧贴墙壁和楼板,并严禁置于套管内。

(5)法兰连接

1)法兰应焊接在长度大于100mm的直管段上,不应焊接在弯管或弯头上。

2)支管上的法兰与主管外壁净距应大于100mm,穿墙管道上的法兰与墙面净距应大于200mm。

3)法兰不应埋入地下或安装在套管中,埋地管道或不通行地沟内的法兰处应设检查井。

4)法兰垫片应放在法兰的中心位置,不应偏斜,且不应凸入管内。其外边缘宜接近螺栓孔。除设计要求外,不应使用双层、多层或倾斜形垫片。拆卸重新连接法兰时,应更换新垫片。

5)法兰对接应平行、紧密,与管道中心线垂直,连接法兰的螺栓应长短一致,朝向相同,螺栓露出螺母部分不应大于螺栓直径的一半。

(6)沟槽连接

1)现场滚槽加工时,管道应处在水平位置上,严禁管道出现纵向位移和角位移,不应损坏管道的镀锌层及内壁各种涂层或内衬层。

2)沟槽接头安装前应检查密封圈规格正确,并应在密封圈外部和内部密封唇上涂薄薄一层润滑剂,在对接管道的两侧定位。

(7)管道安装

1)管道安装位置、敷设方式、坡度及坡向应符合设计要求。

2)管道,安装间断时,应及时封闭敞开的管口。

3)管道变径应满足气体排放及泄水要求。

4)管道开三通时,应保证支路管道伸缩不影响主干管。

5)闭式系统管路应按设计要求在系统最高处及所有可能积聚空气的高点设置排气阀,在管路最低点应设置排水管及排水阀。

6)冷凝水管道与机组连接应按设计要求安装存水弯。采用的软管应牢固可靠、顺直,无扭曲,软管连接长度不宜大于150mm。

7)冷凝水管道严禁直接接入生活污水管道,且不应接入雨水管道。

二、阀门与附件

1. 材料控制要点

同本节"一、管道与附件"的材料控制要点。

2. 施工及质量控制要点

(1)阀门安装进、出口方向应正确;直埋于地下或地沟内管道上的阀门,应设检查井(室)。

(2)安装螺纹阀门时,严禁填料进入阀门内。

(3)安装法兰阀门时,应将阀门关闭,对称均匀地拧紧螺母。阀门法兰与管道法兰应平行。

(4)与管道焊接的阀门应先点焊,再将关闭件全开,然后施焊。

(5)阀门前后应有直管段,严禁阀门直接与管件相连。水平管道上安装阀门时,不应将阀门手轮朝下安装。

(6)阀门安装时应关闭阀门。注意阀门的介质流动方向。

(7)阀门连接应牢固、紧密,启闭灵活,朝向合理;并排水平管道设计间距过小时,阀门应错开安装;并排垂直管道上的阀门应安装于同一高度上,手轮之间的净距不应小于 100mm。

(8)对带操作机构和传动装置的阀门,应在阀门安装好后,再装操作机构和传动装置。在安装前进行清洗,安装完后再进行调整,使其动作灵活、指示准确。

(9)电动阀门安装尚应符合下列规定:

1)电动阀安装前,应进行模拟动作和压力试验。执行机构行程、开关动作及最大关紧力应符合设计和产品技术文件的要求。

2)阀门的供电电压、控制信号及接线方式应符合系统功能和产品技术文件的要求。

3)电动阀门安装时,应将执行机构与阀体一体安装,执行机构和控制装置应灵敏可靠,无松动或卡涩现象。

4)有阀位指示装置的电磁阀,其阀位指示装置应面向便于观察的方向。

(10)安全阀安装应符合下列规定:

1)安全阀应由专业检测机构校验,外观应无损伤,铅封应完好。

2)安全阀应安装在便于检修的地方,并垂直安装;管道、压力容器与安全阀之间应保持通畅。

3)与安全阀连接的管道直径不应小于阀的接口直径。

4)螺纹连接的安全阀,其连接短管长度不宜超过 100mm;法兰连接的安全阀,其连接短管长度不宜超过 120mm。

5)安全阀排放管应引向室外或安全地带,并应固定牢固。

6)设备运行前,应对安全阀进行调整校正,开启和回座压力应符合设计要求。调整校正时,每个安全阀启闭试验不应少于 3 次。安全阀经调整后,在设计工作压力下不应有泄漏。

(11)过滤器应安装在设备的进水管道上,方向应正确且便于滤网的拆装和清洗;过滤器与管道连接应牢固、严密。

(12)制冷机组的冷冻水及冷却水管道上的水流开关应安装在水平直管段上。

三、施工质量验收

1. 主控项目

(1)空调工程水系统的设备与附属设备、管道、管配件及阀门的型号、规格、材质及连接形式应符合设计规定。

检查数量:按总数抽查 10%,且不得少于 5 件。

检查方法:观察检查外观质量并检查产品质量证明文件、材料进场验收记录。

(2)管道安装应符合下列规定:

1)通风与空调工程中的隐蔽工程,在隐蔽前必须经监理人员验收及认可签证。

2)焊接钢管、镀锌钢管不得采用热煨弯;

3)管道与设备的连接,应在设备安装完毕后进行,与水泵、制冷机组的接管必须为柔性接口。柔性短管不得强行对口连接,与其连接的管道应设置独立支架;

4)冷热水及冷却水系统应在系统冲洗、排污合格(目测:以排出口的水色和透明度与入水口对比相近,无可见杂物),再循环试运行 2h 以上,且水质正常后才能与制冷机组、空调设备相贯通;

5)固定在建筑结构上的管道支、吊架,不得影响结构的安全。管道穿越墙体或楼板处应设钢制套管,管道接口不得置于套管内,钢制套管应与墙体饰面或楼板底部平齐,上部应高出楼层地面 20~50mm,并不得将套管作为管道支撑。

保温管道与套管四周间隙应使用不燃绝热材料填塞紧密。

检查数量:系统全数检查。每个系统管道、部件数量抽查 10%,且不得少于 5 件。

检查方法:尺量、观察检查,旁站或查阅试验记录、隐蔽工程记录。

(3)管道系统安装完毕,外观检查合格后,应按设计要求进行水压试验。当设计无规定时,应符合下列规定:

1)冷热水、冷却水系统的试验压力,当工作压力小于等于 1.0MPa 时,为 1.5 倍工作压力,但最低不小于 0.6MPa;当工作压力大于 1.0MPa 时,为工作压力加 0.5MPa。

2)对于大型或高层建筑垂直位差较大的冷(热)媒水、冷却水管道系统宜采用分区、分层试压和系统试压相结合的方法。一般建筑可采用系统试压方法。

分区、分层试压:对相对独立的局部区域的管道进行试压。在试验压力下,稳压 10min,压力不得下降,再将系统压力降至工作压力,在 60min 内压力不得下降、外观检查无渗漏为合格。

系统试压:在各分区管道与系统主、干管全部连通后,对整个系统的管道进行系统的试压。试验压力以最低点的压力为准,但最低点的压力不得超过管道与组成件的承受压力。压力试验升至试验压力后,稳压 10min,压力下降不得大于 0.02MPa,再将系统压力降至工作压力,外观检查无渗漏为合格。

3)各类耐压塑料管的强度试验压力为 1.5 倍工作压力,严密性工作压力为 1.15 倍的设计工作压力;

4)凝结水系统采用充水试验,应以不渗漏为合格。

检查数量:系统全数检查。

检查方法:旁站观察或查阅试验记录。

(4)阀门的安装应符合下列规定:

1)阀门的安装位置、高度、进出口方向必须符合设计要求,连接应牢固紧密;

2)安装在保温管道上的各类手动阀门,手柄均不得向下;

3)阀门安装前必须进行外观检查,阀门的铭牌应符合现行国家标准《工业阀门 标志》(GB/T 12220—2015)的规定。对于工作压力大于 1.0MPa 及在主干管上起到切断作用的阀门,应进行强度和严密性试验,合格后方准使用。其他阀门可不单独进行试验,待在系统试压中检验。

强度试验时,试验压力为公称压力的 1.5 倍,持续时间不少于 5min,阀门的壳体、填料应无渗漏。

严密性试验时,试验压力为公称压力的 1.1 倍;试验压力在试验持续的时间内应保持不变,时间应符合表 4-17 的规定,以阀瓣密封面无渗漏为合格。

表 4-17　阀门压力持续时间

公称直径 DN(mm)	最短试验持续时间(s)	
	严密性试验	
	金属密封	非金属密封
≤50	15	15
65~200	30	15
250~450	60	30
≥500	120	60

检查数量:1)、2)抽查 5%,且不得少于 1 个。水压试验以每批(同牌号、同规格、同型号)数量中抽查 20%,且不得少于 1 个。对于安装在主干管上起切断作用的闭路阀门,全数检查。

检查方法:按设计图核对、观察检查;旁站或查阅试验记录。

(5)补偿器的补偿量和安装位置必须符合设计及产品技术文件的要求,并应根据设计计算的补偿量进行预拉伸或预压缩。

设有补偿器(膨胀节)的管道应设置固定支架,其结构形式和固定位置应符合设计要求,并应在补偿器的预拉伸(或预压缩)前固定;导向支架的设置应符合所安装产品技术文件的要求。

检查数量:抽查 20%,且不得少于 1 个。

检查方法:观察检查,旁站或查阅补偿器的预拉伸或预压缩记录。

2. 一般项目

(1)当空调水系统的管道,采用建筑用硬聚氯乙烯(PVC－U)、聚丙烯(PP－R)、聚丁烯(PB)与交联聚乙烯(PEX)等有机材料管道时,其连接方法应符合设计和产品技术要求的规定。

检查数量:按总数抽查 20%,且不得少于 2 处。

检查方法:尺量、观察检查,验证产品合格证书和试验记录。

(2)金属管道的焊接应符合下列规定:

1)管道焊接材料的品种、规格、性能应符合设计要求。管道对接焊口的组对和坡口形式等应符合表 4-18 的规定;对口的平直度为 1/100,全长不大于 10mm。管道的固定焊口应远离设备,且不宜与设备接口中心线相重合。管道对接焊缝与支、吊架的距离应大于 50mm;

表 4-18　管道焊接坡口形式和尺寸

项次	厚度 T(mm)	坡口名称	坡口形式	坡口尺寸			备注
				间隙 C (mm)	钝边 P (mm)	坡口角度 α (°)	
1	1～3	I 型坡口 双面焊		0～1.5	—	—	内壁错边量 $\leqslant 0.1T$,且$\leqslant$ 2mm;外壁 $\leqslant 3$mm
	3～6			1～2.5			
2	6～9	V 型坡口		0～2.0	0～2	65～75	
	9～26			0～3.0	0～3	55～65	
3	2～30	T 型坡口		0～2.0	—	—	

2)管道焊缝表面应清理干净,并进行外观质量的检查。焊缝外观质量不得低于现行国家标准《现场设备、工业管道焊接工程施工及验收规范》GB 50236 中第 11.3.3 条的 Ⅳ 级规定(氨管为 Ⅲ 级)。

检查数量:按总数抽查 20%,且不得少于 1 处。

检查方法:尺量、观察检查。

(3)螺纹连接的管道,螺纹应清洁、规整,断丝或缺丝不大于螺纹全扣数的 10%;连接牢固;接口处根部外露螺纹为 2~3 扣,无外露填料;镀锌管道的镀锌层应注意保护,对局部的破损处,应做防腐处理。

检查数量:按总数抽查 5%,且不得少于 5 处。

检查方法:尺量、观察检查。

(4)法兰连接的管道,法兰面应与管道中心线垂直,并同心。法兰对接应平行,其偏差不应大于其外径的 1.5/1000,且不得大于 2mm;连接螺栓长度应一致、螺母在同侧、均匀拧紧。螺栓紧固后不应低于螺母平面。法兰的衬垫规格、品种与厚度应符合设计的要求。

检查数量:按总数抽查 5%,且不得少于 5 处。

检查方法:尺量、观察检查。

(5)钢制管道的安装应符合下列规定:

1)管道和管件在安装前,应将其内、外壁的污物和锈蚀清除干净。当管道安装间断时,应及时封闭敞开的管口;

2)管道弯制弯管的弯曲半径,热弯不应小于管道外径的 3.5 倍、冷弯不应小于 4 倍;焊接弯管不应小于 1.5 倍;冲压弯管不应小于 1 倍。弯管的最大外径与最小外径的差不应大于管道外径的 8/100,管壁减薄率不应大于 15%;

3)冷凝水排水管坡度,应符合设计文件的规定。当设计无规定时,其坡度宜大于或等于 8‰;软管连接的长度,不宜大于 150mm;

4)冷热水管道与支、吊架之间,应有绝热衬垫(承压强度能满足管道重量的不燃、难燃硬质绝热材料或经防腐处理的木衬垫),其厚度不应小于绝热层厚度,宽度应大于支、吊架支承面的宽度。衬垫的表面应平整、衬垫接合面的空隙应填实;

5)管道安装的坐标、标高和纵、横向的弯曲度应符合表 4-19 的规定。在吊顶内等暗装管道的位置应正确,无明显偏差。

检查数量:按总数抽查 10%,且不得少于 5 处。

检查方法:尺量、观察检查。

表 4-19 管道安装的允许偏差和检验方法

项目			允许偏差(mm)	检查方法
坐标	架空及地沟	室外	25	按系统检查管道的起点、终点、分支点和变向点及各点之间的直管
		室内	15	
	埋地		60	
标高	架空及地沟	室外	±20	用经纬仪、水准仪、液体连通器、水平仪、拉线和尺量检查
		室内	±15	
	埋地		±25	
水平管道平直度	$DN \leqslant 100mm$		2L‰,最大 40	用直尺、拉线和尺量检查
	$DN > 100mm$		3L‰,最大 60	
立管垂直度			5L‰,最大 25	用直尺、线锤、拉线和尺量检查
成排管段间距			15	用直尺尺量检查
成排管段或成排阀门在同一平面上			3	用直尺、拉线和尺量检查

注:L——管道的有效长度(mm)。

(6)钢塑复合管道的安装,当系统工作压力不大于 1.0MPa 时,可采用涂(衬)塑焊接钢管螺纹连接,与管道配件的连接深度和扭矩应符合表 4-20 的规定;当系统工作压力为 1.0～2.5MPa 时,可采用涂(衬)塑无缝钢管法兰连接或沟槽式连接,管道配件均为无缝钢管涂(衬)塑管件。

沟槽式连接的管道,其沟槽与橡胶密封圈和卡箍套必须为配套合格产品;支、吊架的间距应符合表 4-21 的规定。

表 4-20 钢塑复合管螺纹连接深度及紧固扭矩

公称直径(mm)		15	20	25	32	40	50	65	80	100
螺纹连接	深度(mm)	11	13	15	17	18	20	23	27	33
	牙数	6.0	6.5	7.0	7.5	8.0	9.0	10.0	11.5	13.5
	扭矩(N·m)	40	60	100	120	150	200	250	300	400

检查数量:按总数抽查 10%,且不得少于 5 处。

检查方法:尺量、观察检查、查阅产品合格证明文件。

(7)风机盘管机组及其他空调设备与管道的连接,宜采用弹性接管或软接管(金属或非金属软管),其耐压值应大于等于 1.5 倍的工作压力。软管的连接应牢固、不应有强扭和瘪管。

检查数量:按总数抽查 10%,且不得少于 5 处。

检查方法:观察、查阅产品合格证明文件。

表 4-21　沟槽式连接管道的沟槽及支、吊架的间距

公称直径 （mm）	沟槽深度 （mm）	允许偏差 （mm）	支、吊架的间距 （m）	端面垂直度 允许偏差（mm）
65～100	2.20	0～+0.3	3.5	1.0
125～150	2.20	0～+0.3	4.2	1.5
200	2.50	0～+0.3	4.2	
225～250	2.50	0～+0.3	5.0	
300	3.0	0～+0.5	5.0	

注：1. 连接管端面应平整光滑、无毛刺；沟槽过深，应作为废品，不得使用。

2. 支、吊架不得支承在连接头上，水平管的任意两个连接头之间必须有支、吊架。

（8）金属管道的支、吊架的型式、位置、间距、标高应符合设计或有关技术标准的要求。设计无规定时，应符合下列规定：

1）支、吊架的安装应平整牢固，与管道接触紧密。管道与设备连接处，应设独立支、吊架；

2）冷（热）媒水、冷却水系统管道机房内总、干管的支、吊架，应采用承重防晃管架；与设备连接的管道管架宜有减振措施。当水平支管的管架采用单杆吊架时，应在管道起始点、阀门、三通、弯头及长度每隔 15m 设置承重防晃支、吊架；

3）无热位移的管道吊架，其吊杆应垂直安装；有热位移的，其吊杆应向热膨胀（或冷收缩）的反方向偏移安装，偏移量按计算确定；

4）滑动支架的滑动面应清洁、平整，其安装位置应从支承面中心向位移反方向偏移 1/2 位移值或符合设计文件规定；

5）竖井内的立管，每隔 2～3 层应设导向支架。在建筑结构负重允许的情况下，水平安装管道支、吊架的间距应符合表 4-22 的规定；

表 4-22　钢管道支、吊架的最大间距

公称直径(mm)		15	20	25	32	40	50	70	80	100	125	150	200	250	300
支架的最大 间距(m)	L_1	1.5	2.0	2.5	2.5	3.0	3.5	4.0	5.0	5.0	5.5	6.5	7.5	8.5	9.5
	L_2	2.5	3.0	3.5	4.0	4.5	5.0	6.0	6.5	7.5	7.5	7.5	9.0	9.5	10.5
		对大于 300mm 的管道可参考 300mm 管道													

注：1. 适用于工作压力不大于 2.0MPa，不保温或保温材料密度不大于 200kg/m³ 的管道系统。

2. L_1 用于保温管道，L_2 用于不保温管道。

6）管道支、吊架的焊接应由合格持证焊工施焊，并不得有漏焊、欠焊或焊接裂纹等缺陷。支架与管道焊接时，管道侧的咬边量，应小于 0.1 管壁厚。

检查数量：按系统支架数量抽查 5%，且不得少于 5 个。

检查方法:尺量、观察检查。

(9)采用建筑用硬聚氯乙烯(PVC－U)、聚丙烯(PP－R)与交联聚乙烯(PEX)等管道时,管道与金属支、吊架之间应有隔绝措施,不可直接接触。当为热水管道时,还应加宽其接触的面积。支、吊架的间距应符合设计和产品技术要求的规定。

检查数量:按系统支架数量抽查5%,且不得少于5个。

检查方法:观察检查。

(10)阀门、集气罐、自动排气装置、除污器(水过滤器)等管道部件的安装应符合设计要求,并应符合下列规定:

1)阀门安装的位置、进出口方向应正确,并便于操作;连接应牢固紧密,启闭灵活;成排阀门的排列应整齐美观,在同一平面上的允许偏差为3mm;

2)电动、气动等自控阀门在安装前应进行单体的调试,包括开启、关闭等动作试验;

3)冷冻水和冷却水的除污器(水过滤器)应安装在进机组前的管道上,方向正确且便于清污;与管道连接牢固、严密,其安装位置应便于滤网的拆装和清洗。过滤器滤网的材质、规格和包扎方法应符合设计要求;

4)闭式系统管路应在系统最高处及所有可能积聚空气的高点设置排气阀,在管路最低点应设置排水管及排水阀。

检查数量:按规格、型号抽查10%,且不得少于2个。

检查方法:对照设计文件尺量、观察和操作检查。

第六节 监测与控制系统安装

一、现场监控仪表与设备安装

施工及质量控制要点

1. 压力传感器的导压管

(1)导压管应垂直安装在直管段上,不应安装在阀门等附件附近或水流死角、振动较大的位置。

(2)液体压力传感器的导压管不应安装在有气体积存的管道上部,蒸汽压力传感器的导压管不应安装在管道下部。

(3)液体和蒸汽压力传感器的导压管上应安装检修阀门。

(4)液体压力传感器的导压管安装应与管道预制和安装同时进行。

2. 空气压力(压差)传感器

风管上安装的空气压力(压差)传感器时,应在风管绝热施工前开测压孔,测压点与风管连接处应采取密封措施。

3. 液体压差传感器(压差开关)

(1)安装前应进行零点校准。

(2)连接导压管的端口宜朝下安装;高、低压接入点应与高、低压管道相对应。

(3)安装位置应便于检修,固定应牢固。

(4)与导压管的连接应设置避振弯管。

4. 温度传感器

(1)液体温度传感器的底座安装应与管道预制和安装同时进行。

(2)空气温度传感器应设在避开空气滞流的风管直管段上。传感器插入时应加密封圈,固定后应对接口周围用密封胶密封。

(3)液体温度传感器应安装在避开水流死角和振动较大的直管段上,距管道焊缝的间距不应小于 100mm。

(4)液体温度传感器的探针应置于套管内,安装前应保证套管内导热硅胶充满。套管宜迎水流方向倾斜安装,且不应接触管道内壁。

5. 温湿度传感器

(1)安装位置应空气流通,且不易积尘。

(2)风管型温湿度传感器的安装应在风管绝热施工完成后进行。

6. 空气质量传感器

(1)检测气体密度小于空气密度时,空气质量传感器应安装在风管或房间的上部;检测气体密度大于空气密度时,空气质量传感器应安装在风管或房间的下部。

(2)风管空气质量传感器的安装应在风管保温层完成之后进行。

7. 流量传感器的安装应满足设计和产品技术文件要求,并应符合下列规定:

(1)流量传感器应安装在便于检修、不受曝晒、污染或冻结的管道上。当环境温度低于 0℃时,应采取保温、防冻措施。

(2)流量传感器入口直管段长度宜大于或等于管道直径的 10 倍,不应小于管道直径的 5 倍,出口直管段长度宜大于或等于管道直径的 5 倍,不应小于管道直径的 3 倍。

(3)流量传感器上的箭头所指方向应与管道内介质流动方向一致。

（4）流量传感器的信号电缆应单独穿管敷设，当接地时，接地线宜采用总截面积大于或等于 $4mm^2$ 的多股铜线，单独接地，其接地电阻应小于 4Ω。

8. 落地式机柜

落地式机柜安装可采用槽钢或混凝土基础，基础应平整。控制柜应与基础平面垂直，并应与基础固定牢固。控制柜接地应接入整个弱电系统接地网。

9. 壁挂式机柜

壁挂式机柜的安装应在墙面装修完成后进行，安装应平正，与墙面固定应牢固，并应可靠接地。挂墙安装时，机柜底边距地面高度宜为 1.5m，正面操作空间距离应大于 1.2m，靠近门轴的侧面空间距离应大于 0.5m。

二、线管与线槽安装及布线

施工及质量控制要点

（1）强、弱电线应分开在不同线槽内敷设。当强、弱电线槽交错时，强电线槽应在弱电线槽之上，两者间距不应小于 300mm。

（2）线缆（光缆）敷设应符合设计要求，并应符合下列规定：

1）线槽内线缆应排列整齐，不拧绞；线缆出现交叉时，交叉处应粗线在下，细线在上；不同电压的线缆应分类绑扎，并应固定牢固。

2）线管内穿入多根线缆时，线缆之间不应相互拧绞，线管内不应有接头，接头应在线盒（箱）处连接。

3）不同回路、不同电压、交流与直流的导线不应穿入同一根线管内，导线在管内或线槽内不应有接头或扭结，导线的接头应在接线盒内焊接或用端子连接。

4）线管出线终端口与设备接线端子之间应采用金属软管连接，不应将线缆直接裸露。

5）敷设至设备处的导线预留长度不应少于 150mm，敷设至控制器的导线预留长度不应少于控制器安装高度的 1.5 倍。

6）进入机柜后的线缆应分别进入机架内分线槽或分别绑扎固定。

7）敷设光缆时，其弯曲半径不应小于 20 倍光缆外径，光缆的牵引端头应做好技术处理。

（3）设备接线应符合下列规定：

1）接线前应根据施工图编号校对线路，同根导线两端应套上相应编号的接线端子，进入端子的导线应留适当余量。

2）连接电缆应排列整齐，避免交叉，固定应牢固。

3）接线完毕应认真检查线路，并在适当部位对导线标识。

三、监控与管理系统安装

施工及质量控制要点

(1)监控室设备安装前,应具备下列条件:

1)监控室的土建、装修施工和设备基础验收合格;

2)室内环境满足设备安装要求;

3)配置总供电电源;

4)有单独的弱电接地体。

(2)监控室设备布置与安装应符合设计要求。当设计无要求时,应符合下列规定:

1)控制台正面与墙的净距不应小于1.2m;侧面与墙的净距不应小于0.8m,侧面为主要走道时,不应小于1.5m。

2)设备应整体布局规整,间距合理,满足操作和维护要求。

3)机柜内监控主机应安装牢固,控制台及机柜内插件应接触牢固,无扭曲、脱落现象。

4)主监视器距监控人员的距离宜为主监视器荧光屏对角线长度的4~6倍;避免阳光或人工光源直射荧光屏。

5)引线与设备连接时,应留有余量,并做永久性标识。

6)配线宜采用辐射方式。

第七节　分部工程质量验收

一、主要隐检项目及内容

1. 送排风系统风管安装

(1)敷设于封闭竖井内、不进入吊顶内的送排风系统的送风风管、排风风管,或有保温要求的送排风风管,在完成漏风或漏光检测后,进行下一工序之前,都应对送排风系统风管安装进行隐蔽验收。

(2)隐蔽验收记录主要内容:检查风管的标高、使用材质,风管连接方式、接口严密性,风管法兰垫料的材质及使用,支、吊、托架材质、安装间距、固定,风道分支、变径处理是否合理,风管附件、风阀、消声器等部件的安装方式,风阀活动部件是否灵活可靠、方向正确,是否已按照设计要求及施工规范规定完成风管的漏光、漏风检测,其结果符合设计要求和施工规范规定。

2. 防排烟系统风管安装

(1)敷设于封闭竖井内、不进入吊顶内的防排烟系统的正压送风风管、排烟风管,或有外包防火材料要求的排烟风管,在完成漏风或漏光检测后,进行下一工序之前,都应对防排烟风管安装进行隐蔽验收。

(2)隐蔽验收记录主要内容:检查风管的标高、使用材质,风管连接方式、接口严密性,风管法兰垫料的材质及使用,支、吊、托架材质、安装间距、固定,风道分支、变径处理是否合理,风管附件、风阀、消声器等部件的安装方式,风阀活动部件是否灵活可靠、方向正确,是否已按照设计要求及施工规范规定完成风管的漏光、漏风检测,其结果符合设计要求和施工规范规定。

3. 空调风系统风管安装

(1)有保温要求的空调风系统风管,在完成漏风或漏光检测后,进行保温之前,都应对空调风系统风管安装进行隐蔽验收。

(2)隐蔽验收记录主要内容:检查风管的标高、使用材质,风管连接方式、接口严密性,风管法兰垫料的材质及使用,支、吊、托架材质、安装间距、固定,风道分支、变径处理是否合理,风管附件、风阀、消声器等部件的安装方式,风阀活动部件是否灵活可靠、方向正确,是否已按照设计要求及施工规范规定完成风管的漏光、漏风检测,其结果符合设计要求和施工规范规定。

4. 空调风系统风管保温安装

(1)敷设于封闭竖井内、不进入吊顶内的保温空调风系统风管,在风管保温安装完成后,应对空调风系统风管保温安装进行隐蔽验收。

(2)隐蔽验收记录内容:检查保温材料的材质与规格、保温工艺做法及质量、保温管道与支吊架之间的防结露措施等。

5. 冷冻水系统管道安装。

(1)有保温要求的冷冻水系统管道,在完成强度严密性试验之后,进行保温之前,都应对冷冻水管道安装进行隐蔽验收。

(2)隐蔽验收记录内容:使用的管材的材质、安装位置、标高;管道连接做法及质量;阀部件的使用;支吊架做法及固定方式;防腐处理材料及做法;管道穿墙及楼板的做法,以及是否已按照设计要求及施工规范规定完成强度严密性试验。

6. 冷凝水系统管道安装

(1)有保温要求的冷凝水系统管道,在完成灌水试验之后,进行保温之前,都应对冷凝水管道安装进行隐蔽验收。

(2)隐蔽验收记录内容:使用的管材、管件的材质与型号、安装位置、标高;管道连接做法及质量;阀部件的使用;支、吊架做法及固定方式;防腐处理材料及做法;以及是否已按照设计要求及施工规范规定完成灌水试验。其内容应与设计要求和施工规范规定相一致。

7.管道保温

(1)敷设于封闭竖井内、不进入吊顶内的保温冷冻水系统、冷凝水系统、冷却水管道,在管道保温安装完成后,应对管道保温安装工作进行隐蔽验收。

(2)隐蔽验收记录内容:检查保温材料的材质与规格、保温工艺做法及质量、保温管道与支、吊架之间的防结露措施等。

二、分部(子分部)工程竣工验收要求

(1)通风与空调工程的竣工验收,是在工程施工质量得到有效监控的前提下,施工单位通过整个分部工程的无生产负荷系统联合试运转与调试和观感质量的检查,按《通风与空调工程施工质量验收规范》(GB 50243—2002)要求将质量合格的分部工程移交建设单位的验收过程。

(2)通风与空调工程竣工验收时,应检查竣工验收的资料,一般包括下列文件及记录:

1)图纸会审记录、设计变更通知书和竣工图;

2)主要材料、设备、成品、半成品和仪表的出厂合格证明及进场检(试)验报告;

3)隐蔽工程检查验收记录;

4)工程设备、风管系统、管道系统安装及检验记录;

5)管道试验记录;

6)设备单机试运转记录;

7)系统无生产负荷联合试运转与调试记录;

8)分部(子分部)工程质量验收记录;

9)观感质量综合检查记录;

10)安全和功能检验资料的核查记录。

(3)观感质量检查应包括以下项目:

1)风管表面应平整、无损坏;接管合理,风管的连接以及风管与设备或调节装置的连接,无明显缺陷;

2)风口表面应平整,颜色一致,安装位置正确,风口可调节部件应能正常动作;

3)各类调节装置的制作和安装应正确牢固,调节灵活,操作方便。防火及排烟阀等关闭严密,动作可靠;

4)制冷及水管系统的管道、阀门及仪表安装位置正确,系统无渗漏;

5)风管、部件及管道的支、吊架型式、位置及间距应符合《通风与空调工程施工质量验收规范》(GB 50243—2002)要求;

6)风管、管道的软性接管位置应符合设计要求,接管正确、牢固,自然无强扭;

7)通风机、制冷机、水泵、风机盘管机组的安装应正确牢固;

8)组合式空气调节机组外表平整光滑、接缝严密、组装顺序正确,喷水室外表面无渗漏;

9)除尘器、积尘室安装应牢固、接口严密;

10)消声器安装方向正确,外表面应平整无损坏;

11)风管、部件、管道及支架的油漆应附着牢固,漆膜厚度均匀,油漆颜色与标志符合设计要求;

12)绝热层的材质、厚度应符合设计要求;表面平整、无断裂和脱落;室外防潮层或保护壳应顺水搭接、无渗漏。

检查数量:风管、管道各按系统抽查 10%,且不得少于 1 个系统。各类部件、阀门及仪表抽检 5%,且不得少于 10 件。

检查方法:尺量、观察检查。

(4)净化空调系统的观感质量检查还应包括下列项目:

1)空调机组、风机、净化空调机组、风机过滤器单元和空气吹淋室等的安装位置应正确、固定牢固、连接严密,其偏差应符合《通风与空调工程施工质量验收规范》GB 50243 有关条文的规定;

2)高效过滤器与风管、风管与设备的连接处应有可靠密封;

3)净化空调机组、静压箱、风管及送回风口清洁无积尘;

4)装配式洁净室的内墙面、吊顶和地面应光滑、平整、色泽均匀、不起灰尘,地板静电值应低于设计规定;

5)送回风口、各类末端装置以及各类管道等与洁净室内表面的连接处密封处理应可靠、严密。

检查数量:按数量抽查 20%,且不得少于 1 个。

检查方法:尺量、观察检查。

第五章　电气工程

第一节　基本规定

建筑电气工程是以建筑为平台手段,在有限空间内,利用现代先进的科学理论及电气技术,创造一个满足建筑物预期使用功能要求,满足人性化生活环境要求的电气系统安装工程。

1. 建筑电气工程施工范围

电压等级为 10kV 及以下的一般工业与民用建筑电气安装工程。

建筑电气工程施工内容,包括:架空线路及杆上电气设备安装,变配电设备安装(变压器、箱式变电所安装,成套配电柜、控制柜(屏、台)和动力、照明配电箱(盘)安装),自备电源安装(柴油发电机组安装,不间断电源安装),受电设备安装(低压电动机、电加热器及电动执行机构安装及试验和试运行);母线装置;电缆敷设、电缆头制作、接线和线路绝缘测试;配管配线(各类电线导管、电缆导管、线槽敷设及穿线等);电气照明安装(普通灯具、专用灯具、建筑物景观照明灯及开关、插座、风扇等的安装);防雷及接地安装(接地装置安装、避雷引下线和变配电室接地干线敷设、接闪器安装、建筑物等电位联结等);建筑电气分部(子分部)工程质量验收等。

2. 低压、高压电器设备、器具和材料的划分

额定电压交流 1kV 及以下、直流 1.5kV 及以下的应为低压电器设备、器具和材料;额定电压大于交流 1kV、直流 1.5kV 的应为高压电器设备、器具和材料。

第二节　架空线路及杆上电气设备安装

架空线路及杆上电气设备材料、设备的范围及名称有混凝土电杆、圆线同心绞架空导线、绝缘电缆、预制混凝土底盘、各种绝缘子、金具、横担、横担垫铁、单或双凸抱箍、拉线立铁抱箍、曲型垫及圆铁抱箍、拉板、连板等。

一、混凝土电杆安装

1. 材料、设备控制要点

（1）混凝土抗压强度

1）钢筋混凝土电杆的混凝土强度等级不宜低于 C40，脱模时混凝土抗压强度不宜低于 20MPa。

2）预应力混凝土电杆、部分预应力混凝土电杆的混凝土强度不宜低于 C50，脱模时混凝土抗压强度不宜低于 30MPa。

（2）外观质量

电杆的外观质量应符合表 5-1 的规定。

（3）尺寸允许偏差

电杆外形尺寸应符合《环形混凝土电杆》（GB/T 4623—2006）的要求或按设计图纸制造。尺寸允许偏差应符合表 5-2 的规定。

（4）保护层厚度、力学性能指标参见《环形混凝土电杆》（GB/T 4623—2006）相关内容。

2. 外观质量检验

参见表 5-1 和表 5-2 的相关内容。

表 5-1　混凝土电杆外观质量要求

序号	项目		质 量 要 求
1	表面裂缝		预应力混凝土电杆和部分预应力混凝土电杆不得有环向和纵向裂缝。钢筋混凝土电杆不得有纵向裂缝，环向裂缝宽度不得大于 0.05mm。
2	漏浆	模边合缝处	模边合缝处不应漏浆。但如漏浆深度不大于 10mm、每处漏浆长度不大于 300mm、累计长度不大于杆长的 10%、对称漏浆的搭接长度不大于 100mm 时，允许修补。
		钢板圈（或法兰盘）与杆身结合面	钢板圈（或法兰盘）与杆身结合面不应漏浆。但如漏浆深度不大于 10mm、环向长度不大于 1/4 周长、纵向长度不大于 50mm 时，允许修补。
3	局部碰伤		局部不应碰伤。但如碰伤深度不大于 10mm、每处面积不大于 50cm² 时，允许修补。
4	内、外表面露筋		不允许
5	内表面混凝土塌落		不允许
6	蜂窝		不允许

（续）

序号	项目	质 量 要 求
7	麻面、粘皮	不应有麻面或粘皮。但如每米长度内麻面或粘皮总面积不大于相同长度外表面积的 5%时,允许修补。
8	钢板圈坡口至混凝土端面距离	大于钢板厚度的 1.5 倍且不小于 20mm。

注:表面裂缝中不计龟纹和水纹。

表 5-2　混凝土电杆外形尺寸允许偏差

序号	项　　目				质量要求(mm)
1	杆长	整根杆			+20 −40
		组装杆杆段			±10
2	壁厚				+10 −2
3	外径				+4 −2
4	保护层厚度				+8 −2
5	弯曲度	电杆梢径小于或等于 190			≤$L/800$
		电杆梢径或直径大于 190			≤$L/1000$
6	端部倾斜	杆底			≤5
		钢板圈			≤3
		法兰盘			≤2
7	预埋件	预留孔	纵向两孔间距		±4
			横向	固定式	≤2
				埋管式	≤3
			直径		+2
		钢板圈	厚度		+1 −0.8
			内径	电杆外径≤400	±2
				电杆外径>400	±3

（续）

序号	项　　目				质量要求（mm）
7	预埋件	法兰盘	内外径		±2
			螺孔中心距		±1
			端板厚度	铸造	+1.5 −0.5
				焊接	±0.5
8	钢板圈或法兰盘轴线与杆段轴线				≤2

注：保护层厚度偏差为制造与设计的差数，但最小厚度必须符合《环形混凝土电杆》GB/T 4623 的
　　规定。

二、圆线同心绞架空导线、聚氯乙烯绝缘电缆安装

1. 材料、设备控制要点

（1）圆线同心绞架空导线

1）绞合导线应由圆硬铝线和铝合金线、圆镀锌钢线及圆铝包钢线中之一种
或二种单线绞制而成。

2）导线尺寸

《圆线同心绞架空导线》(GB/T 1179—2008)附录 D 列出了作为指导的导线
尺寸一览表，并推荐新设计的导线的尺寸从中选择。

3）导线表面

导线表面不应有目力可见的缺陷，例如明显的划痕、压痕等等，并不得有与
良好的商品不相称的任何缺陷。

4）绞制、接头、线密度、导线拉断力、直流电阻参见《圆线同心绞架空导线》
(GB/T 1179—2008)的相关内容。

（2）聚氯乙烯绝缘电缆

电缆的型号表示方法见《额定电压 450/750V 及以下聚氯乙烯绝缘电缆第 1
部分：一般要求》(GB/T 5013.1—2008)的附录 A。

聚氯乙烯绝缘电缆技术要求绝缘性能、导电性能、阻燃性能、机械性能参见
产品相关内容。

2. 质量检验

（1）包装完好，抽检的电线绝缘层完整无损，厚度均匀。电缆无压扁、扭曲，
铠装不松卷。耐热、阻燃的电线、电缆外护层有明显标识和制造厂标；

（2）标志

电缆应有制造厂名、产品型号和额定电压的连续标志。标志可以用油墨印

字或采用压印凸字在绝缘或护套上。油墨印字标志应耐擦。所有标志应字迹清晰,易于识别。

（3）绝缘层厚度

绝缘厚度的平均值应不小于产品标准相关表格中的每种型号和规格电缆的规定值。常用的 BV 型绝缘电线的绝缘层厚度不小于规定,现场抽样检测绝缘层厚度和圆形线芯的直径,线芯直径误差不大于标称直径的 1%。

三、各种绝缘子、金具

1. 各种绝缘子

绝缘子电压等级、机械强度、防污等级符合设计要求。瓷绝缘釉面均匀光滑,无裂纹、缺釉、斑点、烧痕、气泡或瓷釉烧坏缺陷。瓷件与铁件组合无歪斜,且结合紧密牢固,铁件镀锌良好,螺纹均匀无尖锐边缘,螺母、螺杆配合良好。弹簧销、弹簧垫的弹力适宜。

2. 金具

金具组装配合应良好,表面光洁,无裂纹、毛刺、飞边、砂眼、气泡等缺陷。线夹转动灵活,与导线接触面符合要求。镀锌良好,无锌皮剥落、锈蚀现象。

3. 横担等铁件

除地脚螺栓外,均应热镀锌层完好无锈蚀,无明显弯曲,不应有裂纹和严重凹凸斑点、毛刺等。铁件开孔尺寸合格,误差不超过标准。除设计允许外,铁件不能用边角余料拼接。

各种连接螺栓宜有防松装置。防松装置弹力应适宜,厚度应符合规定。

第三节　变配电设备安装

一、变压器安装

1. 材料、设备控制要点

（1）变压器外观

变压器应装有铭牌。铭牌上应注明制造厂名、型号、额定容量,一两次额定电压、电流、阻抗电压及接线组别、重量、制造年月等技术数据。附件、备件齐全,无锈蚀及机械损伤,密封应良好。绝缘件无缺损、裂纹和瓷件瓷釉损坏等缺陷,外表清洁,测温仪表指示正确。油箱箱盖或钟罩法兰及封板的连接螺栓应齐全,紧固良好无渗漏。浸入油中运输的附件,其油箱应无渗漏。充油套管的油位应正常、无渗油,瓷体无损伤。

(2)试运行

①干式变压器的局放试验 PC 值及噪声测试器 dB(A)值应符合设计及标准要求。带有防护罩的干式变压器、防护罩与变压器的距离应符合技术标准的规定。

②有载调压开关的传动部分润滑应良好,动作灵活,点动给定位置与开关实际位置一致,自动调节符合产品的技术文件要求。

2. 施工及质量控制要点

(1)基础验收

变压器就位前,要先对基础进行验收。基础的中心与标高应符合设计要求,轨距与轮距应互相吻合,具体要求如下:

1)轨道水平误差不应超过 5mm。

2)轨距不应小于设计轨距,误差不应超过+5mm。

3)轨面对设计标高的误差不应超过±5mm。

(2)设备开箱检查

1)设备开箱检查应由施工单位、供货方会同监理单位、建设单位代表共同进行,并做好开箱检查记录。

2)开箱后,按照设备清单、施工图纸及设备技术文件核对变压器规格型号应与设计相符,附件与备件齐全无损坏。

3)变压器外观检查无机械损伤及变形,油漆完好、无锈蚀。

4)油箱密封应良好,带油运输的变压器,油枕油位应正常,油液应无渗漏。

5)绝缘瓷件及环氧树脂铸件无损伤、缺陷及裂纹。

(3)设备二次搬运

1)变压器二次搬运应由起重工作业,电工配合。搬运时最好采用汽车吊和汽车,如距离较短时且道路较平坦时可采用倒链吊装、卷扬机拖运、滚杠运输等。变压器重量参见表 5-3。

表 5-3　变压器及箱式变电所参考重量

型式	序号	容量(kVA)	重量(t)
树脂浇铸干式变压器	1	100～200	0.71～0.92
	2	250～500	1.16～1.90
	3	630～1000	2.08～2.73
	4	1250～1600	3.39～4.38
	5	2000～2500	5.14～6.30

（续）

型式	序号	容量(kVA)	重量(t)
	1	100～180	0.6～1.0
	2	200～420	1.0～1.8
油浸式 电力变压器	3	500～630	2.0～2.8
	4	750～800	3.0～3.8
	5	1000～1250	3.5～4.6
	6	1600～1800	5.2～6.1

2）变压器吊装时，索具必须检查合格，钢丝绳必须挂在油箱的吊钩上，变压器顶盖上盘的吊环仅作吊芯检查用，严禁用此吊环吊装整台变压器。

3）变压器搬运时，用木箱或纸箱将高低压绝缘瓷瓶罩住进行保护，使其不受损伤。

4）变压器搬运过程中，不应有严重冲击或振动情况，利用机械牵引时，牵引的着力点应在变压器重心以下，以防倾斜，运输倾斜角不得超过15°，防止内部结构变形。

5）用千斤顶顶升大型变压器时，应将千斤顶放置在油箱千斤顶支架部位，升降操作应协调，各点受力均匀，并及时垫好垫块。

6）大型变压器在搬运或装卸前，应核对高低压侧方向，以免安装时调换方向发生困难。

（4）器身检查

变压器到达现场后，应按产品技术文件要求进行器身检查。

1）当满足下列条件之一时，可不进行器身检查。

①制造厂规定可不作器身检查者。

②就地生产仅作短途运输的变压器，且在运输过程中进行了有效的监督且无紧急制动、剧烈振动、冲撞或严重颠簸等异常情况者。

2）器身检查应当遵守下列规定：

①周围空气温度不宜低于0℃，变压器器身温度不宜低于周围空气温度。当器身温度低于周围空气温度时，应加热器身，宜使其温度高于周围空气温度10℃。

②当空气相对湿度小于75%时，器身暴露在空气中的时间不得超过16h。

③调压切换装置吊出检查、调整时，暴露在空气中的时间应符合表5-4规定。

表 5-4 调压切换装置露空时间

环境温度(℃)	>0	>0	>0	<0
空气相对湿度(%)	65	65～75	75～85	不控制
持续时间不大于(h)	24	16	10	8

④空气相对湿度或露空时间超过规定时,必须采取相应的可靠措施。露空时间计算规定,带油运输的变压器,由开始放油时算起;不带油运输的变压器,由揭开顶盖或打开任一堵塞算起,到开始抽真空或注油为止。

⑤器身检查时,场地四周应清洁和有防尘措施;雨雪天或雾天,不应在室外进行。

3)钟罩起吊前,应拆除所有与其相连的部件。

4)器身或钟罩起吊时,吊索与铅垂线的夹角不宜大于 30°,必要时可使用控制吊梁。起吊过程中,器身与箱壁不得碰撞。

5)器身检查的主要项目和要求符合下列规定:

①运输支撑和器身各部位应无移动现象,运输用的临时防护装置及临时支撑应予拆除,并经过清点作好记录以备查。

②所有螺栓应紧固,并有防松措施;绝缘螺栓应无损坏,防松绑扎完好。

③铁芯应无变形,铁轮与夹件间的绝缘垫应良好。铁芯应无多点接地。铁芯外引接地的变压器,拆开接地线后铁芯对地绝缘应良好。拆开夹件与铁轮接地片后,铁轮螺杆与铁芯、铁轮与夹件、螺杆与夹件间的绝缘应良好。当铁轮采用钢带绑扎时,钢带对铁轮的绝缘应良好。拆开铁芯屏蔽接地引线,检查屏蔽绝缘应良好。拆开夹件与线圈压板的连线,检查压钉绝缘应良好。铁芯拉板及铁轮拉带应紧固,绝缘良好(无法拆开铁芯的可不检查)。

④绕组绝缘层应完整,无缺损、变位现象;各绕组应排列整齐,间隙均匀,油路无堵塞;绕组的压钉应紧固,防松螺母应锁紧。

⑤绝缘围屏绑扎牢固,围屏上所有线圈引出处的封闭应良好。

⑥引出线绝缘包扎紧固,无破损、折弯现象。引出线绝缘距离应合格,固定牢靠,其固定支架应紧固。引出线的裸露部分应无毛刺或尖角,且焊接应良好;引出线与套管的连接应牢靠,接线正确。

⑦无励磁调压切换装置各分接点与线圈的连接应紧固正确;各分接头应清洁,且接触紧密,引力良好;所有接触到的部分,用规格为 0.05mm×10mm 塞尺检查,应塞不进去,转动接点应正确地停留在各个位置上,且与指示器所指位置一致;切换装置的拉杆、分接头凸轮、小轴、销子等应完整无损;转动盘应动作灵活,密封良好。

⑧有载调压切换装置的选择开关、范围开关应接触良好,分接引线应连接正确、牢固,切换开关部分密封良好。必要时抽出切换开关芯子进行检查。

注:变压器有围屏者,可不必解除围屏,由于围屏遮蔽而不能检查的项目,可不予检查;铁芯检查时,无法拆开的可不测。

6)器身检查完毕后,必须用合格的变压器油进行冲洗,并清洗油箱底部,不得有遗留杂物。箱壁上的阀门应开闭灵活、指示正确。导向冷却的变压器还应检查和清理进油管接头和联箱。

7)运输网的定位钉应予以拆除或反装,以免造成多点接地。

(5)附件安装

1)密封处理

①设备的所有法兰连接处,应用耐油密封垫(圈)密封。密封垫(圈)必须无扭曲、变形、裂纹和毛刺。密封垫(圈)应与法兰面的尺寸相配合。

②法兰连接面应平整、清洁,密封垫应擦拭干净,安装位置应准确。其搭接处的厚度应与其原厚度相同,橡胶密封垫的压缩量不宜超过其厚度的1/3。

2)有载调压切换装置的安装

①传动部分润滑应良好(传动结构的摩擦部分应涂以适合当地气候条件的润滑脂),动作灵活,无卡阻现象;点动给定位置与开关实际位置一致,自动调节符合产品的技术文件要求。

②切换开关的触头及其连接线应完整无损,且接触良好,其限流电阻应完好,无断裂现象。

③切换装置的工作顺序应符合产品出厂技术要求;切换装置在极限位置时,其机械联锁与极限开关的电气联锁动作应正确。

④位置指示器应动作正常,指示正确。

⑤切换开关油箱内应清洁,油箱应做密封试验,且密封良好;注入油箱中的绝缘油,其绝缘强度应符合产品的技术要求。

3)冷却装置的安装

①冷却装置在安装前应按制造厂规定的压力值用气压或油压进行密封试验,其中散热器、强迫油循环风冷却器,持续30min应无渗漏;强迫油循环水冷却器,持续1h应无渗漏,水、油系统应分别检查渗漏。

②冷却装置安装前应用合格的绝缘油经净油机循环冲洗干净,并将残油排尽。冷却装置安装完毕后应即注满油。

③风扇电动机及叶片应安装牢固,并应转动灵活,无卡阻;试转时应无振动、过热;叶片应无扭曲变形或与风筒碰擦等情况,转向应正确;电动机的电源配线应采用具有耐油性能的绝缘导线。

④管路中的阀门应操作灵活,开闭位置应正确;阀门及法兰连接处应密封良好。

⑤外接油管路在安装前,应进行彻底除锈并清洗干净;管道安装后,油管应涂黄漆,水管应涂黑漆,并设有流向标志。

⑥油泵转向应正确,转动时应无异常噪声、振动或过热现象;其密封应良好,无渗油或进气现象。

⑦差压继电器、流速继电器应经校验合格,且密封良好,动作可靠。

⑧水冷却装置停用时,应将水放尽。

4)储油柜的安装

①储油柜安装前,应清洗干净。

②胶囊式储油柜中的胶囊或隔膜式储油柜中的隔膜应完整无破损;胶囊在缓慢充气胀开后检查应无漏气现象。

③胶囊沿长度方向应与储油柜的长轴保持平行,不应扭偏;胶囊口的密封应良好,呼吸应通畅。

④油位表动作应灵活,油位表或油标管的指示必须与储油柜的真实油位相符,不得出现假油位。油位表的信号接点位置正确,绝缘良好。

5)套管的安装

①套管安装前先进行检查:瓷套表面应无裂缝、伤痕,套管、法兰颈部及均压球内壁应清擦干净。套管经试验合格,充油套管无渗油现象,油位指示正常。

②当充油管介质损失角正切值超过标准,且确认其内部绝缘受潮时,应进行干燥处理。

③套管顶部结构的密封垫应安装正确,密封应良好,连接引线时,不应使顶部结构松扣。

④充油套管的油标应面向外侧,套管末端应接地良好。

6)安全气道(防爆管)安装

①安全气道安装前内壁应清拭干净,防爆隔膜应完整,其材料和规格应符合产品的技术规定,不得任意代用。

②安全气道斜装在油箱盖上,安装倾斜方向应按制造厂规定,厂方无明显规定时,宜斜向储油柜侧。

③防焊隔膜信号接线应正确,接触良好。

7)干燥器(吸湿器、防潮呼吸器、空气过滤器)安装

①检查硅胶是否失效(对浅兰色硅胶,变为浅红色即已失效;白色硅胶不加鉴定一律进行烘烤)。如已失效,应在 $115\sim120℃$ 温度下烘烤 8h,使其复原或更新。

②安装时必须将干燥器盖子处的橡皮垫取掉,使其畅通,并在盖子中装适量

的变压器油,起滤尘作用。

③干燥器与储气柜间管路的连接应密封良好,管道应通畅。

④干燥器油封油位应在油面线上;但隔膜式储油柜变压器应按产品要求处理(或不到油封、或少放油,以便胶囊易于伸缩呼吸)。

(6)变压器接线及接地

1)变压器的一、二次接线、地线、控制导线均应符合相应的规定,油浸变压器附件的控制导线,应采用具有耐油性能的绝缘导线。靠近箱壁的绝缘导线,排列应整齐,并有保护措施;接线盒密封应良好。

2)变压器一、二次引线的施工,不应使变压器的套管直接承受应力。

3)变压器的低压侧中性点必须直接与接地装置引出的接地干线进行连接,变压器箱体、干式变压器的支架或外壳应进行接地(PE),且有标识。所有连接必须可靠,紧固件及防松零件齐全。

4)变压器中性点的接地回路中,靠近变压器处,宜做一个可拆卸的连接点。

(7)送电前的检查

变压器试运行前必须由质量监督部门检查合格,并做全面检查,确认符合试运行条件时投入运行。检查内容如下:

1)各种交接试验单据齐全,数据符合要求。

2)变压器应清理、擦拭干净,顶盖上无遗留杂物,本体、冷却装置及所有附件应无缺损,且不渗油。

3)变压器一、二次引线相位正确,绝缘良好。

4)接地线良好且满足设计要求。

5)通风设施安装完毕,工作正常,事故排油设施完好,消防设施齐备。

6)油浸变压器油系统油门应打开,油门指示正确,油位正常。

7)油浸变压器的电压切换装置及干式变压器的分接头位置放置正常电压档位。

8)保护装置整定值符合规定要求;操作及联动试验正常。

(8)送电试运行

(9)干式变压器护栏安装完毕。各种标志牌挂好,门窗封闭完好,门上挂锁。

1)变压器第一次投入时,可全压冲击合闸,冲击合闸宜由高压侧投入。

2)变压器应进行3~5次全压冲击合闸,无异常情况;第一次受电后,持续时间不应少于10min;励磁涌流不应引起保护装置的误动作。

3)油浸变压器带电后,检查油系统所有焊缝和连接面不应有渗油现象。

4)变压器并列运行前,应核对好相位。

5)变压器试运行要注意冲击电流、空载电流、一、二次电压、温度,并做好试运行记录。

6)变压器空载运行 24h,无异常情况,方可投入负荷运行。

3. 施工质量验收

(1)高压的电气设备和布线系统及继电保护系统的交接试验,必须符合现行国家标准《电气装置安装工程电气设备交接试验标准》(GB 50150—2006)的规定。

(2)变压器安装应位置正确,附件齐全,油浸变压器油位正常,无渗油现象。

(3)变压器应按产品技术文件要求进行检查器身,当满足下列条件之一时,可不检查器身。

1)制造厂规定不检查器身者;

2)就地生产仅做短途运输的变压器,且在运输过程中有效监督,无紧急制动、剧烈振动、冲撞或严重颠簸等异常情况者。

(4)装有气体继电器的变压器顶盖,沿气体继电器的气流方向有 1.0%～1.5%的升高坡度。

二、箱式变电所安装

1. 材料、设备控制要点

箱式变电所有铭牌,附件齐全,绝缘件无缺损、裂纹,充油部分不渗漏,充气高压设备气压指示正常,涂层完整。

(1)箱式变电所应进行交接试验并提供试验报告。提供箱式变电所内相关设备的文件及证书,具体内容如下:

1)由高压成套开关柜、低压成套开关柜和变压器三个独立单元组合成的箱式变电所应对高、低压电气部分分别进行交接试验并提供以下技术文件:

①高压电气设备部分应按照《电气装置安装工程电气设备交接试验标准》(GB 50150—2006)的规定进行交接试验,并提供出厂试验报告。提供高压成套开关柜的合格证、随带技术文件、生产许可证及许可证编号,提供"CCC"认证标志及认证证书复印件。

②低压成套配电柜应按照规定进行交接试验,并提供试验报告。提供低压成套开关柜的合格证、随带技术文件,提供"CCC"认证标志及认证证书复印件。

2)由高压开关、熔断器等与变压器组合在同一个密闭油箱内的箱式变电所应按产品提供的技术文件要求进行交接试验,并提供试验报告。提供产品的合格证、随带技术文件、生产许可证及许可证编号。

2. 施工及质量控制要点

按设计施工图纸所标定位置及坐标方位、尺寸,进行测量放线确定箱式变电所安装的底盘线和中心轴线,并确定地脚螺栓的位置。

(1)基础型钢安装

1)预制加工基础型钢的型号、规格应符合设计要求。按设计尺寸进行下料和调直,做好防锈处理。根据地脚螺栓位置及孔距尺寸,进行制孔。制孔必须采用机械制孔。

2)基础型钢架安装。按放线确定的位置、标高,中心轴线尺寸,控制准确的位置稳好型钢架,用水平尺或水准仪找平、找正。与地脚螺栓连接牢固。

3)基础型钢与地线连接,将引进箱内的地线扁钢与型钢结构基架的两端焊牢(焊接处搭接面不得小于扁钢宽度的 2 倍,且不少于三面施焊)然后涂二遍防锈漆。

(2)箱式变电所就位与安装

1)就位。要确保作业场地洁清、通道畅通。将箱式变电所运至安装的位置,吊装时,应严格吊点,应充分利用吊环将吊索穿入吊环内,然后,做试吊检查受力吊索力的分布应均匀一致,确保箱体平稳、安全、准确地就位。

2)按设计布局的顺序组合排列箱体。找正两端的箱体,然后挂通线,找准调正,使其箱体正面平顺。

3)组合的箱体找正、找平后,应将箱与箱用镀锌螺栓连接牢固。

4)接地。箱式变电所接地,应以每箱独立与基础型钢连接,严禁进行串联。接地干线与箱式变电所的 N 母线和 PE 母线直接连接,变电箱体、支架或外壳的接地应用带有防松装置的螺栓连接。连接均应紧固可靠,紧固件齐全。

5)箱式变电所的基础应高于室外地坪,周围排水畅通。

6)箱式变电所,用地脚螺栓固定的螺帽齐全,拧紧牢固,自由安放的应垫平放正。

7)箱壳内的高、低压室均应装设照明灯具。

8)箱体内应有防雨、防晒、防锈、防尘、防潮、防凝露的技术措施。

9)箱式变电所安装高压或低压电度表时,必须接线相位准确,并安装在便于查看的位置。

3. 施工质量验收

(1)箱式变电所及落地式配电箱的基础应高于室外地坪,周围排水通畅。用地脚螺栓固定的螺帽齐全,拧紧牢固;自由安放的应垫平放正。金属箱式变电所及落地式配电箱,箱体应接地(PE)或接零(PEN)可靠,且有标识。

(2)箱式变电所的交接试验,必须符合下列规定:

1)由高压成套开关柜、低压成套开关柜和变压器三个独立单元组合成的箱式变电所高压电气设备部分,按规定交接试验合格。

2)高压开关、熔断器等与变压器组合在同一个密闭油箱内的箱式变电所,交接试验按产品提供的技术文件要求执行;

3)低压成套配电柜交接试验符合规范的规定。

(3)箱式变电所内外涂层完整、无损伤,有通风口的风口防护网完好。

(4)箱式变电所的高低压柜内部接线完整、低压每个输出回路标记清晰,回路名称准确。

三、成套配电柜、控制柜(屏、台)和动力、照明配电箱(盘)安装

1. 材料、设备控制要点

(1)成套配电柜、控制柜(屏、台)和动力、照明配电箱(盘)安装包材料设备包括成套配电柜、控制柜、控制屏、控制台、动力配电箱、照明配电箱(盘)、型钢、镀锌螺丝、螺母、地脚螺栓、防锈漆、调和漆、绝缘胶垫等。

(2)高低压成套配电柜、蓄电池柜、不间断电源柜、控制柜(屏、台)及动力、照明配电箱(盘)应有铭牌,柜内元器件无损坏、接线无脱落脱焊,蓄电池柜内电池壳体无碎裂、漏液,充油、充气设备无泄漏,涂层完整,无明显碰撞凹陷。

(3)设备和器材到达现场后,应在规定期限内做验收检查,并应符合下列要求:

1)包装及密封良好。

2)型号、规格符合设计要求,设备无损伤,附件、备件齐全。

3)产品的技术文件齐全。

4)外观检查合格。

(4)低压配电柜到达现场后应符合下列要求:

1)低压配电柜的门应有内锁或暗门,并应转动灵活。开启角度不得小于90°,但不宜过大。门在开启过程中不应使电器受到冲击或破坏。

2)低压配电柜内零件的边缘和开孔处应平整光滑,无毛刺及裂口。

3)为保修安全,低压柜骨架应具有接地装置。骨架涂漆前,接地装置的螺栓螺纹应涂上油脂,并不应沾漆或有黄锈。接地装置应有明显的接地标志。

4)所有电器及附件(如附加电阻等)均应牢固地固定在骨架或支件上,不得悬吊在其他电器的接线端子上或连接线上。

5)母线连接严密,接触良好,配置整齐美观,不同金属母线或母线与电器端子连接时,在结构上应采取防止电化腐蚀的措施,并保证铝母线连接受压后不致变形。

6)低压柜内的一次回路电器设备及母线与其他带电导体布置的最小距离应符合规定。

7)二次回路带电体间或带电体与金属骨架间的电气间隙不应小于4mm。

8)二次配线应采用截面不小于$1.5mm^2$的铜芯绝缘线,导线的耐压等级应按工作电压不低于$500V$来选择;在经常受到弯曲的地方(如门上电器与屏间的联线),则应使用多芯软绝缘线;二次配线的线束,不应直接靠铁板敷设。

9)绝缘导线穿过金属板孔,应在板孔上装绝缘套。

2. 施工及质量控制要点

(1)基础型钢的安装

1)基础型钢施工前,首先要核实盘、柜基础的设计尺寸是否与厂家尺寸相符。

2)将已经预制好的基础型钢架,放在预埋铁件上,用水准仪或水平尺找平、找正。找平过程中,需用垫铁的部位每处不能多于三片。找平、找正后,用电焊将基础型钢架、预埋铁件及垫铁焊牢在一起。安装允许偏差应符合表5-5的规定。

表5-5　基础型钢安装的允许偏差

项目	允许偏差	
	mm/m	mm/全长
不直度	1	5
不平度	1	5
位置偏差及不平行度	—	5

注:环形布置应符合设计要求。

3)基础型钢安装后,其顶部宜高出最终地面$10\sim20mm$;手车式成套柜应按产品技术要求执行。

4)基础型钢应有明显的可靠接地,接地点不得少于两点;

5)盘、柜间及盘、柜上的设备与各构件间连接应牢固。控制、保护盘、柜和自动装置盘等与基础型钢不宜焊接固定。

(2)柜(盘、台)吊装就位

设备吊装柜(盘)顶部有吊环时,吊点应为设备的吊环;无吊环时,应将吊索挂在四角的主要承重结构处,不得将吊索吊在设备部件上,吊索的绳长应一致,以防柜体受力不均匀产生变形或损毁部件。

1)盘、柜安装的允许偏差

盘、柜单独或成列安装时,其垂直、水平偏差及盘、柜面偏差和盘、柜间接缝等的允许偏差应符合表5-6的规定。

表 5-6 盘、柜安装的允许偏差

项目		允许偏差
垂直度（每米）		1.5
水平偏差	相邻两盘顶部	2
	成列盘顶部	5
盘面偏差	相邻两盘边	1
	成列盘面	5
盘间接缝		2

另外，盘、柜上若有模拟母线，盘、柜间的模拟母线应对齐，其偏差不应超过视差范围，并应完整，安装牢固。

2）成套柜的安装应符合下列规定：

①机械闭锁、电气闭锁应动作准确、可靠。

②动触头与静触头的中心线应一致，触头接触应紧密。

③二次回路辅助开关的切换接点应动作准确，接触应可靠。

3）抽屉式配电柜的安装应符合下列规定：

①抽屉推拉应轻便灵活，并应无卡阻、碰撞现象，同型号、规格的抽屉应能互换。

②抽屉的机械闭锁或电气闭锁装置应动作可靠。

③抽屉与柜体间的二次回路连接插件应接触良好。

4）照明配电箱（板）安装应符合下列规定：

①位置正确，部件齐全；箱体开孔与导管管径适配，应一管一孔，不得用电、气焊割孔；暗装配电箱箱盖应紧贴墙面，箱（板）涂层应完整；

②箱（板）内相线、中性线（N）、保护接地线（PE）的编号应齐全，正确；配线应整齐，无绞接现象；电线连接应紧密，不得损伤芯线和断股，多股电线应压接接线端子或搪锡；螺栓垫圈下两侧压的电线截面积应相同，同一端子上连接的电线不得多于 2 根；

③电线进出箱（板）的线孔应光滑无毛刺，并有绝缘保护套；

④箱（板）内分别设置中性线（N）和保护接地线（PE）的汇流排，汇流排端子孔径大小、端子数量应与电线线径、电线根数适配；

⑤箱（板）内剩余电流动作保护装置应经测试合格；箱（板）内装设的螺旋熔断器，其电源线应接在中间触点的端子上，负荷线接在螺纹的端子上；

⑥箱（板）安装应牢固，垂直度偏差不应大于 1.5‰。照明配电板底边距楼地面高度不应小于 1.8m；当设计无要求时，照明配电箱安装高度宜符合表 5-7的规定；

表 5-7　照明配电箱安装高度

配电箱高度(mm)	配电箱底边距楼地面高度(m)
600 以下	1.3～1.5
600～800	1.2
800～1000	1.0
1000～1200	0.8
1200 以上	落地安装,潮湿场所箱柜下应设 200mm 高的基础

⑦端子箱安装应牢固、封闭良好,并应能防潮、防尘;安装位置应便于检查;成列安装时,应排列整齐;

⑧照明配电箱(板)不带电的外露可导电部分应与保护接地线(PE)连接可靠;装有电器的可开启门,应用裸铜编织软线与箱体内接地的金属部分做可靠连接;

⑨应急照明箱应有明显标识。

3. 施工质量验收

(1)柜、屏、台、箱、盘的金属框架及基础型钢必须接地(PE)或接零(PEN)可靠;装有电器的可开启门,门和框架的接地端子间应用裸编织铜线连接,且有标识。

(2)手车、抽出式成套配电柜推拉应灵活,无卡阻碰撞现象。动触头与静触头的中心线应一致,且触头接触紧密,投入时,接地触头先与主触头接触;退出时,接地触头后与主触头脱开。

(3)柜、屏、台、箱、盘间线路的线间和线对地间绝缘电阻值,馈电线路必须大于 0.5MΩ;二次回路必须大于 1MΩ。

(4)柜、屏、台、箱、盘间二次回路交流工频耐压试验,当绝缘电阻值大于 10MΩ 时,用 2500V 兆欧表摇测 1min,应无闪络击穿现象;当绝缘电阻值在 1～10MΩ 时,做 1000V 交流工频耐压试验,时间 1min,应无闪络击穿现象。

(5)照明配电箱(盘)安装应符合下列规定:

1)箱(盘)内配线整齐,无绞接现象。导线连接紧密,不伤芯线,不断股。垫圈下螺丝两侧压的导线截面积相同,同一端子上导线连接不多于 2 根,防松垫圈等零件齐全;

2)箱(盘)内开关动作灵活可靠,带有漏电保护的回路,漏电保护装置动作电流不大于 30mA,动作时间不大于 0.1s。

3)照明箱(盘)内,分别设置零线(N)和保护地线(PE 线)汇流排,零线和保护地线经汇流排配出。

第四节 自备电源安装

一、柴油发电机组安装

1. 材料、设备质量控制

（1）柴油发电机组容量规格必须符合设计要求。

（2）依据装箱单核对主机、附件、专用工具、备品备件和随机技术文件，查检合格证和出厂试运行记录，发电机及控制柜应有出厂试验记录。

（3）柴油发电机组外观检查，机身应完好无损，配件齐全，涂膜完整。

（4）安装用各种型钢规格应符合设计要求，并无明显锈蚀，螺栓均应采用镀锌螺栓。

（5）其他辅材均应符合设计要求，并有产品合格证。

2. 施工及质量控制要点

机组基础：柴油发电机组的混凝土基础应符合柴油发电机组制造厂家的要求，基础上安装机组地脚螺栓孔，采用二次灌浆，其孔距尺寸应按机组外形安装图确定。基座的混凝土强度等级必须符合设计要求。

（1）机组就位

1）柴油发电机组就位之前，首先应对机组进行复查、调整和准备工作。

2）发电机组各联轴节的连接螺栓应紧固。机座地脚螺栓应紧固。安装时应检查主轴承盖、连杆、气缸体、贯穿螺栓、气缸盖等的螺栓与螺母的紧固情况，不应松动。

3）柴油机与发电机用联轴节连接时，其不同轴度应参考表 5-8 的要求。

表 5-8　整体安装的柴油机联轴节两轴的不同轴度

联轴节类型	联轴节外形最大直径（mm）	两轴的不同轴度不应超过	
		径向位移（mm）	倾斜
弹性联轴节	＜300　0.05	0.20/1000	
	≥300　0.10		
刚性联轴节	0.03	0.04/1000	

4）所设置的仪表应完好齐全，位置应正确。操作系统的动作灵活可靠。

（2）调校机组

1）机组就位后，首先调整机组的水平度，找正找平，紧固地脚螺栓牢固、可靠,并应设有防松动措施。柴油发电机组的水平度一般不应超过 0.05/1000,机组连接螺栓拧紧后,柴油机组的不水平度仍应在 0.05/1000 范围内。

2)调校油路、传动系统、发电系统(电流、电压、频率)、控制系统等。

3)发电机、发电机的励磁系统、发电机控制箱调试数据,应符合设计要求和技术标准的规定。

(3)安装地线

1)发电机中性线(工作零线)应与接地母线引出线直接连接,螺栓防松动装置齐全,有接地标识。

2)发电机本体和机械部分的可接近导体均应保护接地(PE)或接地线(PEN),且有标识。

(4)安装机组附属设备

发电机控制箱(屏)是同步发电机组的配套设备,主要是控制发电机送电及调压。小容量发电机的控制箱一般(经减震器)直接安装在机组上,大容量发电机的控制屏,则固定在机房的地面上,或安装在与机组隔离的控制室内。

开关箱(屏)或励磁箱,各生产厂家的开关箱(屏)种类较多,型号不一,一般 500kW 以下的机组有柴油发电机组相应的配套控制箱(屏),500kW 以上机组,可向机组厂家提出控制屏的特殊订货要求。

(5)机组接线

1)发电机及控制箱接线应正确可靠。馈电出线两端的相序必须与电源原供电系统的相序一致。

2)发电机随机的配电柜和控制柜接线应正确无误,所有紧固件应紧固牢固,无遗漏脱落。开关、保护装置的型号、规格必须符合设计要求。

(6)机组检测

1)柴油发电机的试验必须符合设计要求和相关技术标准的规定。

2)发电机的试验必须符合规定。

3)发电机至配电柜的馈电线路其相间、相对地间的绝缘电阻值大于 0.5MΩ。塑料绝缘电缆出线,其直流耐压试验为 2.4kV,时间 15min,泄漏电流稳定,无击穿现象。

(7)试运行

1)柴油机的废气可用外接排气管引至室外,引出管不宜过长,管路转弯不宜过急,弯头不宜多于 3 个。外接排气管内径应符合设计技术文件规定,一般非增压柴油机不小于 75mm,增压型柴油机不小于 90mm,增压柴油机的排气背压不得超过 6kPa,排气温度约 450℃,排气管的走向应能够防火,安装时应特别注意。调试运行中要对上述要求进行核查。

2)受电侧的开关设备、自动或手动切换装置和保护装置等试验合格,应按设计的使用分配方案,进行负荷试验,机组和电气装置连续运行 12h 无故障,方可做交接验收。

3. 施工质量验收

(1)发电机组至低压配电柜馈电线路的相间、相对地间的绝缘电阻值应大于 0.5MΩ;塑料绝缘电缆馈电线路直流耐压试验为 2.4kV,时间 15min,泄漏电流稳定,无击穿现象。

(2)柴油发电机馈电线路连接后,两端的相序必须与原供电系统的相序一致。

(3)发电机中性线(工作零线)应与接地干线直接连接,螺栓防松零件齐全,且有标识。

(4)发电机组随带的控制柜接线应正确,紧固件紧固状态良好,无遗漏脱落。开关、保护装置的型号、规格正确,验证出厂试验的锁定标记应无位移,有位移应重新按制造厂要求试验标定。

(5)发电机本体和机械部分的可接近裸露导体应接地(PE)或接零(PEN)可靠,且有标识。

(6)受电侧低压配电柜的开关设备、自动或手动切换装置和保护装置等试验合格,应按设计的自备电源使用分配预案进行负荷试验,机组连续运行 12h 无故障。

二、不间断电源安装

1. 材料、设备质量控制

(1)不间断电源应装有铭牌,注明制造厂名、设备名称、规格、型号等技术数据。备件应齐全,并有产品合格证及技术资料。

(2)不间断电源及其他电气元件外表无锈蚀及损坏现象。机架所用材料符合设计要求。

(3)配制铅酸蓄电池电解液用硫酸应采用符合现行国家标准《蓄电池用硫酸》,并有产品合格证。

(4)绝缘子、绝缘垫无碎裂和缺损;型钢无明显锈蚀。

(5)其他材料:防锈漆、耐酸漆、电力复合脂、镀锌螺丝、塑料带、沥青漆、酒精、铅板均应有合格证。

2. 施工及质量控制要点

(1)设备开箱检查

1)设备开箱检查应由建设单位、监理单位、供货单位及施工单位代表共同进行,并做好开箱检查记录。

2)按照设备清单核对设备及零备件,应符合图纸要求,完好无损。制造厂的有关技术文件齐全。

3)设备、附件的型号、规格必须符合设计要求,附件应齐全,部件完好无损。

4)蓄电池外观质量检查。蓄电池应符合以下要求:外形无变形,外壳无裂纹、损伤,槽盖板应密封良好。正、负端柱必须极性正确。防酸栓、催化栓等配件应齐全无损伤。滤气帽的通气性能良好。

(2)不间断电源安装

1)不间断电源安装应按设计图纸及有关技术文件进行施工。

2)不间断电源安装应平稳,间距均匀,同一排列的不间断电源应高低一致、排列整齐。

3)电线、电缆的屏蔽护套接地连接可靠,与接地干线就近连接,紧固件齐全。

4)不间断电源接线时严禁将金属线短接,极性正确,以免不慎将电池短路,造成因大电流放电报废。

5)不间断电源输出端的中性线(N极),必须与由接地装置直接引来的接地干线相连接,做重复接地。不间断电源装置的可接近裸露导体接地(PE)或接零(PEN)可靠,且有标识。

6)应有防震技术措施,并应牢固可靠。

7)温度计、液面线应放在易于检查一侧。

8)由于不间断电源运行时,其输入输出线路的中线电流约为相线电流的1.8倍以上,安装时应检查中线截面,如发现中线截面小于相线截面时,应并联一条中线,防止因中线大电流引起事故。

9)不间断电源本机电源应采用专用插座,插座必须使用说明书中指定的保险丝。

(3)调试和检测

1)对不间断电源的各功能单元进行试验测试,全部合格后方可进行不间断电源的试验和检测。

2)采用后备式和方波输出的 UPS 电源时,其负载不能是容感性负载(变频器、交流电机、风扇、吸尘器等);不允许在不间断电源工作时用与不间断电源相连的插座接通容感性负载。

3)不间断电源的输入输出连线的线间、线对地间的绝缘电阻值应大于$0.5M\Omega$;接地电阻符合要求。

4)按要求正确设定蓄电池的浮充电压和均充电压,对 UPS 进行通电带负载测试。

5）按使用说明书的要求，按顺序启动 UPS 和关闭 UPS。

6）对不间断电源进行稳态测试和动态测试。稳态测试时主要应检测 UPS 的输入、输出、各级保护系统测量输出电压的稳定性、波形畸变系统、频率、相位、效率、静态开关的动作是否符合技术文件和设计要求；动态测试应测试系统接上或断开负载时的瞬间工作状态中包括突加或突减负载、转移特性测试；其他的常规测试还应包括过载测试、输入电压的过压和欠压保护测试、蓄电池放电测试等。

（4）检测不间断电源的功能

1）按接口规范检测接口的通信功能；

2）检查连锁控制，确保因故障引起的断路器跳闸不会导致备用断路器闭合（对断路器手动恢复除外），反之亦然；

3）采用试验用开关模拟电网故障，测验转换顺序；

4）用辅助继电器设置故障，检测系统的自动转换动作的转移特性；

5）正常电源与备用电源的转换测试：

通过带有可调时间延迟装置的三相感应电路实现正常和备用电源电压的监控。当正常电源故障或其电压降到额定值的 70% 以下时，计时器开始计时，若超过设定的延时时间（0~15s）故障仍存在，则备用电源电压已达到其额定值的 90% 的前提下，转换开关开始动作，由备用电源供电；一旦正常电源恢复，经延时后确认电压已稳定，转换开关必须能够自动切换到正常电源供电，同时通过手动切换恢复正常供电的功能也必须具备。

6）检查声光报警装置的报警功能；

7）检查系统对不间断电源运行状况的监测和显示情况；

8）检测不间断电源的噪声。

3. 施工质量验收

（1）不间断电源的整流装置、逆变装置和静态开关装置的规格、型号必须符合设计要求。内部结线连接正确，紧固件齐全，可靠不松动，焊接连接无脱落现象。

（2）不间断电源的输入、输出各级保护系统和输出的电压稳定性、波形畸变系数、频率、相位、静态开关的动作等各项技术性能指标试验调整必须符合产品技术文件要求，且符合设计文件要求。

（3）不间断电源装置间连线的线间、线对地间绝缘电阻值应大于 0.5MΩ。

（4）不间断电源输出端的中性线（N 极），必须与由接地装置直接引来的接地干线相连接，做重复接地。

（5）安放不间断电源的机架组装应横平竖直，水平度、垂直度允许偏差不应大于 1.5‰,紧固件齐全。

(6)引入或引出不间断电源装置的主回路电线、电缆和控制电线、电缆应分别穿保护管敷设,在电缆支架上平行敷设应保持 150mm 的距离;电线、电缆的屏蔽护套接地连接可靠,与接地干线就近连接,紧固件齐全。

(7)不间断电源装置的可接近裸露导体应接地(PE)或接零(PEN)可靠,且有标识。

(8)不间断电源正常运行时产生的 A 声级噪声,不应大于 45dB;输出额定电流为 5A 及以下的小型不间断电源噪声,不应大于 30dB。

第五节 受电设备安装

一、低压电动机、电加热器及电动执行机构安装

1. 材料、设备质量控制

材料范围及名称有低压电动机、电加热器、电动执行机构、型钢、螺栓、绝缘带、电焊条、防锈涂料、润滑脂等。

(1)低压电动机、电加热器、电动执行机构和低压开关设备等

1)附件齐全,电气接线端子完好,设备器件无缺损,涂层完整。

2)有铭牌,注明制造厂名,出厂日期,型号、容量、频率、电压、电流、接线方法、转速、温升、工作方法、绝缘等级等有关技术数据。

(2)型钢

表面无严重锈蚀,无过度扭曲、弯折变形。

(3)材料、设备质量证明文件

1)低压电动机、电加热器及电动执行机构的产品合格证、随带技术文件(包括产品出厂试验报告单、产品安装使用说明书)、生产许可证、"CCC"认证标志及认证证书复印件。

2)型钢合格证和材质证明书。

2. 施工及质量控制要点

对基础轴线、标高、地脚螺栓位置、外形几何尺寸进行测量验收,沟槽、孔洞及电缆管位置应符合设计及土建本身的质量要求。混凝土强度等级一定要符合设计要求。一般基础承重量不小于电机重量的 3 倍。基础各边应超出电机底座边缘 100~150mm。

(1)电动机起吊、检查和安装一般要求

1)电机性能应符合电机周围工作环境的要求。

2)电机基础、地脚螺栓孔、沟道、孔洞、预埋件及电缆管位置、尺寸和质量,应符合设计和国家现行有关标准的规定。

(2)起吊

起吊电机转子时,不应将吊绳绑在集电环、换向器或轴颈部分。起吊定子和穿转子时,不得碰伤定子绕组和铁芯。

(3)检查

1)电机安装时,电机的检查应符合下列要求:

①盘动转子应灵活,不得有碰卡声;

②润滑脂的情况正常,无变色、变质及变硬等现象。其性能应符合电机的工作条件;

③可测量空气间隙的电机,其间隙的不均匀度应符合产品技术条件的规定,当无规定时,各点空气间隙与平均空气间隙之差与平均空气间隙之比宜为±5%;

④电机的引出线鼻子焊接或压接应良好,编号齐全,裸露带电部分的电气间隙应符合国家有关产品标准的规定;

⑤绕线式电机应检查电刷的提升装置,提升装置应有"启动"、"运行"的标志,动作顺序应是先短路集电环,后提起电刷。

2)当电机有下列情况之一时,应做抽转子检查:

①出厂日期超过制造厂保证期限;制造厂无保证期限,但出厂日期已超过一年。

②经外观检查或电气试验,质量可疑时;

③开启式电机经端部检查可疑时;

④试运转时有异常情况。

3)电机抽转子检查,应符合下列要求:

①电机内部清洁无杂物;

②电机的铁芯、轴颈、集电环和换向器应清洁,无伤痕和锈蚀现象;通风孔无阻塞;

③绕组绝缘层应完好,绑线无松动现象;

④定子槽楔应无断裂、凸出和松动现象,按制造厂工艺规范要求检查,端部槽楔必须嵌紧;

⑤转子的平衡块及平衡螺丝应紧固锁牢,风扇方向应正确,叶片无裂纹;

⑥磁极及铁轭固定良好,励磁绕组紧贴磁极,不应松动;

⑦鼠笼式电机转子铜导电条和端环应无裂纹,焊接应良好;浇铸的转子表面应光滑平整;导电条和端环不应有气孔、缩孔、夹渣、裂纹、细条、断条和浇铸不满

等现象;

⑧电机绕组应连接正确,焊接良好;

⑨直流电机的磁极中心线与几何中心线应一致;

⑩检查电机的滚动轴承,应符合下列要求:

a. 轴承工作面应光滑清洁,无麻点、裂纹或锈蚀,并记录轴承型号;

b. 轴承的滚动体与内外圈接触良好,无松动,转动灵活无卡涩,其间隙符合产品技术条件的规定;

c. 加入轴承内的润滑脂应填满其内部空隙的 2/3;同一轴承内不得填入不同品种的润滑脂。

4)电机干燥

①新装电机的绝缘电阻,应符合现行国家标准《电气装置安装工程　电气设备交接试验标准》(GB 50150—2006)的有关规定。当不符合时,应对电机进行干燥。

②电动机的干燥工作,应由有经验的电工进行,在干燥前应根据电动机受潮情况编制干燥方案。

③电机干燥时应符合下列要求:

a. 温度应缓慢上升,升温速率应按制造厂技术要求,一般可为每小时升 5～8℃;铁芯和绕组的最高允许温度,应根据绝缘等级确定;

b. 当电动机绝缘电阻值达到要求时,在同一温度下经 5h 稳定不变时,方可认为干燥完毕。

④干燥方法

a. 电阻器干燥法:利用大型电机下面的通风道内放置电阻箱,通风加热干燥电机。

b. 灯泡干燥法:可采用红外线灯泡或一般灯泡使灯光直接照射在绕组上,温度高低的调节可以改变灯泡瓦数来实现。

c. 电流干燥法:采用低电压,用变阻器调节电流,其电流大小宜控制在电机额定电流的 60% 以内。并应设置测温计,随时监视干燥程度。

5)电机的换向器或集电环应符合下列要求:

①表面应光滑,无毛刺、黑斑、油垢。当换向器的表面不平程度达到 0.2mm 时,应进行处理;

②换向器片间绝缘应凹下 0.5～1.5mm。换向片与绕组的焊接应良好。

6)电机电刷的刷架、刷握及电刷的安装应符合下列要求:

①同一组刷握应均匀排列在与轴线平行的同一直线上;

②刷握的排列,应使相邻不同极性的一对刷架彼此错开;

③各组电刷应调整在换向器的电气中性线上;

④带有倾斜角的电刷的锐角尖应与转动方向相反；

⑤电机电刷的安装应符合现行国家标准《电气装置安装工程旋转电机施工及验收规范》(GB 50170—2006)中的有关要求。

(4)安装

1)箱式电机的安装,尚应符合下列要求：

①定子搬运、吊装时应防止定子绕组的变形；

②定子上下瓣的接触面应清洁,连接后使用 0.05mm 的塞尺检查,接触应良好；

③必须测量空气间隙,其误差应符合产品技术条件的规定；

④定子上下瓣绕组的连接,必须符合产品技术条件的规定。

2)多速电机的安装,应符合下列要求：

①电机的接线方式、极性应正确；

②连锁切换装置应动作可靠；

③电机的操作程序应符合产品技术条件的规定。

3)有固定转向要求的电机,试车前必须检查电机与电源的相序并应一致。

(5)控制、启动和保护设备安装

1)电机的控制和保护设备安装前应检查是否与电机容量相符,安装按设计要求进行,一般应装在电机附近。

2)引至电动机接线盒的明敷导线长度应小于 0.3m,并应加强绝缘保护,易受机械损伤的地方应套保护管。

3)直流电动机、同步电动机与调节电阻回路及励磁回路的连接,应采用铜导线,导线不应有接头。调节电阻器应接触良好,调节均匀。

4)电动机应装设过流和短路保护装置,并应根据设备需要装设相序断相和低电压保护装置。

5)电动机保护元件的选择：

①采用热元件时按电动机额定电流的 1.1～1.25 倍来选。

②采用熔丝(片)时按电动机额定电流的 1.5～2.5 倍来选。

3. 施工质量验收

(1)电动机、电加热器及电动执行机构的可接近裸露导体必须接地(PE)或接零(PEN)。

(2)电动机、电加热器及电动执行机构绝缘电阻值应大于 0.5MΩ。

(3)100kW 以上的电动机,应测量各相直流电阻值,相互差不应大于最小值的 2%；无中性点引出的电动机,测量线间直流电阻值,相互差不应大于最小值的 1%。

(4)电气设备安装应牢固,螺栓及防松零件齐全,不松动。防水防潮电气设备的接线入口及接线盒盖等应做密封处理。

(5)除电动机随带技术文件说明不允许在施工现场抽芯检查外,有下列情况之一的电动机,应抽芯检查:

1)出厂时间已超过制造厂保证期限,无保证期限的已超过出厂时间一年以上;

2)外观检查、电气试验、手动盘转和试运转,有异常情况。

(6)电动机抽芯检查应符合下列规定:

1)线圈绝缘层完好、无伤痕,端部绑线不松动,槽楔固定、无断裂,引线焊接饱满,内部清洁,通风孔道无堵塞;

2)轴承无锈斑,注油(脂)的型号、规格和数量正确,转子平衡块紧固,平衡螺丝锁紧,风扇叶片无裂纹;

3)连接用紧固件的防松零件齐全完整;

4)其他指标符合产品技术文件的特有要求。

(7)在设备接线盒内裸露的不同相导线间和导线对地间最小距离应大于8mm,否则应采取绝缘防护措施。

二、低压电气动力设备试验和试运行

1. 施工及质量控制要点

成套配电柜(盘)及动力柜试验调整和试运行

(1)柜(盘)试验调整

1)高压试验应由当地供电部门许可的试验单位进行,试验内容包括以下部分:

①高压柜框架;

②母线;

③避雷器;

④高压瓷瓶;

⑤电压互感器;

⑥电流互感器;

⑦高压开关等。

2)调整内容:

①过流继电器调整;

②时间继电器;

③信号继电器;

④机械联锁调整;

3）二次控制小线调整及模拟试验：

①将所有的接线端子螺丝再紧一次；

②绝缘摇测：用 500V 摇表在端子板处测试每条回路的电阻，电阻必须大于 0.5MΩ；

③二次小线回路如有晶体管、集成电路、电子元件时，该部位的检查不准使用摇表和试铃测试，应使用万用表测试回路是否接通；

④接通临时的控制电源和操作电源；将柜（盘）内的控制操作电源回路熔断器上端相线拆掉，接上临时电源；

⑤模拟试验：按照图纸要求，分别模拟试验控制、联锁、操作、继电保护和信号动作，正确无误，灵敏可靠；

⑥拆除临时电线，将原有的电源线复位。

（2）送电前的检查

1）送电前应检查送电使用的工具、仪器仪表以及防护材料是否已经配备齐全。例如验电器、绝缘鞋、绝缘手套、临时接地编织铜线、绝缘胶垫，粉末灭火器等。这些物品一般应由建设单位配备齐全。

2）彻底清扫全部设备及变配电室、控制室的灰尘。用吸尘器清扫电器、仪表元件。另外，室内除送电需用的设备用具外，其他物品不得堆入。要认真彻底检查到位，达到要求。

3）检查母线上、设备上有无遗留下的工具、金属材料及其他物体。

4）检查试运行的组织工作、指挥者、操作者及监护人是否已经到位。

5）检查柜（盘）的试验调整项目是否全部达到标准要求，试验数据及相关资料必须合格。

6）检查施工图、竣工资料、试验调整资料、设备技术文件、质量证明书是否全部搜集齐全。

7）继电保护器动作灵敏可靠，控制、联锁、信号等动作准确无误。

8）检查变配室门窗是否已封闭上锁，是否设有防鼠板等，是否有人值班。

（3）送电试运行

1）必须由供电部门检查合格后，将电源供电送进室内，经验电，校相无误。

2）由安装单位合进线柜开关，检查 PT 柜上电压表三相是否电压正常。

3）合变压器柜开关，检查变压器是否有电。

4）合低压柜进线开关、查看电压表三相是否电压正常。

5）在低压联络柜内，在开关上下侧（开关未合状态）进行同相校核。用电压表或万用表电压挡 500V，用表的两个测针，分别接触两路的同相，此时电压表无读数，表示两路电同一相。用同样的方法检查其他两相。

电动机及附属设备的试验调整和试运行

(1)交流电动机的试验项目,应包括下列内容:

1)测量绕组的绝缘电阻和吸收比;

2)测量绕组的直流电阻;

3)定子绕组的直流耐压试验和泄漏电流测量;

4)定子绕组的交流耐压试验;

5)绕线式电动机转子绕组的交流耐压试验;

6)同步电动机转子绕组的交流耐压试验;

7)测量可变电阻器、启动电阻器、灭磁电阻器的绝缘电阻;

8)测量可变电阻器、启动电阻器、灭磁电阻器的直流电阻;

9)测量电动机轴承的绝缘电阻;

10)检查定子绕组极性及其连接的正确性;

11)电动机空载转动检查和空载电流测量。

(2)试验标准

1)测量绕组的绝缘电阻和吸收比,应符合下列规定:

①额定电压为 1000V 以下,常温下绝缘电阻值不应低于 $0.5M\Omega$;额定电压为 1000V 及以上,折算至运行温度时的绝缘电阻值,定子绕组不应低于 $1M\Omega/kV$,转子绕组不应低于 $0.5M\Omega/kV$。绝缘电阻温度换算可按规定进行;

②1000V 及以上的电动机应测量吸收比。吸收比不应低于 1.2,中性点可拆开的应分相测量。

③凡吸收比小于 1.2 的电动机,都先干燥后再进行交流耐压试验。

2)测量绕组的直流电阻,应符合下述规定:

1000V 以上或容量 100kW 以上的电动机各相绕组直流电阻值相互差别不应超过其最小值的 2%,中性点未引出的电动机可测量线间直流电阻,其相互差别不应超过其最小值的 1%。

3)定子绕组直流耐压试验和泄漏电流测量,应符合下述规定:

1000V 以上及 1000kW 以上、中性点连线已引出至出线端子板的定子绕组应分相进行直流耐压试验。试验电压为定子绕组额定电压的 3 倍。在规定的试验电压下,各相泄漏电流的差值不应大于最小值的 100%;当最大泄漏电流在 $20\mu A$ 以下时,各相间应无明显差别。试验时的注意事项,应符合《电气装置安装工程 电气设备交接试验标准》(GB 50150—2006)有关规定;中性点连线未引出的不进行此项试验。

4)定子绕组的交流耐压试验电压,应符合表 5-9 的规定。

表 5-9　电动机定子绕组交流耐压试验电压

额定电压(kV)	3	6	10
试验电压(kV)	6	10	16

5)绕线式电动机的转子绕组交流耐压试验电压,应符合表 5-10 的规定。

表 5-10　绕线式电动机转子绕组交流耐压试验电压

转子工况	试验电压(V)
不可逆的	$1.5U_k + 750$
可逆的	$3.0U_k + 750$

注:U_k 为转子静止时,在定子绕组上施加额定电压,转子绕组开路时测得的电压。

6)同步电动机转子绕组的交流耐压试验电压值为额定励磁电压的 7.5 倍,且不应低于 1200V,但不应高于出厂试验电压值的 75%。

7)可变电阻器、启动电阻器、灭磁电阻器的绝缘电阻,当与回路一起测量时,绝缘电阻值不应低于 $0.5M\Omega$。

8)测量可变电阻器、启动电阻器、灭磁电阻器的直流电阻值,与产品出厂数值比较,其差值不应超过 10%;调节过程中应接触良好,无开路现象,电阻值的变化应有规律性。

9)测量电动机轴承的绝缘电阻,当有油管路连接时,应在油管安装后,采用 1000V 兆欧表测量,绝缘电阻值不应低于 $0.5M\Omega$。

10)检查定子绕组的极性及其连接应正确。中性点未引出者可不检查极性。

11)电动机空载转动检查的运行时间为 2h,并记录电动机的空载电流。当电动机与其机械部分的连接不易拆开时,可连在一起进行空载转动检查试验。

电力电容器的试验和试运行

(1)电容器的试验项目,应包括下列内容:

1)测量绝缘电阻;

2)测量耦合电容器、断路器电容器的介质损耗角正切值 $\tan\delta$ 及电容值;

3)耦合电容器的局部放电试验;

4)并联电容器交流耐压试验;

5)冲击合闸试验。

(2)试验标准

测量耦合电容器、断路器电容器的绝缘电阻应在二极间进行,并联电容器应在电极对外壳之间进行,并采用 1000V 兆欧表测量小套管对地绝缘电阻。

1)测量耦合电容器、断路器电容器的介质损耗角正切值 $\tan\delta$ 及电容值,应符合下列规定:

①测得的介质损耗角正切值 tanδ 应符合产品技术文件的规定；

②耦合电容器电容值的偏差在额定电容值的-5%～10%范围内，电容器叠柱中任何两单元的实测电容之比值与这两单元的额定电压之比值的倒数之差不应大于5%，断路器电容器电容值的偏差应在额定电容值的±5%范围内。对电容器组，还应测量各相、各臂及总的电容值。

2)耦合电容器的局部放电试验的预加电压值为 $0.8U_m \times 1.3U_m$，停留时间大于 10s；降至测量电压值为 $1.1U_m\sqrt{3}$，维持 1min 后，测量局部放电量，放电量不宜大于 10pC。

3)并联电容器的交流耐压试验，应符合下列要求：

①并联电容器电极对外壳交流耐压试验电压值，应符合表 5-11 的规定；

表 5-11　并联电容器交流耐压试验电压标准

额定电压(kV)	<1	1	3	6	10
出厂试验电压(kV)	3	6	18/25	23/30	30/42
交接试验电压(kV)	2.25	4.5	18.76	22.5	31.5

注：斜线下的数据为外绝缘的干耐受电压。

②当产品出厂试验电压值不符合表 5-11 中规定时，交换试验电压，应按产品出厂试验电压值的 75%进行。

4)在电网额定电压下，对电力电容器组的冲击合闸试验，应进行 3 次，熔断器不应熔断。电容器组中各相电容的最大值和最小值之比，不应超过 1.08。

(3)送电试运行

1)送电前的检查

①对电力电容器的试验项目全面检查，应按要求全部做完试验，且试验结果全部符合要求。

②对电力电容器外观进行检查，应无损坏及漏油、渗油现象。

③检查连线，应正确可靠。

④检查各种保护装置，应正确无损。

⑤检查放电系统，应完好无损。

⑥检查控制设备，应完好无损，动作正常，各种仪表经校对合格。

⑦自动功率因数补偿装置调整好，(使用移相器事先调整好)。

2)送电试运行验收

①送电前的检查全部符合要求后，方可送电试运行。

②冲击合闸试验：对电力电容器组进行三次冲击合闸试验，无异常情况，方可投入运行。

③正常运行 24h 后,应办理验收手续,移交建设单位验收。

④验收时应移交的技术资料:设计图纸、设备技术文件、质量证明书、设计变更单,设备开箱检查记录,设备试验调整记录和安装调试记录。

母线测试及送电

(1)送电前的测试

母线送电前应进行耐压试验,500V 以下母线可用 500V 摇表摇测,绝缘电阻不小于 0.5MΩ。

(2)送电前检查

母线安装后,要全面地进行检查,清理工作现场的工具、杂物,并与有关单位人员协商好,请无关人员离开现场。

(3)送电程序

送电程序应为先高压,后低压;先干线,后支线;先隔离开关,后负荷开关。停电时,与上述顺序相反。

(4)送电

车间送电前应先挂好有电标志牌,并通知有关单位及人员。送电后应有指示灯。

低压电器试验调整

(1)低压电器的试验项目,应包括下列内容:

1)测量低压电器连同所连接电缆及二次回路的绝缘电阻;

2)低压线圈动作值校验;

3)低压电器动作情况检查;

4)低压电器采用的脱扣器的整定;

5)测量电阻器和变阻器的直流电阻。

6)低压电器连同连接的电缆及二次回路的交流耐压试验。

(2)试验过程及测试参数

1)测量低压电器连同所连接电缆及二次回路的绝缘电阻值,不应小于 1MΩ。比较潮湿的地方,不应小于 0.5MΩ。

2)电压线圈动作值较高,线圈的吸合电压,不应大于额定电压的 85%,释放电压不应小于额定电压的 5%;短时工作的合闸线圈应在额定电压的 85%～110%范围内,分离线圈应在额定电压的 75%～110%范围内均能可靠工作。

3)低压电器动作情况的检查:对采用电动机或液压、气压传动方式操作的电器,除产品另有规定外,当电压、液压或气压在额定值的 85%～110%范围内,电器应可靠工作。

4)低压电器采用的脱扣器的规定:各类过流脱扣器、失压和分离脱扣器、延时装置等,应按使用要求整定,其整定值误差不能超过产品技术条件的规定。

5)测定电阻器和变阻器的直流电阻值,其差值应符合产品技术条件的规定。

6)低压电器连同连接的电缆和二次回路的交流耐压试验;试验电压为1000V。当回路的绝缘电阻在10MΩ以上时,采用2500V兆欧表代替,试验持续时间为1min。

回路测试

(1)1kV及以下电压等级配电装置和馈电线路测试

1)测量绝缘电阻,应符合下列规定:

①配电装置及馈电线路的绝缘电阻值不应小于0.5MΩ。

②测量馈电线路绝缘电阻时,应将断路器(或熔断器)、用电设备、电器和仪表等断开。

2)动力配电装置的交流耐压试验,应符合下列规定:

①试验电压为1000V。当回路绝缘电阻值在10MΩ以上时,可采用2500V兆欧表代替,试验持续时间为1min,或符合产品技术规定;

②交流耐压试验为各相对地,48V及以下电压等级配电装置不做耐压试验。

3)检查配电装置内不同电源的馈线间或馈线两侧的相位应一致。

(2)二次回路测试

1)测量绝缘电阻,应符合下列规定:

①小母线在断开所有其他并联支路时,不应小于10MΩ。

②二次回路的每一支路和断路器、隔断开关的操动机构的电源回路等,均不应小于1MΩ。在比较潮湿的地方,可不小于0.5MΩ。

2)交流耐压试验,应符合下列规定:

①试验电压为1000V。当回路绝缘电阻在10MΩ以上时,可采用2500V兆欧表代替,试验持续时间为60s,或符合产品技术规定;

②48V及以下电压等级回路,可不作交流耐压试验。

③当回路中有电子元件设备时,试验时应将插件拔出或将其两端短接;

注:二次回路是指电气设备的操作、保护、测量、信号等回路及其回路中的操动机构的线圈、接触器、继电器、仪表、互感器二次绕组等。

2. 施工质量验收

(1)试运行前,相关电气设备和线路应按《建筑电气工程施工质量验收规范》(GB 50303—2011)的规定试验合格。

(2)现场单独安装的低压电器交接试验项目应符合规定。

(3)成套配电(控制)柜、台、箱、盘的运行电压、电流应正常,各种仪表指示正常。

（4）电动机应试通电，检查转向和机械转动有无异常情况；可空载试运行的电动机，时间一般为 2h，记录空载电流，且检查机身和轴承的温升。

（5）交流电动机在空载状态下（不投料）可启动次数及间隔时间应符合产品技术条件的要求；无要求时，连续启动 2 次的时间间隔不应小于 5min，再次启动应在电动机冷却至常温下。空载状态（不投料）运行，应记录电流、电压、温度、运行时间等有关数据，且应符合建筑设备或工艺装置的空载状态运行（不投料）要求。

（6）大容量（630A 及以上）导线或母线连接处，在设计计算负荷运行情况下应做温度抽测记录，温升值稳定且不大于设计值。

（7）电动执行机构的动作方向及指示，应与工艺装置的设计要求保持一致。

第六节　母线装置

一、硬母线、软母线安装

1. 材料、设备质量控制

（1）规格

母线的尺寸规格，用母线相应截面的标称尺寸 $a \times b$ 表示。

（2）技术要求

母线的截面形状、技术指标、化学成分参见《电工用铜、铝及其合金母线》（GB/T 5585—2005）系列的相关规定。

（3）表面质量

1）表面应光洁、平整，不应有与良好工业产品不相称的任何缺陷；

2）圆角、圆边处不应有飞边、毛刺及裂口。

3）成套供应的金属封闭母线、母线槽的各段应标志清晰、附件齐全，外壳应无变形，内部应无损伤。螺栓连接的母线搭接面应平整，其镀层应均匀，不应有麻面、起皮及未覆盖部分。

（4）材料质量证明文件

1）硬母线的产品合格证和材质证明；软母线的出厂合格证、安装技术文件（包括额定电压、额定容量、试验报告等技术数据）、"CCC"认证标志及认证证书复印件。

2）型钢合格证和材质证明书。

3）其他材料（防腐油漆、面漆、电焊条等）出厂合格证。

2. 施工及质量控制要点

（1）硬母线的连接应符合下列规定：

1)硬母线的连接应采用焊接、贯穿螺栓连接或夹板及夹持螺栓搭接;

2)管形、棒形母线应采用专用连接金具连接;

3)管形、棒形母线不得采用螺纹管接头或锡焊连接。

(2)管形、棒形母线的连接应符合下列规定:

1)安装前应对连接金具和管形、棒形母线导体接触部位的尺寸进行测量,其误差值应符合产品技术文件要求;

2)与管母线连接金具配套使用的衬管应符合设计和产品技术文件要求;

3)管形、棒形母线连接金具螺栓紧固力矩应符合产品技术文件要求。

(3)母线与母线或母线与设备接线端子的连接应符合下列要求:

1)母线连接接触面间应保持清洁,并应涂以电力复合脂;

2)母线平置时,螺栓应由下往上穿,螺母应在上方,其余情况下,螺母应置于维护侧,螺栓长度宜露出螺母2～3扣;

3)螺栓与母线紧固面间均应有平垫圈,母线多颗螺栓连接时,相邻螺栓垫圈间应有3mm以上的净距,螺母侧应装有弹簧垫圈或锁紧螺母;

4)母线接触面应连接紧密,连接螺栓应用力矩扳手紧固,钢制螺栓紧固力矩值应符合表5-12的规定,非钢制螺栓紧固力矩值应符合产品技术文件要求。

表 5-12　钢制螺栓的紧固力矩值

螺栓规格(mm)	力矩值(N・m)	螺栓规格(mm)	力矩值(N・m)
M8	8.8～10.8	M16	78.5～98.1
M10	17.7～22.6	M18	98.0～127.4
M12	31.4～39.2	M20	156.9～196.2
M14	51.0～60.8	M24	274.6～343.2

(4)母线与螺杆形接线端子连接时,母线的孔径不应大于螺杆形接线端子直径1mm。丝扣的氧化膜应除净,螺母接触面应平整,螺母与母线间应加铜质搪锡平垫圈,并应有锁紧螺母,但不得加弹簧垫。

(5)母线在支柱绝缘子上固定时应符合下列要求:

1)母线固定金具与支柱绝缘子间的固定应平整牢固,不应使其所支持的母线受到额外应力;

2)交流母线的固定金具或其他支持金具不应成闭合铁磁回路;

3)当母线平置时,母线支持夹板的上部压板应与母线保持1～1.5mm的间隙;当母线立置时,上部压板应与母线保持1.5～2mm的间隙;

4)母线在支柱绝缘子上的固定死点,每一段应设置1个,并宜位于全长或两母线伸缩节中点;

5)管形母线安装在滑动式支持器上时,支持器的轴座与管母线之间应有1～2mm的间隙;

6)母线固定装置应无棱角和毛刺。

(6)其他要求

1)母线伸缩节不得有裂纹、断股和折皱现象;母线伸缩节的总截面不应小于母线截面的1.2倍。

2)终端或中间采用拉紧装置的车间低压母线的安装,当设计无要求时,应符合下列规定:

①终端或中间拉紧固定支架宜装有调节螺栓的拉线,拉线的固定点应能承受拉线张力;

②同一档距内,母线的各相弛度最大偏差应小于10%。

3)母线长度超过300～400m而需换位时,换位不应小于1个循环。槽形母线换位段处可用矩形母线连接,换位段内各相母线的弯曲程度应对称一致。

(7)软母线架设前的规定

1)首次使用的导线应经试放,并应在确定安装方法和制定措施后再全面施工。

2)软母线不得有扭结、松股、断股、严重腐蚀或其他明显的损伤;扩径导线不得有明显凹陷和变形。同一截面处损伤面积不得超过导电部分总截面积的5%。

3)采用的金具除应有质量合格证外,尚应进行下列检查:

①规格应相符,零件配套应齐全;

②表面应光滑,无裂纹、毛刺、伤痕、砂眼、锈蚀、滑扣等缺陷,锌层不应剥落;

③线夹船形压板与导线接触面应光滑平整,悬垂线夹的转动部分应灵活。

4)扩径导线的弯曲度不应小于导线外径的30倍。

(8)安装

1)母线跳线和引下线安装后,与构架及线间的距离应符合规定。

2)具有可调金具的母线,在导线安装调整完毕之后,应将可调金具的调节螺母锁紧。

3)母线弛度应符合设计要求,其允许偏差为+5%～-2.5%,同一档距内三相母线的弛度应一致;相同布置的分支线,宜有同样的弯曲度和弛度。

3. 施工质量验收

在验收时,应进行下列检查:

(1)金属构件加工、配制、螺栓连接、焊接等应符合《电气装置安装工程母线装置施工及验收规范》(GB 50149—2010)的规定,并应符合设计和产品技术文件的要求；

（2）所有螺栓、垫圈、闭口销、锁紧销、弹簧垫圈、锁紧螺母等应齐全、可靠；

（3）母线配制及安装架设应符合设计要求，且连接应正确；螺栓应紧固，接触应可靠；相间及对地电气距离应符合规定；

（4）瓷件应完整、清洁，铁件和瓷件胶合处均应完整无损，充油套管应无渗油，油位应正常；

（5）油漆应完好，相色应正确，接地应良好。

在验收时，应提交下列资料和文件：

（1）设计变更部分的实际施工图；

（2）设计变更的证明文件；

（3）制造厂提供的产品说明书、试验记录、合格证件、安装图纸等技术文件；

（4）安装技术记录；

（5）质量验收记录及签证；

（6）电气试验记录；

（7）备品备件清单。

二、裸母线、封闭母线、插接式母线安装

1. 材料、设备质量控制

（1）铜、铝母线应有产品合格证及材质证明，并符合表 5-13 的要求。母线表面应光洁平整，不应有裂纹、折皱、夹杂物及变形和扭曲现象。

表 5-13　母线的机械性能和电阻率

母线名称	母线型号	最小抗拉强度 （N/mm²）	最小伸长率 （%）	20℃时最大电阻率 （Ω·mm²/m）
铜母线	TMY	255	6	0.01777
铝母线	LMY	115	3	0.0290

（2）封闭母线、插接式母线应有出厂合格证、安装技术文件。技术文件应包括额定电压、额定容量、试验报告等技术数据。型号、规格、电压等级应符合设计要求。封闭母线、插接式母线各段应标志清晰、附件齐全，外壳无变形，内部无损伤。

（3）绝缘子及穿墙套管的瓷件，应符合执行国家标准和有关电瓷产品技术条件的规定，并有产品合格证。

（4）绝缘材料的型号、规格、电压等级应符合设计要求，外观无损伤及裂纹，绝缘良好。

（5）所用各种规格的型钢应无明显锈蚀，金属紧固件、卡件、各种螺栓、垫圈应符合设计要求，并且必须采用热镀锌件。

（6）各种油漆、电焊条等均有合格证。

2. 施工及质量控制要点

（1）母线的安装

1）母线安装应平整美观，且符合下列要求：

水平段：二支持点高度误差不大于 3mm，全长不大于 10mm。

垂直段：二支持点垂直误差不大于 2mm，全长不大于 5mm。

间距：平行部分间距应均匀一致，误差不大于 5mm。

2）母线在绝缘子上安装应符合下列规定：

①金具与绝缘子间的固定平整牢固，不使母线受额外应力；

②交流母线的固定金具或其他支持金具不形成闭合铁磁回路；

③除固定点外，当母线平置时，母线支持夹板的上部压板与母线间有 1～1.5mm 的间隙，当母线立置时，上部压板与母线间有 1.5～2mm 的间隙；

④母线的固定点，每段设置 1 个，设置于全长或两母线伸缩节的中点；

⑤母线采用螺栓搭接时，连接处距绝缘子的支持夹板边缘不小于 50mm。

3）室内裸母线的最小安全净距应符合要求。

4）母线支持点的间距，对低压母线不得大于 900mm，对高压母线不得大于 1200mm。低压母线垂直安装且支持点间距无法满足要求时，应加装母线绝缘夹板。母线在支持点的固定：水平安装的母线应采用开口元宝卡子，垂直安装的母线应采用母线夹板。母线只允许在垂直部分的中部夹紧在一对夹板上，同一垂直部分其余的夹板和母线之间应留有 1.5～2mm 的间隙。

5）母线过墙时采用穿墙隔板，其安装做法见图 5-1。

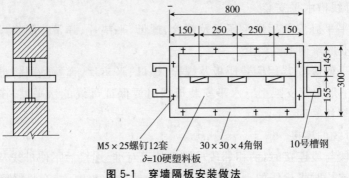

图 5-1　穿墙隔板安装做法

（2）母线安装完后，应进行下列检查：

1）金属构件加工、配制、螺栓连接、焊接等应符合国家现行标准的有关规定。

2)所有螺栓、垫圈、闭口销、锁紧销、弹簧垫圈、锁紧螺母等应齐全、可靠。

3)母线配制及安装架设应符合设计规定,且连接正确,螺栓紧固,接触可靠;相间及对地电气距离应符合要求。

4)瓷件应完整、清洁;铁件和瓷件胶合处均应完整无损,充油套管应无渗油、油位应正常。

5)油漆应完好,相色正确,接地良好。

(3)封闭、插接母线安装

1)按照母线排列图,将各节母线、插接开关箱、进线箱运至各安装地点。

2)安装前应逐节摇测母线的绝缘电阻,电阻值不得小于 10MΩ。

3)按母线排列图,从起始端(或电气竖井入口处)开始向上,向前安装。

4)线母线槽在插接母线组装中要根据其部位进行选择:L 形水平弯头应用于平卧、水平安装的转弯,也应用于垂直安装与侧卧水平安装的过渡。L 形垂直弯头应用于侧卧安装的转弯,也应用于垂直安装与平卧安装之间的过渡。T 形垂直弯头应用于侧卧安装的转弯,也应用于垂直安装与平卧安装之间的过渡。Z 形水平弯头应用于母线平卧安装的转弯。Z 形垂直弯头应用于母线侧卧安装的转弯,变压器母线槽应用于大容量母线槽向小容量母线槽的过渡。

(4)母线垂直安装

1)在穿越楼板预留洞处先测量好位置,用螺栓将两根角钢支架与母线连接好,再用供应商配套的螺栓套上防震弹簧、垫片,拧紧螺母固定在槽钢支架上(弹簧支架组数由供应商根据母线型式和容量规定)。

2)用水平压板以及螺栓、螺母、平垫片、弹簧垫圈将母线固定在"一"字形角钢支架上,然后逐节向上安装,要保证母线的垂直度(应用磁力线锤挂垂线)。在终端处加盖板,用螺栓紧固。

(5)母线槽水平安装

1)水平平卧安装用水平压板及螺栓、螺母、平垫片、弹簧垫圈将母线(平卧)固定于"凵"形角钢吊支架上。

2)水平侧卧安装用侧装压板及螺栓、螺母、平垫片、弹簧垫圈将母线(侧卧)固定于"凵"形角钢支架上。水平安装母线时要保证母线的水平度,在终端加终端盖并用螺栓紧固。

(6)母线的连接

1)当段与段连接时,两相邻段母线及外壳对准,连接后不使母线及外壳受额外应力。连接时将母线的小头插入另一节母线的大头中去,在母线间及母线外侧垫上配套的绝缘板,再穿上绝缘螺栓加平垫片。弹簧垫圈,然后拧上螺母,用力矩扳手紧固,达到规定力矩即可,最后固定好上下盖板。

2）母线连接用绝缘螺栓连接。

3）母线槽连接好后，其外壳即已连接成为一个接地干线，将进线母线槽、分线开关线外壳上的接地螺栓与母线槽外壳之间用 $16mm^2$ 软铜线连接好。

（7）分段测试

母线在连接过程中可按楼层数或母线段数，每连接到一定长度便测试一次，并做好记录，随时控制接头处的绝缘情况，分段测试一直持续到母线安装完后的系统测试。

（8）试运行

封闭母线、插接式母线送电前，要将母线全线进行认真清扫，母线上不得挂连杂物和积有灰尘。检查母线之间的连接螺栓以及紧固件等有无松动现象。用兆欧表摇测相间、相对零、相对地的绝缘电阻，并做好记录。检查测试符合要求后送电空载运行 24h 无异常现象，办理验收手续，交建设单位使用，同时提交验收资料（包括设计图纸、设计变更记录、产品合格证、说明书、测试记录、试运行记录等）。

3. 施工质量验收

（1）绝缘子的底座、套管的法兰、保护网（罩）及母线支架等可接近裸露导体应接地（PE）或接零（PEN）可靠，不应作为接地（PE）或接零（PEN）的接续导体。

（2）母线与母线或母线与电器接线端子，当采用螺栓搭接连接时，应符合下列规定：

1）母线的各类搭接连接的钻孔直径和搭接长度符合规定，用力矩扳手拧紧钢制连接螺栓的力矩值符合规定；

2）母线接触面保持清洁，涂电力复合脂，螺栓孔周边无毛刺；

3）连接螺栓两侧有平垫圈，相邻垫圈间有大于 3mm 的间隙，螺母侧装有弹簧垫圈或锁紧螺母；

4）螺栓受力均匀，不使电器的接线端子受额外应力。

（3）封闭、插接式母线安装应符合下列规定：

1）母线与外壳同心，允许偏差为±5mm；

2）当段与段连接时，两相邻段母线及外壳对准，连接后不使母线及外壳受额外应力；

3）母线的连接方法符合产品技术文件要求。

（4）母线的支架与预埋铁件采用焊接固定时，焊缝应饱满；采用膨胀螺栓固定时，选用的螺栓应适配，连接应牢固。

（5）母线与母线、母线与电器接线端子搭接，搭接面的处理应符合下列规定：

1)铜与铜:室外、高温且潮湿的室内,搭接面搪锡;干燥的室内,不搪锡;

2)铝与铝:搭接面不做涂层处理;

3)钢与钢:搭接面搪锡或镀锌;

4)铜与铝:在干燥的室内,铜导体搭接面搪锡;在潮湿场所,铜导体搭接面搪锡,且采用铜铝过渡板与铝导体连接;

5)钢与铜或铝:钢搭接面搪锡。

(6)母线的相序排列及涂色,当设计无要求时应符合下列规定:

1)上、下布置的交流母线,由上至下排列为 A、B、C 相;直流母线正极在上,负极在下;

2)水平布置的交流母线,由盘后向盘前排列为 A、B、C 相;直流母线正极在后,负极在前;

3)面对引下线的交流母线,由左至右排列为 A、B、C 相;直流母线正极在左,负极在右;

4)母线的涂色:交流,A 相为黄色、B 相为绿色、C 相为红色;直流,正极为赭色、负极为蓝色;在连接处或支持件边缘两侧 10mm 以内不涂色。

(7)母线在绝缘子上安装应符合下列规定:

1)金具与绝缘子间的固定平整牢固,不使母线受额外应力;

2)交流母线的固定金具或其他支持金具不形成闭合铁磁回路;

3)除固定点外,当母线平置时,母线支持夹板的上部压板与母线间有 1~1.5mm 的间隙;当母线立置时,上部压板与母线间有 1.5~2mm 的间隙;

4)母线的固定点,每段设置 1 个,设置于全长或两母线伸缩节的中点;

5)母线采用螺栓搭接时,连接处距绝缘子的支持夹板边缘不小于 50mm。

(8)封闭、插接式母线组装和固定位置应正确,外壳与底座间、外壳各连接部位和母线的连接螺栓应按产品技术文件要求选择正确,连接紧固。

第七节　电缆敷设、电缆头制作、接线和线路绝缘测试安装

一、电缆桥架安装和桥架内电缆敷设

1. 材料、设备质量控制

(1)各种规格电缆桥架的直线段、弯通、桥架附件及支、吊架等有产品合格证;桥架内外应光滑平整,无棱刺,不应有扭曲,翘边等变形现象;

(2)桥架的外观检查:桥架产品包装箱内应有装箱清单、产品合格证及出厂检验报告。表面防腐层材料应符合国家现行有关标准的规定。桥架螺栓孔径,

在螺杆直径不大于 M16 时,可比螺杆直径大 2mm。同一组内相邻两孔间距±0.7mm;同一组内任意两孔间距±1mm;相邻两组的端孔间距±1.2mm。

(3)各种金属型钢不应有明显锈蚀,管内无毛刺。所有紧固螺栓,均应采用镀锌件。

(4)膨胀螺栓:应根据允许拉力和剪力进行选择。

(5)每盘电缆上应标明电缆规格、型号、电压等级、长度及出厂日期,电缆盘应完好无损。

(6)电缆外观完好无损,包装完好,无压扁、扭曲,恺装无松卷。耐热、阻燃的电缆外保护层有明显标识和制造厂标。油浸电缆应密封良好,无漏油及渗油现象。橡套及塑料电缆外皮及绝缘层无老化及裂纹。

(7)电缆应按批查验合格证,合格证有生产许可证编号,按《额定电压 450/750V 及以下聚氯乙烯绝缘电缆》(GB/T 5023.1～5023.7—2008)标准生产的产品有安全认证标志。

(8)按制造标准,现场抽样检测绝缘层厚度和圆形线芯的直径;线芯直径误差不大于标称直径的 1%。

(9)对电缆绝缘性能、导电性能和阻燃性能有异议时,按批抽样送有资质的实验室检测。

(10)其他附属材料:电缆标示牌、油漆、汽油、封铅、硬脂酸、白布带、橡皮包布、黑包布、塑料绝缘带等均应符合要求。

2. 施工及质量控制要点

(1)桥架安装

1)电缆桥架水平敷设时,支撑跨距一般为 1.5～3m,电缆桥架垂直敷设时,固定点间距不宜大于 2m。桥架弯通弯曲半径不大于 300mm 时,应在距弯曲段与直线段结合处 300～600mm 的直线段侧设置一个支、吊架。当弯曲半径大于 300mm 时,还应在弯通中部增设一个支、吊架。

2)电缆桥架在电缆沟和电缆隧道内安装:电缆桥架在电缆沟和电缆隧道内安装,应使用托臂固定在异形钢单立柱上,支持电缆桥架。电缆隧道内异型钢立柱与 120mm×120mm×240mm 预制混凝土砌块内与埋件焊接固定,焊角高度为 3mm,电缆沟内异型钢立柱可以用固定板安装,也可以用膨胀螺栓固定。

3)由桥架引出的配管应使用钢管,当桥架需要开孔时,应用开孔机开孔,开孔处应切口整齐,管孔径吻合,严禁用气、电焊割孔。钢管与桥架连接时,应使用管接头固定。

4)桥架的支、吊架沿桥架走向左右的偏差不应大于 10mm。

5)当直线段钢制桥架超过30m,铝合金或玻璃钢电缆桥架超过15m,应有伸缩缝,其连接宜采用伸缩连接板(伸缩板)。

6)电缆桥架在穿过防火墙及防火楼板时,应采取防火隔离措施,防止火灾沿线路延燃。防火隔离段施工中,应配合土建施工预留洞口,在洞口处预埋好护边角钢。施工时根据电缆敷设的根数和层数用 L50×50×5 角钢制作固定框,同时将固定框焊在护边角钢上。

(2)保护地线安装:当允许利用桥架系统构成接地干线回路时,应符合下列要求:

1)桥架端部之间连接电阻值不应过大。接地孔应清除绝缘涂层;

2)在伸缩缝或软连接处需采用编制铜线连接。沿桥架全长另敷设接地干线时,每段(包括非直线段)托盘、梯架应至少有一点与接地干线可靠连接。

(3)桥架内电缆敷设

1)敷设方法可用人力或机械牵引。

2)电缆沿桥架敷设时,应单层敷设,排列整齐。不得有交叉,拐弯处应以最大截面电缆允许弯曲半径为准。

3)不同等级电压的电缆应分层敷设,高压电缆应敷设在上层。

4)电缆穿过楼板时,应装套管,敷设完后应将套管用防火材料封堵严密。

3. 施工质量验收

(1)金属电缆桥架及其支架和引入或引出的金属电缆导管必须接地(PE)或接零(PEN)可靠,且必须符合下列规定:

1)金属电缆桥架及其支架全长应不少于 2 处与接地(PE)或接零(PEN)干线相连接;

2)非镀锌电缆桥架间连接板的两端跨接铜芯接地线,接地线最小允许截面积不小于 $4mm^2$;

3)镀锌电缆桥架间连接板的两端不跨接接地线,但连接板两端不少于 2 个有防松螺帽或防松垫圈的连接固定螺栓。

(2)电缆敷设严禁有绞拧、铠装压扁、护层断裂和表面严重划伤等缺陷。

二、电缆沟内和电缆竖井内电缆敷设

1. 施工及质量控制要点

(1)电缆敷设

1)电缆沟底应平整,排水方式应按分段(每段为 50m)设置集水井,集水井盖板结构应符合设计要求。井底铺设的卵石或碎石层与砂层的厚度应依据地点的情况适当增减。地下水位高的情况下,集水井应设置排水泵排水,保持沟底无积水。

2)电缆沟支架应平直,安装应牢固,保持横平。支架必须做防腐处理。支架或支持点的间距,应符合设计要求。

3)电缆支架层间的最小垂直净距:10kV 及以下电力电缆为 150mm,控制电缆为 100mm。

4)电缆在支架敷设的排列,应符合以下要求:

①电力电缆和控制电缆应分开排列。

②当电力电缆与控制电缆敷设在同一侧支架上时,应将控制电缆放在电力电缆下面,1kV 及以下电力电缆应放在 1kV 以上电缆的下面(充油电缆应例外)。

③电缆与支架之间应用衬垫橡胶垫隔开,以保护电缆。

(2)电缆在沟内需要穿越墙壁或楼板时,应穿钢管保护。

(3)电缆敷设完后,用电缆沟盖板将电缆沟盖好,必要时,应将盖板缝隙密封,以免水、汽、油等侵入。

(4)电缆竖井内电缆敷设

1)竖井有砌筑式和组装结构竖井(钢筋混凝土预制结构或钢结构)。其垂直偏差不应大于其长度的 2/1000;支架横撑的水平误差不应大于其宽度的 2/1000;竖井对角线角的偏差不应大于其对角线长度的 5/1000。

2)电缆支架应安装牢固,横平竖直。其支架的结构形式、固定方式应符合设计要求。支架必须进行防腐处理。支架(桥架)与地面保持垂直,垂直度偏差不应超过 3mm。

3)垂直敷设,有条件时最好自上而下敷设。可利用土建施工吊具,将电缆吊至楼层顶部。敷设时,同截面电缆应先敷设低层,后敷设高层,敷设时应有可靠的安全措施,特别是做好电缆轴和楼板的防滑措施。

4)自下而上敷设时,小截面电缆可用滑轮和尼龙绳以人力牵引敷设。大截面电缆位于高层时,应利用机械牵引敷设。

5)竖井支架距离应不大于 1500mm,沿桥架或托盘敷设时,每层最少架装两道卡固支架。敷设时,应放一根立即卡固一根。

6)电缆穿越楼板时,应装套管,并应将套管用防火材料封堵严密。

7)垂直敷设的电缆在每支架上或桥架上每隔 1.5m 处应加固定。

8)电缆排列应顺直,不应溢出线架(线槽),电缆应固定整齐,保持垂直。

9)支架、桥架必须按设计要求,做好全程接地处理。

2. 施工质量验收

(1)金属电缆支架、电缆导管必须接地(PE)或接零(PEN)可靠。

(2)电缆敷设严禁有绞拧、铠装压扁、护层断裂和表面严重划伤等缺陷。

（3）电缆支架安装应符合下列规定：

1）当设计无要求时，电缆支架最上层至竖井顶部或楼板的距离不小于150~200mm；电缆支架最下层至沟底或地面的距离不小于50~100mm；

2）当设计无要求时，电缆支架层间最小允许距离符合表5-14的规定；

表5-14　电缆支架层间最小允许距离（mm）

电缆种类	支架层间最小距离
控制电缆	120
10kV及以下电力电缆	150~200

3）支架与预埋件焊接固定时，焊缝饱满；用膨胀螺栓固定时，选用螺栓适配，连接紧固，防松零件齐全。

（4）电缆在支架上敷设，转弯处的最小允许弯曲半径应符合规定。

（5）电缆敷设固定应符合下列规定：

1）垂直敷设或大于45°倾斜敷设的电缆在每个支架上固定；

2）交流单芯电缆或分相后的每相电缆固定用的夹具和支架，不形成闭合铁磁回路；

3）电缆排列整齐，少交叉；当设计无要求时，电缆支持点间距，不大于表5-15的规定；

表5-15　电缆支持点间距（mm）

电缆种类		敷设方式	
		水平	垂直
电力电缆	全塑型	400	1000
	除全塑型外的电缆	800	1500
控制电缆		800	1000

4）当设计无要求时，电缆敷设在易燃易爆气体管道和热力管道的下方；

5）敷设电缆的电缆沟和竖井，按设计要求位置，有防火隔堵措施。

（6）电缆的首端、末端和分支处应设标志牌。

三、电缆头制作、接线和线路绝缘测试

1. 材料、设备质量控制

涉及的材料名称有电缆终端头、电缆中间头、电缆绝缘胶、环氧树脂胶、接地线、各种绝缘带等。

（1）电缆终端头

1）按其结构和材质不同分为三类,各类终端的划分原则如下:

一类终端头:高压极与接地极之间以无机材料作为外绝缘,并具有容纳绝缘浇注剂的防潮密封盒体的终端头。

二类终端头:具有容纳绝缘浇注剂的防潮密封盒体的终端头。

三类终端头:以高分子材料制作的终端头,包括现场制作的和工厂预制现场装配的终端头。

2）户内电缆终端可选用一类、二类或三类终端,户外端可选用一类或三类终端。

（2）外观质量部件齐全,表面无裂纹和气孔,随带的袋装涂料或填料不泄漏。

（3）电力电缆中间头

电缆中间头按其结构和材质不同分为三类,各类接头的划分原则如下:

一类电缆接头:具有附加绝缘和屏蔽,密封接头盒以及防止外力损伤的保护盒的电缆接头。

二类电缆接头:具有附加绝缘和屏蔽以及密封接头盒的电缆接头。

三类电缆接头:具有附加绝缘和屏蔽以及现场成型的外保护层或没有外保护层电缆接头。

（4）材料质量证明文件

1）电缆的出厂合格证、生产许可证、"CCC"认证标志及认证证书复印件。

2）电缆终端头合格证,电缆绝缘胶合格证。

3）其他材料的合格证和材质证明书等。

2. 施工及质量控制要点

（1）电缆终端及接头制作时,应严格遵守制作工艺规程;充油电缆尚应遵守油务及真空工艺等有关规程的规定。三芯电力电缆在电缆中间接头处,其电缆铠装、金属屏蔽层应各自有良好的电气连接并相互绝缘;在电缆终端头处,电缆铠装、金属屏蔽层应用接地线分别引出,并应接地良好。高压单芯电缆的金属护套,应按交叉互联或单点互联的设计和规定实施连接和接地。

（2）电缆终端与接头应符合下列要求:

1）型式、规格应与电缆类型如电压、芯数、截面、护层结构和环境要求一致;

2）结构应简单、紧凑,便于安装;

3）所用材料、部件应符合相应技术标准要求;

4）35kV 及以下电缆终端与接头主要性能应符合《额定电压 1kV（$U_m =$ 1.2kV）至 35kV（$U_m = 40.5$kV）挤包绝缘电力电缆及附件》（GB/T 12706.1～ 12706.4—2008）及相关的其他产品标准的规定;

(3)采用的附加绝缘材料除电气性能应满足要求外,尚应与电缆本体绝缘具有相容性。两种材料的硬度、膨胀系数、抗张强度和断裂伸长率等物理性能指标应接近。橡塑绝缘电缆应采用弹性大、粘接性能好的材料作为附加绝缘。

1)电缆头制作应选择无风晴朗的天气施工,温度在$+5℃$以上,相对湿度在70%以下。当湿度大时,可提高环境温度或加热电缆。严禁在雨、雪、雾、大风天气中施工。

2)施工现场洁净干燥,操作平台要牢固,四周应搭设防风栅。

3)施工现场电源应备有220V电源和安全电源。

4)在室内及充油电缆施工现场应备有消防器材。室内或隧道中施工应有临时电源。

5)变压器和高压开关柜(高压开关)安装完成,电缆已敷设就位,电缆的连接位置、连接长度符合要求。

6)控制电缆绝缘电阻测试和校线合格,电力电缆交接试验和相位核对合格。

3. 施工质量验收

(1)高压电力电缆直流耐压试验必须按规定交接试验合格。

(2)低压电线和电缆,线间和线对地间的绝缘电阻值必须大于$0.5M\Omega$。

(3)铠装电力电缆头的接地线应采用铜绞线或镀锡铜编织线,截面积不应小于表5-16的规定。

表 5-16　电缆芯线和接地线截面积(mm^2)

电缆芯线截面积	接地线截面积
120 及以下	16
150 及以下	25

注:电缆芯线截面积在$16mm^2$及以下,接地线截面积与电缆芯线截面积相等。

(4)电线、电缆接线必须准确,并联运行电线或电缆的型号、规格、长度、相位应一致。

第八节　配　管　配　线

一、电线导管、电缆导管和线槽敷设安装

1. 材料及设备质量控制

(1)塑料阻燃管其含氧指数必须满足消防规范的规定,并应有产品质量合格证。

（2）钢管壁厚均匀,无劈裂、砂眼、棱刺和凹扁现象,并应有产品质量合格证。用于丝扣连接的管箍应用通丝管扣,丝扣清晰不乱扣,镀锌件其镀锌层完整无劈裂,而端头光滑无毛刺,并应有产品合格证。

1）钢管的长度的偏差是否在允许范围内,即全长允许偏差在 20mm。

2）钢管的弯曲度是否在允许范围内,每米不大于 3mm。

3）钢管的壁厚是否均匀、一致,不应有折扁、裂缝、砂眼、塌陷等现象。

4）内外表面应光滑,不应有折叠、裂缝、分层、搭焊、缺焊、毛刺等现象。

5）切口应垂直、无毛刺,切口斜度不应大于 2°。焊缝应整齐,无缺陷。

6）镀锌层应完好无损,锌层厚度均匀一致,不得有剥落、气泡等现象。

7）管箍:大小应符合国家规范要求,丝扣清晰、均匀,不乱扣,镀锌层均匀,无剥落、无劈裂,两端光滑无毛刺。

8）锁紧螺母:尺寸符合国家标准要求,外层完好无损,丝扣清晰、均匀、不乱扣、镀锌层均匀。

9）盒、箱:铁制盒、箱的大小尺寸以及壁厚应符合设计及规范要求,无变形,敲落孔完整无损,面板的安装孔应齐全,丝扣清晰,面板、盖板应与盒、箱配套,外形完整无损且颜色均一,无锈蚀等现象。

如为铸铁盒,则大小应符合设计及规范要求,壁厚均匀、一致,表面光滑,镀锌层均匀,完整无损,且丝扣清晰、均匀,无乱扣现象。

（3）金属线槽及附件,必须采用定型的标准制品。其型号、规格应符合设计要求。线槽内外应光滑平整,无棱刺,不应有扭曲、翘边等变形现象。

2. 施工及质量控制要点

（1）线槽安装

1）线槽的接口应平整,接缝处应紧密平直。槽盖装上后应平整,无翘角,出线口的位置准确。

2）不允许将穿过墙壁的线槽与墙上的孔洞一起抹死。

3）线槽的所有非导电部分的铁件均应相互连接和跨接,使之成为一连续导体,并做好整体接地。

4）当线槽的底板对地距离低于 2.4m 时,线槽本身和线盖板均必加装保护地线。2.4m 以上的线槽盖板可不加保护地线。

5）线槽经过建筑物的变形缝（伸缩缝、沉降缝）时,线槽本身应断开,槽内用内连接板搭接,不需固定。保护地线和槽内导线均应留有补偿余量。

6）敷设在竖井、吊顶、通道、夹层及设备层等处的线槽应符合有关防火要求。

7）线槽直线段连接应采用连接板,用垫圈、弹簧垫圈、螺母紧固,接茬处应缝隙严密平齐。

8)建筑物的表面如有坡度时,线槽应随其变化坡度。待线槽全部敷设完毕后,应在配线之前进行调整检查。

9)吊装金属线槽:万能型吊具一般应用在钢结构中,如工字钢、角钢、轻钢龙骨等结构,可预先将吊具、卡具、吊杆、吊装器组装成一整体,在标出的固定点位置处进行吊装,逐件地将吊装卡具压接在钢结构上,将顶丝拧牢。

10)出线口处应利用出线口盒进行连接,末端部位要装上封堵,在盒、箱、柜进出线处采用抱脚连接。

11)地面线槽安装:地面线槽安装时,应及时配合土建地面工程施工。根据地面的形式不同,先抄平,然后测定固定点位置,将上好卧脚螺栓和压板的线槽水平放置在垫层上,然后进行线槽连接。如线槽与管连接;线槽与分线盒连接;分线盒与管连接;线槽出线口连接;线槽末端处理等,都应安装到位,螺丝紧固牢靠。地面线槽及附件全部上好后,再进行一次系统调整,主要根据地面厚度,仔细调整线槽干线,分支线,分线盒接头,转弯、转角、出口等处,水平高度要求与地面平齐,将各种盒盖盖好或堵严实,以防止水泥砂浆进入,直至配合土建地面施工结束为止。

(2)线槽内保护地线安装

1)保护地线应根据设计图要求敷设在线槽内一侧,接地处螺丝直径不应小于6mm,并且需要加平垫和弹簧垫圈,用螺母压接牢固。

2)金属线槽的宽度在100mm以内(含100mm),两段线槽用连接板连接处,每端螺丝固定点不少于4个;宽度在200mm以上(含200mm)两端线槽用连接板连接处,每端螺丝固定点不少于6个。

3. 施工质量验收

(1)金属的导管和线槽必须接地(PE)或接零(PEN)可靠,并符合下列规定:

1)镀锌的钢导管、可挠性导管和金属线槽不得熔焊跨接接地线,以专用接地卡跨接的两卡间连线为铜芯软导线,截面积不小于4mm^2;

2)当非镀锌钢导管采用螺纹连接时,连接处的两端焊跨接接地线;当镀锌钢导管采用螺纹连接时,连接处的两端用专用接地卡固定跨接接地线;

3)金属线槽不作设备的接地导体,当设计无要求时,金属线槽全长不少于2处与接地(PE)或接零(PEN)干线连接;

4)非镀锌金属线槽间连接板的两端跨接铜芯接地线,镀锌线槽间连接板的两端不跨接接地线,但连接板两端不少于2个有防松螺帽或防松垫圈的连接固定螺栓。

(2)金属导管严禁对口熔焊连接;镀锌和壁厚小于等于2mm的钢导管不得套管熔焊连接。

（3）防爆导管不应采用倒扣连接；当连接有困难时，应采用防爆活接头，其接合面应严密。

（4）当绝缘导管在砌体上剔槽埋设时，应采用强度等级不小于 M10 的水泥砂浆抹面保护，保护层厚度大于 15mm。

二、电线、电缆穿管和线槽敷线

1. 材料、设备质量控制

（1）电线：导线的规格，型号必须符合设计要求，并有出厂合格证。

（2）常用的 BV 型绝缘电线的绝缘层厚度应符合表 5-17 的规定。

（3）镀锌铁丝或钢丝：应顺直无背扣、扭接等现象，并具有相应的机械拉力。

（4）护口：应根据管径的大小选择相应规格的护口。

表 5-17　BV 型绝缘电线的绝缘层厚度

序号	1	2	3	4	5	6	7	8	9	10	11	12	13	14	15	16	17
电线芯线标称截面积（mm^2）	1.5	2.5	4	6	10	16	25	35	50	70	95	120	150	185	240	300	400
绝缘层厚度规定值（mm）	0.7	0.8	0.8	0.8	1.0	1.0	1.2	1.2	1.4	1.4	1.6	1.6	1.8	2.0	2.2	2.4	2.6

（5）螺旋接线钮：应根据导线截面和导线的根数选择相应型号的加强型绝缘钢壳螺旋接线钮。

（6）尼龙压接线帽：适用于 2.5mm^2 以下铜导线的压接，其规格有大号、中号、小号三种，可根据导线截面和根数选择使用。

（7）套管：有铜套管，铝套管，铜铝过渡套管三种，选用时应采用与导线材质、规格相应的套管。

（8）接线端子（接线鼻子）：应根据导线的根数和总截面选择相应规格的接线端子。

（9）焊锡：由锡、铅和锑等元素组合的低熔点（185～260℃）合金。焊锡制成条状或丝状。

（10）焊剂：能清除污物和抑制工件表面氧化物。一般焊接应采用松香液，将天然松香溶解在酒精中制成乳状液体，适用于铜及铜合金焊件。

（11）辅助材料：橡胶（或粘塑料）绝缘带、黑胶布、防锈漆、滑石粉、布条等均符合要求并有产品合格证。

2. 施工及质量控制要点

（1）导线选择

1）应根据设计图要求选择导线。进（出）户的导线应使用橡胶绝缘导线，严禁使用塑料绝缘导线。

2)相线、中性线及保护地线的颜色应加以区分,用黄绿色相间的导线做保护地线,淡蓝色导线做中性线。

(2)穿带线扫管

1)穿带线的目的是检查管路是否畅通,管路的走向及盒、箱的位置是否符合设计及施工图的要求。

2)穿带线的方法:

①带线一般均采用 $\phi1.2\sim2.0mm$ 的铁丝。先将铁丝的一端弯成不封口的圆圈,再利用穿线器将带线穿入管路内,在管路的两端均应留有 $10\sim15cm$ 的余量。

②在管路较长或转弯较多时,可以在敷设管路的同时将带线一并穿好。

③穿带线受阻时,应用两根钢丝同时搅动,使两根钢丝的端头互相钩绞在一起,然后将带线拉出。

④阻燃型塑料波纹管的管壁呈波纹状,带线的端头要弯成圆形。

3)清扫管路:将布条的两端牢固的绑扎在带线上,两人来回拉动带线,将管内杂物清净。

(3)电线、电缆与带线的绑扎

1)当导线根数较少时,例如 2~3 根导线,可将导线前端的绝缘层削去,然后将线芯直接插入带线的盘圈内并折回压实,绑扎牢固,使绑扎处形成一个平滑的锥形过渡部位。

2)当导线根数较多或导线截面较大时,可将导线前端的绝缘层削去,然后将线芯斜错排列在带线上,用绑线缠绕绑扎牢固。使绑扎接头处形成一个平滑的锥形过渡部位,便于穿线。

(4)导线连接

1)配线导管的线芯连接,一般采用焊接、压板压接或套管连接。

2)配线导线与设备、器具的连接,应符合以下要求:

①导线截面为 $10mm^2$ 及以下的单股铜(铝)芯线可直接与设备、器具的端子连接。

②导线截面为 $2.5mm^2$ 及以下的多股铜芯线的线芯应先拧紧搪锡或压接端子后再与设备、器具的端子连接。

③多股铝芯线和截面大于 $2.5mm^2$ 的多股铜芯线的终端,除设备自带插接式端子外,应先焊接或压接端子再与设备、器具的端子连接。

3)导线连接熔焊的焊缝外形尺寸应符合焊接工艺标准的规定,焊接后应清除残余焊药和焊渣。焊缝严禁有凹陷、夹渣、断股、裂缝及根部未焊合等缺陷。

4)锡焊连接的焊缝应饱满、表面光滑。焊剂应无腐蚀性,焊接后应清除焊区的残余焊剂。

5)压板或其他专用夹具,应与导线线芯的规格相匹配,紧固件应拧紧到位,防松装置应齐全。

6)套管连接器和压模等应与导线线芯规格匹配。压接时,压接深度、压口数量和压接长度应符合有关技术标准的相关规定。

7)在配电配线的分支线连接处,干线不应受到支线的横向拉力。

8)剥削绝缘使用工具及方法

①剥削绝缘使用工具:由于各种导线截面、绝缘层薄厚程度、分层多少都不同,因此使用剥削的工具也不同。常用的工具有电工刀、克丝钳和剥线钳,可进行削、勒及剥削绝缘层。一般 4mm² 以下的导线原则上使用剥线钳,但使用电工刀时,不允许采用刀在导线周围转圈剥削绝缘层的方法。

②剥削绝缘方法

a. 单层剥法:不允许采用电工刀转圈剥削绝缘层,应使用剥线钳。

b. 分段剥法:一般适用于多层绝缘导线剥削,如编织橡皮绝缘导线,用电工刀先削去外层编织层,并留有约 12mm 的绝缘台,线芯长度随接线方法和要求的机械强度而定。

c. 斜削法:用电工刀以 45°角倾斜切入绝缘层,当切近线芯时就应停止用力,接着应使刀面的倾斜角度改为 15°左右,沿着线芯表面向前头端部推出,然后把残存的绝缘层剥离线芯,用刀口插入背部以 45°角削断。

9)单芯铜导线的直线连接

①绞接法:适用于 4mm² 及以下的单芯线连接。将两线互相交叉,用双手同时把两芯线互绞两圈后,将两个绞芯在另一个芯线上缠绕 5 圈,剪掉余头。

②缠绕卷法:有加辅助线和不加辅助线两种,适用于 6mm² 及以上的单芯线的直线连接。将两线相互并合,加辅助线后用绑线在并合部位中间向两端缠绕(即公卷),其长度为导线直径 10 倍,然后将两线芯端头折回,在此向外单独缠绕 5 圈,与辅助线捻绞 2 圈,将余线剪掉。

10)单芯铜线的分支连接

①绞接法:适用于 4mm² 以下的单芯线。用分支线路的导线往干线上交叉,先打好一个圈结以防止脱落,然后再密绕 5 圈。分线缠绕完后,剪去余线。

②缠卷法:适用于 6mm² 及以上的单芯线的连接。将分支线折成 90°紧靠干线,其公卷的长度为导线直径的 10 倍,单卷缠绕 5 圈后剪断余下线头。

③十字分支连接做法:将两个分支线路的导线往干线上交叉,然后再密绕 10 圈。分线缠绕完后,剪去余线。

11）多芯铜线直接连接

多芯铜导线的连接共有三种方法，即单卷法、缠卷法和复卷法。首先用细砂布将线芯表面的氧化膜清去，将两线芯导线的结合处的中合线剪掉 2/3，将外侧线芯做伞状张开，相互交错叉成一体，并将已张开的线端合成一体。

①单卷法：取任意一侧的两根相邻的线芯，在接合处中央交叉，用其中的一根线芯做为绑线，在导线上缠绕 5～7 圈后，再用另一根线芯与绑线相绞后把原来的绑线压住上面继续按上述方法缠绕，其长度为导线直径的 10 倍，最后缠卷的线端与一条线捻绞 2 圈后剪断。另一侧的导线依次进行。注意应把线芯相绞处排列在一条直线上。

②缠卷法：与单芯铜线直线缠绕连接法相同。

③复卷法：适用于多芯软导线的连接。把合拢的导线一端用短绑线做临时绑扎、以防止松散，将另一端线芯全部紧密缠绕 3 圈，多余线端依次阶梯形剪掉。另一侧也按此办法办理。

12）多芯铜导线分支连接

①缠卷法：将分支线折成 90°紧靠干线。在绑线端部适当处弯成半圆形，将绑线短端弯成与半圆形成 90°角，并与连接线靠紧，用较长的一端缠绕，其长度应为导线结合处直径 5 倍，再将绑线两端捻绞 2 圈，剪掉余线。

②单卷法：将分支线破开（或劈开两半），根部折成 90°紧靠干线，用分支线其中的一根在干线上缠圈，缠绕 3～5 圈后剪断，再用另一根线芯继续缠绕 3～5 圈后剪断，按此方法直至连接到两边导线直径的 5 倍时为止，应保证各剪断处在同一直线上。

③复卷法：将分支线端破开劈成两半后与干线连接处中央相交叉，将分支线向干线两侧分别紧密缠绕后，余线按阶梯形剪断，长度为导线直径的 10 倍。

13）铜导线在接线盒内的连接

①单芯线并接头：导线绝缘台并齐合拢。在距绝缘台约 12mm 处用其中一根线芯在其连接端缠绕 5～7 圈后剪断，把余头并齐折回压在缠绕线上。

②不同直径导线接头：如果是独根（导线截面小于 2.5mm²）或多芯软线时，则应先进行涮锡处理。再将细线在粗线上距离绝缘台 15mm 处交叉，并将线端部向粗导线（独根）端缠绕 5～7 圈，将粗导线端折回压在细线上。

③尼龙压接线帽：适用于 2.5mm² 以下铜导线的压接，其规格有大号、中号、小号三种。可根据导线的截面和根数选择使用。其方法是将导线的绝缘层削掉后，线芯预留 15mm 的长度，插入接线帽内，如填不实，可以再用 1～2 根同材质同线径的导线插入接线帽内，然后用压接钳压实即可。

14）套管压接：套管压接法是运用机械冷态压接的简单原理，用相应的模具在一定压力下将套在导线两端的连接套管压在两端导线上,使导线与连接管间形成金属互相渗透,两者成为一体构成导电通路。要保证冷压接头的可靠性,主要取决于影响质量的三个要点:即连接管形状、尺寸和材料;压模的形状、尺寸;导线表面氧化膜处理。具体做法如下:先把绝缘层剥掉,清除导线氧化膜并涂以中性凡士林油膏(使导线表面与空气隔绝,防止氧化)。当采用圆形套管时,将要连接的铝芯线分别在铝套管的两端插入,各插到套管一半处;当采用椭圆形套管时,应使两线对插后,线头分别露出套管两端 4mm;然后用压接钳和压模压接,压接模数和深度应与套管尺寸相对应。

15)接线端子压接:多股导线(铜或铝)可采用与导线同材质且规格相应的接线端子。削去导线的绝缘层,不要碰伤线芯,将线芯紧紧地绞在一起,清除套管、接线端子孔内的氧化膜,将线芯插入,用压接钳压紧。导线外露部分应小于 1~2mm。

16)导线与水平式接线柱连接

①单芯线连接:用一字或十字机螺钉压接时,导线要顺着螺钉旋进方向紧绕一圈后再紧固。不允许反圈压接,盘圈开口不宜大于 2mm。

②多股铜芯线用螺丝压接时,先将软线芯做成单眼圈状,测锡后,将其压平再用螺丝加垫紧牢固。

注意:以上两种方法压接后外露线芯的长度不宜超过 1~2mm。

17)导线与针孔式接线桩连接(压接)

把要连接的导线的线芯插入接线桩头针孔内,导线裸露出针孔 1~2mm,针孔大于导线直径 1 倍时需要折回头插入压接。

3. 施工质量验收

(1)三相或单相的交流单芯电缆,不得单独穿于钢导管内。

(2)不同回路、不同电压等级和交流与直流的电线,不应穿于同一导管内;同一交流回路的电线应穿于同一金属导管内,且管内电线不得有接头。

(3)爆炸危险环境照明线路的电线和电缆额定电压不得低于 750V,且电线必须穿于钢导管内。

三、槽板配线

1. 材料、设备质量控制

(1)塑料线槽必须采用难燃型硬聚氯乙烯工程塑料挤压成型。其含氧指数不应低于 27%。并应有产品合格证。木槽板应经阻燃处理。

(2)绝缘导线:导线的型号、规格必须符合设计要求,线槽内敷设导线的线芯最小允许截面:铜导线为 $1.0mm^2$;铝导线为 $2.5mm^2$。

（3）螺旋接线钮：应根据导线截面和导线的根数选择相应型号的加强型绝缘钢壳螺旋接线钮。

（4）套管：有铜套管，铝套管，铜铝过渡套管三种，选用时应采用与导线材质、规格相应的套管。

（5）接线端子（接线鼻子）：应根据导线的根数和总截面选择相应规格的接线端子。

（6）木砖：用木材制成梯形，使用时应做防腐处理。

（7）塑料胀管：选用时，其规格应与被紧固的电气器具荷重相对应，并选择相同型号的圆头机螺丝与垫圈配合使用。

2. 施工及质量控制要点

（1）线槽固定

1）木砖固定线槽：配合土建结构施工时预埋木砖，加气砖墙或砖墙剔洞后再埋木砖。梯形木砖较大的一面应朝洞里，外表面与建筑物的表面平齐，然后用水泥砂浆抹平，待凝固后，再把线槽底板用木螺钉固定在木砖上。

2）塑料胀管固定线槽：混凝土墙、砖墙可采用塑料胀管固定塑料线槽。根据胀管直径和长度选择钻头，在标出的固定点位置上钻孔，不应歪斜、豁口。先垂直钻好孔后，将孔内残存的杂物清净，用木槌把塑料胀管垂直敲入孔中，并与建筑物表面平齐为准，再用石膏将缝隙填实抹平，用半圆头木螺钉加垫圈将线槽底板固定在塑料胀管上，紧贴建筑物表面。应先固定两端，再固定中间，同时找正线槽底板，要横平竖直，并沿建筑物形状表面进行敷设。木螺钉规格尺寸见表5-18。

表 5-18　木螺钉规格尺寸（mm）

标号	公称直径 d	螺杆直径 d	螺杆长度 L	标号	公称直径 d	螺杆直径 d	螺杆长度 L
7	4	3.81	12～70	14	6	6330	25～100
8	4	4.2	12～70	16	6	7.01	25～100
9	4.5	4.52	16～85	18	8	7.72	40～100
10	5	4.98	18～100	20	8	8.43	40～100
12	5	5.59	18～100	24	10	9386	70～120

3）伞形螺栓固定线槽：在石膏板墙或其他护板墙上，可用伞形螺栓固定塑料线槽，根据弹线定位的标记，找出固定点位置，把线槽的底板横平竖直地紧贴建筑物的表面，钻好孔后将伞形螺栓的两伞叶捏紧合拢插入孔中，待合拢伞叶自行张开后，再用螺母紧固即可，露出线槽内的部分应加套塑料管。固定线槽时，应

先固定两端再固定中间。

（2）线槽连接

线槽及附件连接处应严密平整，无缝隙，紧贴建筑物固定点最大间距见表 5-19。

表 5-19 槽体固定点最大间距尺寸

固定点形式	槽板宽度（mm）		
	20～40	60	80～120
	固定点最大间距（mm）		
中心单列	800	—	—
双列	—	1000	—
双列	—	—	800

1）槽底和槽盖直线段对接：槽底固定点的间距应不小于 500mm、盖板应不小于 300mm，底板离终点 50mm 及盖板距离终端点 30mm 处均应固定。线槽的槽底应用双钉固定。槽底对接缝与槽盖对接缝应错开并不小于 100mm。

2）线槽分支接头、线槽附件如直通、三通转角、接头、插口、盒、箱应采用相同材质的定型产品。槽底、槽盖与各种附件相对接时，接缝处应严实平整，固定牢固。

（3）线槽各种附件安装要求

1）盒子均应两点固定，各种附件、转角、三通等固定点不应小于两点（卡装式除外）。

2）接线盒、灯头盒应采用相应插口连接。

3）槽板的终端应采用终端头封堵。

4）在线路分支接头处应采用相应接线箱。

5）安装铝合金装饰板时，应牢固平整严实。

（4）槽内放线

1）清扫线槽：放线时，先清除槽内的污物，使线槽内外清洁。

2）放线。先将导线放开伸直、捋顺后盘成大圈，置于放线架上，从始端到末端（先干线后支线）边放边整理，导线应顺直，不得有挤压、背扣、扭结和受损现象。绑扎导线时应采用尼龙绑扎带，不允许用金属丝进行绑扎。在接线盒处的导线预留长度不应超过 150mm。线槽内不允许出现接头，导线接头应放在接线盒内，从室外引进室内的导线在进入墙内一段用橡胶绝缘导线，严禁使用塑料绝缘导线。同时，穿墙保护管的外侧应有防水措施。

3. 施工质量验收

（1）槽板内电线无接头，电线连接设在器具处；槽板与各种器具连接时，电线应留有余量,器具底座应压住槽板端部。

(2)槽板敷设应紧贴建筑物表面,且横平竖直、固定可靠,严禁用木楔固定;木槽板应经阻燃处理,塑料槽板表面应有阻燃标识。

(3)木槽板无劈裂,塑料槽板无扭曲变形。槽板底板固定点间距应小于500mm;槽板盖板固定点间距应小于300mm;底板距终端50mm和盖板距终端30mm处应固定。

(4)槽板的底板接口与盖板接口应错开20mm,盖板在直线段和90°转角处应成45°斜口对接,T形分支处应成三角叉接,盖板应无翘角,接口应严密整齐。

(5)槽板穿过梁、墙和楼板处应有保护套管,跨越建筑物变形缝处槽板应设补偿装置,且与槽板结合严密。

四、钢索配线

1. 材料、设备质量控制

(1)钢索:采用钢绞线做为钢索,其截面积应根据实际跨距、荷重及机械强度选择,最小截面不小于 $10mm^2$,且不得有背扣、松股、抽筋等现象。如果用镀锌圆钢作为钢索,其直径不应小于 10mm。

(2)镀锌圆钢吊钩:圆钢的直径不应小于 8mm。

(3)镀锌圆钢耳环:圆钢的直径不应小于 10mm。耳环孔的直径不应小于30mm,接口处应焊死,尾端应弯成燕尾。

(4)镀锌钢丝:应顺直无背扣、扭接等现象,并具有规定的机械拉力。

(5)扁钢吊架:应采用镀锌扁钢,其厚度不应小于 1.5mm,宽度不应小于20mm,镀锌层无脱落现象。

(6)导线的规格,型号必须符合设计要求,并有出厂合格证。

(7)套管:有铜套管,铝套管,铜铝过渡套管三种,选用时应采用与导线材质、规格相应的套管。

(8)接线端子(接线鼻子):应根据导线的根数和总截面选择相应规格的接线端子。

2. 施工及质量控制要点

(1)预制加工铁件

1)加工预埋铁件:其尺寸不应小于 120mm×60mm×6mm。焊在铁件上的锚固钢筋其直径不应小于 8mm,其尾部要弯成燕尾状。

2)根据设计图的要求尺寸加工好预留孔洞的框架,加工好抱箍、支架、吊架、吊钩、耳环、固定卡子等镀锌铁件。非镀锌铁件应先除锈再刷上防锈漆。

3)钢管或电线管进行调直、切断、套丝、煨弯,为管路连接做好准备。

4)塑料管进行煨管、断管,为管路连接做好准备。

5)采用镀锌钢绞线或圆钢作为钢索时,应按实际所需长度剪断,擦去表面的油污,预先将其抻直,以减少其伸长率。

(2)预埋铁件及预留孔洞:应根据设计图标注的尺寸位置,在土建结构施工时将预埋件固定好,并配合土建准确地将孔洞留好。

(3)弹线定位:根据设计图确定出固定点的位置,弹出粉线,均匀分出挡距,并用色漆做出明显标记。

(4)固定支架:将已经加工好的抱箍支架固定在结构上,将心形环穿套在耳环和花篮螺栓上用于吊装钢索。固定好的支架可作为线路的始端、中间点和终端。

(5)组装钢索

1)将预先拉直的钢索一端穿入耳环,并折回穿入心形环,再用两只钢索卡固定二道。为了防止钢索尾端松散,可用铁丝将其绑紧。

2)将花篮螺栓两端的螺杆均旋进螺母,使其保持最大距离,以备继续调整钢索的松紧度。

3)将绑在钢索尾端的铁丝拆去,将钢索穿过花篮螺栓和耳环,折回后嵌进心形环,再用两只钢索卡固定两道。

4)将钢索与花篮螺栓同时拉起,并钩住另一端的耳环,然后用大绳把钢索收紧,由中间开始,把钢索固定在吊钩上,调节花篮螺栓的螺杆使钢索的松紧度符合要求。

5)钢索的长度在50m以内时,允许只在一端装设花篮螺栓;长度超过50m时,两端均应装设花篮螺栓;长度每增加50m,就应加装一个中间花篮螺栓。

(6)安装保护地线

钢索就位后,在钢索的一端必须装有明显的保护地线,每个花篮螺栓处均应做好跨接地线。

(7)钢索吊护套线

1)根据设计图,在钢索上量出灯位及固定的位置。将护套线按段剪断,调直后放在放线架上。

2)敷设时应从钢索的一端开始,放线时应先将导线理顺,同时用铝卡子在标出固定点的位置上将护套线固定在钢索上,直至终端。

3)在接线盒两端100~150mm处应加卡子固定,盒内导线应留有适当余量。

4)灯具为吊装灯时,从接线盒至灯头的导线应依次编叉在吊链内,导线不应受力。吊链为瓜子链时,可用塑料线将导线垂直绑在吊链上。

3. 施工质量验收

(1)应采用镀锌钢索,不应采用含油芯的钢索。钢索的钢丝直径应小于

0.5mm,钢索不应有扭曲和断股等缺陷。

(2)钢索的终端拉环埋件应牢固可靠,钢索与终端拉环套接处应采用心形环,固定钢索的线卡不应少于2个,钢索端头应用镀锌铁线绑扎紧密,且应接地(PE)或接零(PEN)可靠。

(3)当钢索长度在50m及以下时,应在钢索一端装设花篮螺栓紧固;当钢索长度大于50m时,应在钢索两端装设花篮螺栓紧固。

(4)钢索中间吊架间距不应大于12m,吊架与钢索连接处的吊钩深度不应小于20mm,并应有防止钢索跳出的锁定零件。

(5)电线和灯具在钢索上安装后,钢索应承受全部负载,且钢索表面应整洁、无锈蚀。

第九节　电气照明安装

一、普通灯具安装

1. 材料、设备质量控制

(1)查验合格证,新型气体放电灯具有随带技术文件。

(2)型号、规格及外观质量应符合设计要求和国家标准的规定。

(3)外观检查:灯具涂层完整,无损伤,附件齐全。防爆灯具铭牌上有防爆标志和防爆合格证号,普通灯具有安全认证标志。

(4)电气照明装置的接线应牢固,灯内配线电压不应低于交流500V,并且严禁外露,电气接触应良好。需接地或接零的灯具、开关、插座等非带电金属部分,应有明显标志的专用接地螺钉。

(5)塑料台应有足够的强度,受力后无弯翘变形现象;

(6)对成套灯具的绝缘电阻、内部接线等性能进行现场抽样检测。灯具的绝缘电阻值不小于$2M\Omega$,内部接线为铜芯绝缘电线,芯线截面积不小于$0.5mm^2$,橡胶或聚氯乙烯(PVC)绝缘电线的绝缘层厚度不小于0.6mm。对游泳池和类似场所灯具(水下灯及防水灯具)的密闭和绝缘性能有异议时,按批抽样送有资质的试验室检测。

2. 施工及质量控制要点

(1)灯具的固定

1)当在砖混中安装电气照明装置时,应采用预埋吊钩、螺栓、螺钉、膨胀螺栓、尼龙塞或塑料塞固定,严禁使用木楔。当设计无规定时,上述固定件的承载能力应与电气照明装置的重量相匹配。

2)软线吊灯,灯具重量在 0.5kg 及以下时,采用软电线自身悬吊安装。当软线吊灯灯具重量大于 0.5kg 时,灯具安装固定采用吊链,且软电线均匀编叉在吊链内,使电线不受拉力,编叉间距应根据吊链长度控制在 50～80mm 范围内。

3)当吊灯灯具重量大于 3kg 时,应采用预埋吊钩或螺栓固定。

4)灯具固定应牢固可靠,禁止使用木楔。每个灯具固定用的螺钉或螺栓不应少于 2 个。当绝缘台直径为 75mm 及以下时,可采用 1 个螺钉或螺栓固定。

5)采用钢管作灯具的吊杆时,钢管内径不应小于 10mm。钢管壁厚度不应小于 1.5mm。

6)花灯吊钩圆钢直径不应小于灯具挂销直径,且不应小于 6mm。大型花灯的固定及悬吊装置,应按灯具重量的 2 倍做过载试验。

7)固定灯具带电部件的绝缘材料以及提供防触电保护的绝缘材料,应耐燃烧和防明火。

8)嵌入顶棚内的装饰灯具应固定在专设的框架上,导线不应贴近灯具外壳,且在灯盒内应留有余量,灯具的边框应紧贴在顶棚面上。

(2)灯具组装

1)组合式吸顶花灯的组装

①首先将灯具的托板放平,如果托板为多块拼装而成,就要将所有的边框对齐,并用螺丝固定,将其连成一体,然后按照说明书及示意图把各个灯口装好。

②确定出线的位置,将端子板(瓷接头)用机螺丝固定在托板上。

③根据已固定好的端子板(瓷接头)至各灯口的距离掐线,把掐好的导线剥出线芯,盘好圈后,进行涮锡。然后压入各个灯口,理顺各灯头的相线和零线,用线卡子分别固定,并且按供电要求分别压入端子板,组装好后试验电路是否合格。

2)吊灯花灯组装

首先将导线从各个灯口穿到灯具本身的接线盒里。一端盘圈,涮锡后压入各个灯口。理顺各个灯头的相线和零线,另一端涮锡后根据相序分别连接,包扎并甩出电源引入线,最后将电源引入线从吊杆中穿出。组装好后检验电路是否合格。

(3)灯具的接线

1)穿入灯具的导线在分支连接处不得承受额外压力和磨损,多股软线的端头应挂锡,盘圈,并按顺时针方向弯钩,用灯具端子螺丝拧固在灯具的接线端子上。

2)螺口灯头接线时,相线应接在中心触点的端子上,零线应接在螺纹的端子上。

3)荧光灯的接线应正确,电容器应并联在镇流器前侧的电路配线中,不应串联在电路内。

4)灯具内导线应绝缘良好,严禁有漏电现象,灯具配线不得外露,并保证灯具能承受一定的机械力和可靠地安全运行。

5)灯具线不许有接头,在引入处不应受机械力。

6)灯具线在灯头、灯线盒等处应将软线端作保险扣,防止接线端子不能受力。

(4)塑料(木)台的安装

1)将接灯线从塑料(木)台的出线孔中穿出,将塑料(木)台紧贴住建筑物表面,塑料(木)台的安装孔对准灯头盒螺孔,用机螺丝将塑料(木)台固定牢固。

2)把从塑料(木)台甩出的导线留出适当维修长度,削出线芯,然后推入灯头盒内,线芯应高出塑料(木)台的台面。用软线在接灯线芯上缠绕 5~7 圈后,将灯线芯折回压紧。用粘塑料带和黑胶布分层包扎紧密。将包扎好的接头调顺,扣于法兰盘内,法兰盘吊盒、平灯口应与塑料(木)台的中心找正,用长度小于20mm 的木螺丝固定。

(5)日光灯安装

1)吸顶日光灯安装:根据设计图确定出日光灯的位置,将日光灯贴紧建筑物表面,日光灯的灯箱应完全遮盖住灯头盒。对着灯头盒的位置打好进线孔,将电源线甩入灯箱,在进线孔处应套上塑料管以保护导线。找好灯头盒螺孔的位置,在灯箱的底板上用电钻打好孔,用机螺钉拧牢固,在灯箱的另一端应使用胀管螺栓进行固定。如果日光灯是安装在吊顶上的,应该用自攻螺钉将灯箱固定在龙骨上。灯箱固定好后,将电源线压入灯箱内的端子板(瓷接头)上,把灯具的反光板固定在灯箱上,并将灯箱调整顺直,最后把日光灯管装好。

2)吊链日光灯安装:根据灯具的安装高度,将全部吊链编好后,把吊链挂在灯箱挂钩上,并且在建筑物顶棚上安装好塑料圆台,将导线依顺序编叉在吊链内,并引入灯箱,在灯箱的进线处应套上软塑料管以保护导线压入灯箱的端子板(磁接头)内。将灯具导线和灯头盒中甩出的电源线连接,并用粘塑料带和黑胶布分层包扎紧密。理顺接头扣于吊盒内,吊盒的中心应与塑料(木)台的中心对正,用木螺钉将其拧牢固。将灯具的反光板用机螺钉固定在灯箱上,调整好灯脚,最后将灯管装好。

(6)各型花灯安装

1)各型组合式吸顶花灯安装:根据预埋的螺栓和灯头盒位置,在灯具的托板上用电钻开好安装孔和出线孔。安装时将托板托起,将电源线和从灯具甩出的导线连接并包扎严密。应尽可能地把导线塞入灯头盒内,然后把托板的安装孔对准预埋螺栓,使托板四周和顶棚贴紧,用螺母将其拧紧,调整好各个灯口。悬挂好灯具的各种装饰物,并上好灯管和灯泡。

2)吊式花灯安装:将灯具托起,并把预埋好的吊杆插入灯具内,把吊挂销钉插入后将其尾部掰成燕尾状,并且将其压平。导线接好头,包扎严实。理顺后向上推起灯具上部的扣碗,将接头扣于其内,且将扣碗紧贴顶棚,拧紧固定螺钉。调整好各个灯口,上好灯泡,最后配上灯罩。

(7)光带的安装

根据灯具的外形尺寸确定其支架的支撑点,再根据灯具的具体重量经过认真核算,选用型材制作支架。做好后,根据灯具的安装位置,用预埋件或用胀管螺栓把支架固定牢固。轻型光带的支架可以直接固定在主龙骨上;大型光带必须先下好预埋件,将光带的支架用螺丝固定在预埋件上,固定好支架,将光带的灯箱用机螺钉固定在支架上,再将电源线引入灯箱与灯具的导线连接并包扎紧密。调整各个灯口和灯脚,装上灯泡和灯管,上好灯罩,最后调整灯具的边框应与顶棚面的装修直线平行。

(8)壁灯的安装

先根据灯具的外形选择合适的木台(板)或灯具底托,把灯具摆放在上面,四周留出的余量要对称,然后用电钻在木板上开出线孔和安装孔,在灯具的底板上也开好安装孔。将灯具的灯头线从木台(板)的出线孔甩出,在墙壁上的灯头盒内接头,并包扎严密,将接头塞入盒内。把木台或木板对正灯头盒、贴紧墙面,可用机螺钉将木台直接固定在盒子耳朵上,采用木板时应用胀管固定。调整木台(板)或灯具底托使其平正不歪斜,再用机螺钉将灯具拧在木台上(板)或灯具底托上,最后配好灯泡、灯管和灯罩。安装在室外的壁灯,其台板或灯具底托与墙面之间应加防水胶垫,并应打好泄水孔。

(9)灯具的接地

当灯具距地面高度小于 2.4m 时,灯具的可接近裸露导体必须接地(PEN)可靠,并应有专用接地螺栓,且有标识。

(10)灯具安装工艺的其他要求

1)同一室内或场所成排安装的灯具,其中心线偏差不应大于 5mm。

2)日光灯和高压汞灯及其附件应配套使用,安装位置应便于检查和维修。

3)公共场所用的应急照明灯具和疏散指示灯,应有明显的标志。无专人管理的公共场所照明宜装设自动节能开关。

4)矩形灯具的边框宜与顶棚面的装饰直线平行,其偏差不应大于 5mm。

5)日光灯管组合的开启式灯具,灯管排列应整齐,其金属或塑料的间隔片不应有扭曲等缺陷。

6)对装有白炽灯泡的吸顶灯具,灯泡不应紧贴灯罩;当灯泡与绝缘台之间的距离小于 5mm 时,灯泡与绝缘台之间应采取隔离措施。

安装在重要场所的大型灯具的玻璃罩,应采取防止玻璃罩破裂后向下溅落的措施。一般可采用透明尼龙丝编织的保护网,网孔的规格应根据实际情况决定。

7)安装在室外的壁灯应有泄水孔,绝缘台与墙面之间应有防水措施。

3. 施工质量验收

(1)灯具的固定应符合下列规定:

1)灯具重量大于 3kg 时,固定在螺栓或预埋吊钩上;

2)软线吊灯,灯具重量在 0.5kg 及以下时,采用软电线自身吊装;大于 0.5kg 的灯具采用吊链,且软电线编叉在吊链内,使电线不受力;

3)灯具固定牢固可靠,不使用木楔。每个灯具固定用螺钉或螺栓不少于 2 个;当绝缘台直径在 75mm 及以下时,采用 1 个螺钉或螺栓固定。

(2)花灯吊钩圆钢直径不应小于灯具挂销直径,且不应小于 6mm。大型花灯的固定及悬吊装置,应按灯具重量的 2 倍做过载试验。

(3)当钢管做灯杆时,钢管内径不应小于 10mm,钢管厚度不应小于 1.5mm。

(4)固定灯具带电部件的绝缘材料以及提供防触电保护的绝缘材料,应耐燃烧和防明火。

(5)当设计无要求时,灯具的安装高度和使用电压等级应符合下列规定:

1)一般敞开式灯具,灯头对地面距离不小于下列数值(采用安全电压时除外):

①室外:2.5m(室外墙上安装);

②厂房:2.5m;

③室内:2m;

④软吊线带升降器的灯具在吊线展开后:0.8m。

2)危险性较大及特殊危险场所,当灯具距地面高度小于 2.4m 时,使用额定电压为 36V 及以下的照明灯具,或有专用保护措施。

(6)当灯具距地面高度小于 2.4m 时,灯具的可接近裸露导体必须接地(PE)或接零(PEN)可靠,并应有专用接地螺栓,且有标识。

二、专用灯具安装

1. 材料、设备质量控制

(1)各种标志灯的指示方向正确无误。

(2)应急灯必须灵敏可靠。

（3）事故灯具应有特殊标志。

（4）供局部照明的变压器必须是双圈的,初次级均应装有熔断器。

（5）携带式照明灯具用的导线,应采用橡胶套导线,接地或接零线应在同一护套内。

2. 施工及质量控制要点

（1）公共场所用的应急灯和疏散指示灯,要有明显的标志。公共场所照明宜装设自动节能开关。

（2）低压工作灯 36V 及以下照明变压器的安装,应符合以下要求:

1）电源侧应有短路保护,其熔丝的额定电流不应大于变压器的额定电流。

2）固定的外壳、铁芯和低压侧的任意一端或中性点,均应设置接地或接零。

（3）手术台无影灯的安装,应符合以下要求:

1）固定灯具的螺栓数量,不得少于灯具法兰盘上的固定孔数,且螺栓直径应与法兰盘孔径匹配。

2）在混凝土结构上,预埋件应与主筋焊接。

3）固定灯座的螺栓应采取双螺母锁固。

4）灯具的配线接线应与灯泡间隔地连接在两条专用回路上。

5）在照明配电箱内,应设专用的总开关及分路开关。室内灯具应分别接在两条专用的回路上(宜设自动投入的备用电源装置)。

6）开关至灯具的导线应使用额定电压不低于 500V 的铜芯多股绝缘导线。

（4）防水灯的安装,应符合以下要求:

1）防水软线吊灯,常规有两种组合形式:一是带台吊线盒可以和胶木防水灯座组合;另一种是由瓷质吊线盒和瓷座防水软线灯座组合而成。

2）普通的安装木(塑料)台时,与建筑物顶棚表面相接触部位应加设 2mm 厚的橡胶垫。

3）安装瓷质吊线盒及防水软线灯时,先将吊线盒与灯座及木(塑料)台组装连接了,并应严格控制灯位盒内开关线与工作零线的连接。

4）安装胶木吊线盒时,应把吊线盒与木(塑料)台先固定在一起,把灯位盒内的电源线通过橡胶垫及木(塑料)台和吊线盒组装好以后固定在灯位盒上。

5）防水软线灯做直线路连接时,两个接线头应上、下错开 30～40mm。开关线连接于与防水灯座中心触点相连接的软线上,工作零线连接于与防水软线灯座螺口相连接的软线上。

（5）应急照明灯具安装应符合下列规定:

1）疏散照明由安全出口标志灯和疏散标志灯组成。安全出口标志灯距地高度不低于 2m,且安装在疏散出口和楼梯口里侧的上方;

2)疏散标志灯安装在安全出口的顶部,楼梯间、疏散走道及其转角处应安装在 1m 以下的墙面上。不易安装的部位可安装在上部。疏散通道上的标志灯间距不大于 20m(人防工程不大于 10m);

3)应急照明灯具、运行中温度大于 60℃的灯具,当靠近可燃物时,采取隔热、散热等防火措施。当采用白炽灯、卤钨灯等光源时,不直接安装在可燃装修材料或可燃物件上;

4)疏散照明线路采用耐火电线、电缆,穿管明敷或在非燃烧体内穿钢性导管暗敷,暗敷保护层厚度不小于 30mm。电线采用额定电压不低于 750V 的铜芯绝缘电线。

(6)防爆灯具安装应符合下列规定:

1)灯具的防爆标志、外壳防护等级和温度组别与爆炸危险环境相适配。灯具配套齐全,不用非防爆零件替代灯具配件(金属护网、灯罩、接线盒等);

2)灯具吊管及开关与接线盒螺纹啮合扣数不少于 5 扣,螺纹加工光滑、完整、无锈蚀,并在螺纹上涂以电力复合酯或导电性防锈酯;

3)开关安装位置便于操作,安装高度 1.3m。

3. 施工质量验收

(1)36V 及以下行灯变压器和行灯安装必须符合下列规定:

1)行灯电压不大于 36V,在特殊潮湿场所或导电良好的地面上以及工作地点狭窄、行动不便的场所行灯电压不大于 12V;

2)变压器外壳、铁芯和低压侧的任意一端或中性点,接地(PE)或接零(PEN)可靠;

3)行灯变压器为双圈变压器,其电源侧和负荷侧有熔断器保护,熔丝额定电流分别不应大于变压器一次、二次的额定电流;

4)行灯灯体及手柄绝缘良好,坚固耐热耐潮湿;灯头与灯体结合紧固,灯头无开关,灯泡外部有金属保护网、反光罩及悬吊挂钩,挂钩固定在灯具的绝缘手柄上。

(2)游泳池和类似场所灯具(水下灯及防水灯具)的等电位联结应可靠,且有明显标识,其电源的专用漏电保护装置应全部检测合格。自电源引入灯具的导管必须采用绝缘导管,严禁采用金属或有金属护层的导管。

(3)手术台无影灯安装应符合下列规定:

1)固定灯座的螺栓数量不少于灯具法兰底座上的固定孔数,且螺栓直径与底座孔径相适配;螺栓采用双螺母锁固;

2)在混凝土结构上螺栓与主筋相焊接或将螺栓末端弯曲与主筋绑扎锚固;

3)配电箱内装有专用的总开关及分路开关,电源分别接在两条专用的回路上，开关至灯具的电线采用额定电压不低于 750V 的铜芯多股绝缘电线。

(4)应急照明灯具安装应符合下列规定：

1)应急照明灯的电源除正常电源外，另有一路电源供电；或者是独立于正常电源的柴油发电机组供电；或由蓄电池柜供电或选用自带电源型应急灯具；

2)应急照明在正常电源断电后，电源转换时间为：疏散照明≤15s；备用照明≤15s(金融商店交易所≤1.5s)；安全照明≤0.5s；

3)疏散照明由安全出口标志灯和疏散标志灯组成。安全出口标志灯距地高度不低于 2m，且安装在疏散出口和楼梯口里侧的上方；

4)疏散标志灯安装在安全出口的顶部，楼梯间、疏散走道及其转角处应安装在 1m 以下的墙面上。不易安装的部位可安装在上部。疏散通道上的标志灯间距不大于 20m(人防工程不大于 10m)；

5)疏散标志灯的设置，不影响正常通行，且不在其周围设置容易混同疏散标志灯的其他标志牌等；

6)应急照明灯具、运行中温度大于 60℃ 的灯具，当靠近可燃物时，采取隔热、散热等防火措施。当采用白炽灯，卤钨灯等光源时，不直接安装在可燃装修材料或可燃物件上；

7)应急照明线路在每个防火分区有独立的应急照明回路，穿越不同防火分区的线路有防火隔堵措施；

8)疏散照明线路采用耐火电线、电缆，穿管明敷或在非燃烧体内穿刚性导管暗敷，暗敷保护层厚度不小于 30mm。电线采用额定电压不低于 750V 的铜芯绝缘电线。

(5)防爆灯具安装应符合下列规定：

1)灯具的防爆标志、外壳防护等级和温度组别与爆炸危险环境相适配。当设计无要求时，灯具种类和防爆结构的选型应符合表 5-20 的规定；

表 5-20　灯具种类和防爆结构的选型

爆炸区域防爆结构　　　　照明设备种类	Ⅰ区		Ⅱ区	
	隔爆型 d	增安型 e	隔爆型 d	增安型 e
固定式灯	○	×	○	○
移动式灯	△	—	○	—
携带式电池灯	○	—	○	—
镇流器	○	△	○	○

注：○为适用；△为慎用；×为不适用。

2)灯具配套齐全,不用非防爆零件替代灯具配件(金属护网、灯罩、接线盒等);

3)灯具的安装位置离开释放源,且不在各种管道的泄压口及排放口上下方安装灯具;

4)灯具及开关安装牢固可靠,灯具吊管及开关与接线盒螺纹啮合扣数不少于 5 扣,螺纹加工光滑、完整、无锈蚀,并在螺纹上涂以电力复合脂或导电性防锈脂;

5)开关安装位置便于操作,安装高度 1.3m。

三、插座、开关、风扇安装

1. 材料、设备质量控制

(1)开关、插座、接线盒和风扇及其附件应符合下列规定:

1)查验合格证,防爆产品有防爆标志和防爆合格证,实行安全认证制度的产品有安全认证标志。

2)外观检查:开关、插座的面板及接线盒盒体完整、无碎裂、零件齐全,风扇无损坏,涂层完整,调速器等附件适配。

3)对开关、插座的电气和机械性能进行现场抽样检测。检测规定如下:

①不同极性带电部件的电气间隙和爬电距离不小于 3mm;

②绝缘电阻值不小于 5M.

③用自攻锁紧螺钉或自切螺钉安装的,螺钉与软塑固定件旋合长度不小于 8mm,软塑固定件在经受 10 次拧紧退出试验后,无松动或掉渣,螺钉及螺纹无损坏现象。

④金属间相旋合的螺钉螺母,拧紧后完全退出,反复 5 次仍能正常使用。

4)对开关、插座、接线盒及其面板等塑料绝缘材料阻燃性能有异议时,按批抽样送有资质的试验室检测。

(2)各种开关、插座和吊扇规格、型号必须符合设计要求,并有产品合格证。开关、插座面板应具有足够的强度,表面平整,无弯翘变形等现象。

(3)吊扇的各种零配件应齐全,扇叶无变形和受损现象,吊杆上的悬挂销钉必须装设防震橡皮垫及防松装置。

(4)塑料(台)板。应具有足够的强度,台板应平整、无弯翘变形等现象。其规格型号必须符合设计要求。

(5)辅助材料。附属配件其中金属铁件(膨胀螺栓、木螺钉、机螺栓等)均应是镀锌标准件。其规格、型号应符合设计要求,与组合件必须匹配。

2. 施工及质量控制要点

(1)插座安装

插座的选择时当交流、直流或不同电压等级的插座安装在同一场所时,应有明显的区别,且必须选择不同结构、不同规格和不能互换的插座;配套的插头应按交流、直流或不同电压等级区别使用。

1)插座的接线应符合下列规定:

①单相两孔插座,面对插座,右孔或上孔应与相线连接,左孔或下孔应与中性线连接;单相三孔插座,面对插座,右孔应与相线连接,左孔应与中性线连接;

②单相三孔、三相四孔及三相五孔插座的保护接地线(PE)必须接在上孔。插座的保护接地端子不应与中性线端子连接。同一场所的三相插座,接线的相序应一致;

③保护接地线(PE)在插座间不得串联连接。

④相线与中性线不得利用插座本体的接线端子转接供电。

2)插座的安装应符合下列规定:

①当住宅、幼儿园及小学等儿童活动场所电源插座底边距地面高度低于1.8m时,必须选用安全型插座;

②当设计无要求时,插座底边距地面高度不宜小于0.3m;无障碍场所插座底边距地面高度宜为0.4m,其中厨房、卫生间插座底边距地面高度宜为0.7~0.8m;老年人专用的生活场所插座底边距地面高度宜为0.7~0.8m;

③暗装的插座面板紧贴墙面或装饰面,四周无缝隙,安装牢固,表面光滑整洁、无碎裂、划伤,装饰帽(板)齐全;接线盒应安装到位,接线盒内干净整洁,无锈蚀。暗装在装饰面上的插座,电线不得裸露在装饰层内;

④地面插座应紧贴地面,盖板固定牢固,密封良好。地面插座应用配套接线盒。插座接线盒内应干净整洁,无锈蚀;

⑤同一室内相同标高的插座高度差不宜大于5mm;并列安装相同型号的插座高度差不宜大于1mm;

⑥应急电源插座应有标识;

⑦当设计无要求时,有触电危险的家用电器和频繁插拔的电源插座,宜选用能断开电源的带开关的插座,开关断开相线;插座回路应设置剩余电流动作保护装置;每一回路插座数量不宜超过10个;用于计算机电源的插座数量不宜超过5个(组),并应采用A型剩余电流动作保护装置;潮湿场所应采用防溅型插座,安装高度不应低于1.5m。

(2)开关安装

1)同一建筑物、构筑物内,开关的通断位置应一致,操作灵活,接触可靠。同一室内安装的开关控制有序不错位,相线应经开关控制。安装在同一室内的开关,宜采用同一系列的产品。

2)开关位置

开关的安装位置应便于操作,同一建筑物内开关边缘距门框(套)的距离宜为 0.15m～0.2m。

3)同一室内相同规格相同标高的开关高度差不宜大于 5mm;并列安装相同规格的开关高度差不宜大于 1mm;并列安装不同规格的开关宜底边平齐;并列安装的拉线开关相邻间距不小于 20mm。

4)当设计无要求时,开关安装高度应符合下列规定:

①开关面板底边距地面高度宜为 1.3～1.4m;

②拉线开关底边距地面高度宜为 2～3m,距顶板不小于 0.1m,且拉线出口应垂直向下;

③无障碍场所开关底边距地面高度宜为 0.9～1.1m。

④老年人生活场所开关宜选用宽板按键开关,开关底边距地面高度宜为 1.0～1.2m。

5)暗装的开关面板应紧贴墙面或装饰面,四周应无缝隙,安装应牢固,表面应光滑整洁、无碎裂、划伤,装饰帽(板)齐全;接线盒应安装到位,接线盒内干净整洁,无锈蚀。安装在装饰面上的开关,其电线不得裸露在装饰层内。

(3)风扇安装

吊扇安装应符合下列规定:

1)吊扇挂钩应安装牢固,挂钩的直径不应小于吊扇挂销的直径,且不应小于 8mm;挂钩销钉应设防震橡胶垫;销钉的防松装置应齐全可靠;

2)吊扇扇叶距地面高度不应小于 2.5m;

3)吊扇组装严禁改变扇叶角度,扇叶固定螺栓防松装置应齐全;

4)吊扇应接线正确,不带电的外露可导电部分保护接地应可靠。运转时扇叶不应有明显颤动;

5)吊扇涂层应完整,表面无划痕,吊杆上下扣碗安装应牢固到位;

6)同一室内并列安装的吊扇开关安装高度应一致,控制有序不错位。

壁扇安装应符合下列规定:

1)壁扇底座应采用膨胀螺栓固定,膨胀螺栓的数量不应少于 3 个,且直径不应小于 8mm。底座固定应牢固可靠;

2)壁扇防护罩应扣紧,固定可靠,运转时扇叶和防护罩均应无明显颤动和异常声响。壁扇不带电的外露可导电部分保护接地应可靠;

3)壁扇下侧边缘距地面高度不应小于 1.8m;

4)壁扇涂层完整,表面无划痕,防护罩无变形。

换气扇安装应紧贴安装面,固定可靠。无专人管理场所的换气扇宜设置定时开关。

3. 施工质量验收

(1)当交流、直流或不同电压等级的插座安装在同一场所时,应有明显的区别,且必须选择不同结构、不同规格和不能互换的插座;配套的插头应按交流、直流或不同电压等级区别使用。

(2)插座接线应符合下列规定:

1)单相两孔插座,面对插座的右孔或上孔与相线连接,左孔或下孔与零线连接;单相三孔插座,面对插座的右孔与相线连接,左孔与零线连接;

2)单相三孔、三相四孔及三相五孔插座的接地(PE)或接零(PEN)线接在上孔。插座的接地端子不与零线端子连接。同一场所的三相插座,接线的相序一致。

3)接地(PE)或接零(PEN)线在插座间不串联连接。

(3)特殊情况下插座安装应符合下列规定:

1)当接插有触电危险家用电器的电源时,采用能断开电源的带开关插座,开关断开相线;

2)潮湿场所采用密封型并带保护地线触头的保护型插座,安装高度不低于1.5m。

(4)照明开关安装应符合下列规定:

1)同一建筑物、构筑物的开关采用同一系列的产品,开关的通断位置一致,操作灵活、接触可靠;

2)相线经开关控制;民用住宅无软线引至床边的床头开关。

(5)吊扇安装应符合下列规定:

1)吊扇挂钩安装牢固,吊扇挂钩的直径不小于吊扇挂销直径,且不小于8mm;有防振橡胶垫;挂销的防松零件齐全、可靠;

2)吊扇扇叶距地高度不小于2.5m;

3)吊扇组装不改变扇叶角度,扇叶固定螺栓防松零件齐全;

4)吊杆间、吊杆与电机间螺纹连接,啮合长度不小于20mm,且防松零件齐全紧固;

5)吊扇接线正确,当运转时扇叶无明显颤动和异常声响。

(6)壁扇安装应符合下列规定:

1)壁扇底座采用尼龙塞或膨胀螺栓固定;尼龙塞或膨胀螺栓的数量不少于2个,且直径不小于8mm。固定牢固可靠;

2)壁扇防护罩扣紧,固定可靠,当运转时扇叶和防护罩无明显颤动和异常声响。

四、建筑物照明通电试运行

1. 通电试运行前检查

(1)复查总电源开关至各照明回路进线电源开关接线是否正确;

(2)灯具控制回路与照明配电箱的回路标识应一致;

(3)检查漏电保护器接线是否正确,严格区分工作零线(N)与专用保护零线(PE),专用保护零线(PE)严禁接入漏电开关;

(4)检查开关箱内各接线端子连接是否正确可靠;

(5)断开各回路分开关,合上总开关,检查漏电测试按钮是否灵敏有效。

2. 分回路试通电

(1)将各回路灯具等用电设备开关全部置于断开位置;

(2)逐次合上各分回路电源开关;

(3)分回路逐次合上灯具等的控制开关,检查开关与灯具控制顺序是否对应、风扇的转向及调速开关是否正常;剩余电流动作保护装置应动作准确。

(4)用验电器检查各插座相序连接是否正确,带开关插座的开关是否能正确关断相线。

3. 有自控要求的照明工程

有自控要求的照明工程应先进行就地分组控制试验,后进行单位工程自动控制试验,试验结果应符合设计要求。

4. 各相负荷的规定

照明系统通电试运行后,开启全部负荷,使用三相功率计检测各相负荷的电流、电压和功率,并做好记录。三相照明配电干线的各相负荷宜分配平衡,其最大相负荷不宜超过三相负荷平均值的115%,最小相负荷不宜小于三相负荷平均值的85%。

5. 故障检查整改

(1)发现问题应及时排除,不得带电作业;

(2)对检查中发现的问题应采取分回路隔离排除法予以解决;

(3)开关一送电,漏电保护有跳闸的现象重点检查工作零线与保护接地线是否混接、导线是否绝缘不良。

6. 通电试运行时间

公用建筑照明系统通电连续试运行时间应为24h,民用住宅照明系统通电连续试运行时间应为8h。所有照明灯具均应开启,且每2h记录运行状态1次,连续试运行时间内无故障。

7. 施工质量验收

(1)照明系统通电,灯具回路控制应与照明配电箱及回路的标识一致;开关与灯具控制顺序相对应,风扇的转向及调速开关应正常。

(2)公用建筑照明系统通电连续试运行时间应为 24h,民用住宅照明系统通电连续试运行时间应为 8h。所有照明灯具均应开启,且每 2h 记录运行状态 1 次,连续试运行时间内无故障。

第十节 防雷及接地安装

一、接地装置安装

1. 材料、设备质量控制

(1)钢材(扁钢、角钢、圆钢、钢管等)均应为热镀锌材料,其型号、规格应符合设计要求、并应有产品质量合格证和试验报告。

(2)辅助材料,均应采用镀锌制品,如钢丝、紧固件(螺栓、垫片、弹簧垫圈、U 形螺栓、元宝螺栓等)和支架等。

(3)常用材料:电焊条、氧气、乙炔、油性涂料、预埋件等均符合要求并有产品合格证。

2. 施工及质量控制要点

(1)按设计规定防雷装置接地体的位置进行放线。沿接地体的线路,开挖接地体沟,以便打入接地体和敷设接地干线。因为地层表面层容易受冻,冻土层会使接地电阻增大,且地表层易扰动被挖,而至损坏接地装置,所以接地装置应埋置于地表层以下,接地体还应埋设在土层电阻率较低和人们不常到达的地方。

(2)接地装置的位置,与道路或建筑物的出入口等的距离应不小于 3m;当小于 3m 时,为降低跨步电压应采取以下措施:

1)水平接地体局部埋置深度不应小于 1m,并应局部包以绝缘物(50~80mm 厚的沥青层)。

2)采用沥青碎石地面或在接地装置上面敷设 50~80mm 厚的沥青层,其宽度应超过接地装置 2m。敷设沥青层时,其基底必须用碎石夯实。

3)接地体上部装设用圆钢或扁钢焊成的 500mm×500mm 的网格压网,其边缘距接地体不得少于 2.5m。

4)采用"帽檐式"的压带做法。挖接地体沟时,应根据设计要求标高,对接地装置的线路进行测量弹线。根据划出的线路从自然地面开始,挖掘上底宽 600mm,深 900mm,下底宽 400mm 的沟。沟要挖得平直、深浅一致,沟底如有石子应清除干净。挖沟时如附近有建筑物或构筑物,沟的中心线与建筑物或构筑物的基础距离不宜小于 2m。

(3)人工接地体制作

1)垂直接地体的加工制作:制作垂直接地体材料一般采用镀锌钢管 DN50、镀锌角钢 L50×50×5 或镀锌圆钢 ϕ20,长度不应小于 2.5m,端部锯成斜口或锻造成锥形。角钢的一端应加工成尖头形状,尖点应保持在角钢的角脊线上并使斜边对称制成接地体。

2)水平接地体的加工制作:一般使用一40mm×40mm×4mm 的镀锌扁钢。

3)铜接地体常用 900mm×900mm×1.5min 的铜板制作:

①在铜接地板上打孔,用单股 ϕ1.3~2.5mm 铜线将铜接地线(绞线)绑扎在铜板上,在铜绞线两侧用气焊焊接。

②在铜接地板上打孔,将铜接地绞线分开拉直,搪锡后分四处用单股 ϕ1.3~2.5mm 铜线绑扎在铜板上,用锡逐根与铜板焊好。

③将铜接地线与接线端子连接,接线端部与铜端子以及与铜接地板的接触面处搪锡,用 ϕ5mm×6mm 的铜铆钉将端子与铜板铆紧,在接线端子周围进行锡焊。铜端子规格为一30mm×1.5mm,长度为 750mm。

④使用一25mm×1.5mm 的扁铜板与铜接地板进行铜焊固定。

(4)人工接地体的安装

1)垂直接地体的安装:将接地体放在沟的中心线上,用大锤将接地体打入地下,顶部距地面不小于 0.6m,间距不小于 5m。接地极与地面应保持垂直打入,然后将镀锌扁钢调直置入沟内,依次将扁钢与接地体用电焊焊接。扁钢应侧放而不可平放,扁钢与钢管连接的位置距接地体顶端 100mm,焊接时将扁钢拉直,焊好后清除药皮,刷沥青漆做防腐处理,并将接地线引出至需要的位置,留有足够的连接高度,以待使用。

2)水平接地体的安装:水平接地体多用于绕建筑四周的联合接地。安装时应将扁钢侧放敷设在地沟内(不应平放),顶部埋设深度距地面不小于 0.6m。

3)铜板接地体应垂直安装,顶部距地面的距离不小于 0.6m,接地极间的距离不小于 5m。

(5)自然接地体安装

1)利用钢筋混凝土桩基基础做接地体

在作为防雷引下线的柱子(或者剪力墙内钢筋做引下线)位置处,将桩基础的抛头钢筋与承台梁主筋焊接,再与上面作为引下线的柱(或剪力墙)中钢筋焊接。如果每一组桩基多于 4 根时,只需连接四角桩基的钢筋作为防雷接地体。

2)利用钢筋混凝土板式基础做接地体

①利用无防水层底板的钢筋混凝土板式基础做接地时,将利用作为防雷引下线符合规定的柱主筋与底板的钢筋进行焊接连接。

②利用有防水层板式基础的钢筋做接地体时,将符合规格和数量的可以用来做防雷引下线的柱内钢筋,在室外自然地面以下的适当位置处,利用预埋连接板与外引的 $\phi12mm$ 镀锌圆钢或－$40mm\times40mm$ 的镀锌扁钢相焊接做连接线。同有防水层的钢筋混凝土板式基础的接地装置连接。

3)利用独立柱基础、箱形基础做接地体

①利用钢筋混凝土独立柱基础及箱形基础做接体,将用作防雷引下线的现浇混凝土柱内符合要求的主筋,与基础底层钢筋网做焊接连接。

②钢筋混凝土独立柱基础如有防水层时,应将预埋的铁件和引下线连接应跨越防水层将柱内的引下线钢筋、垫层内的钢筋与接地线相焊接。

4)利用钢柱钢筋混凝土基础作为接地体

①仅有水平钢筋网的钢柱钢筋混凝土基础做接地时,每个钢筋混凝土基础中有一个地脚螺栓通过连接导体($\geqslant\phi12mm$ 钢筋或圆钢)与水平钢筋网进行焊接连接。地脚螺栓通过连接导体与水平钢筋网的搭接焊接长度不应小于连接导体直径的 6 倍,并应在钢桩就位后,将地脚螺栓及螺母和钢柱焊为一体。

②有垂直和水平钢筋网的基础,垂直和水平钢筋网的连接,应将与地脚螺栓相连接。

一根垂直钢筋焊到水平钢筋网上,当不能焊接时,采用$\geqslant\phi12m$ 钢筋或圆钢跨接焊接。如果四根垂直主筋能接触到水平钢筋网时,将垂直的四根钢筋与水平钢筋网进行绑扎连接。

③当钢柱钢筋混凝土基础底部有柱基时,宜将每一桩基的一根主筋同承台钢筋焊接。

5)钢筋混凝土杯型基础预制柱做接地体

①当仅有水平钢筋的杯型基础做接地体时,将连接导体(即连接基础内水平钢筋网与预制混凝土柱预埋连接板的钢筋或圆钢)引出位置是在杯口一角的附近,与预制混凝土柱上的预埋连接板位置相对应,连接导体与水平钢筋网采用焊接。连接导体与柱上预埋件连接也应焊接,立柱后,将连接导体与 ∟63mm×63mm×5mm 长 100mm 的柱内预埋连接板焊接后,将其与土壤接触的外露部分用 1:3 水泥砂浆保护,保护层厚度不小于 50mm。

②当有垂直和水平钢筋网的杯型基础做接地体时,与连接导体相连接的垂直钢筋,应与水平钢筋相焊接。如果四根垂直主筋都能接触到水平钢筋网时,应

将其绑扎连接。

③连接导体外露部分应做水泥砂浆保护层,厚度 50mm。当杯形钢筋混凝土基础底下有桩基时,宜将每一根桩基的一根主筋同承台梁钢筋焊接。如不能直接焊接时,可用连接导体进行连接。

(6)接地干线安装

接地干线(即接地母线)从引下线断线卡至接地体和连接垂直接地体之间的连接线。接地干线一般使用-40mm×4mm 的镀锌扁钢制作。接地干线分为室内和室外连接两种。室外接地干线与支线一般敷设在沟内。室内的接地干线多为明敷,但部分设备连接支线需经过地面,也可以埋设在混凝土内,具体的安装方法如下:

1)室外接地干线敷设

①根据设计图纸要求进行定位放线、挖土。

②将接地干线进行调直、测位、打眼、煨弯,并将断接卡子及接线端子装好。然后将扁钢放入地沟内,扁钢应保持侧放,依次将扁钢在距接地体顶端大于 50mm 处与接地体用电焊焊接。焊接时应将扁钢拉直,将扁钢弯成弧形(或三角形)与接地钢管(或角钢)进行焊接。敷设完毕经隐蔽验收后,进行回填并压实。

2)室内接地干线敷设

①室内接地线是供室内的电气设备接地使用,多数是明敷设,但也可以埋设在混凝土内。明敷设的接地线大多数敷设在墙壁上,或敷设在母线架和电缆的构架上。

②保护套管埋设:在配合土建墙体及地面施工时,在设计要求的位置上,预埋保护套管或预留出接地干线保护套管孔。护套管为方型套管,其规格应能保证接地干线顺利穿入。

③接地支持件固定:按照设计要求的位置进行定位放线,固定支持件无设计要求时距地面 250～300mm 的高度处固定支持件。支持件的间距必须均匀,水平直线部分为 0.5～1.5m,垂直部分 1.5～3m,弯曲部分为 0.3～0.5m。固定支持件的方法有预埋固定钩或托板法、预留支架洞口后安装支架法、膨胀螺栓及射钉直接固定接地线法等。

④接地线的敷设:将接地扁钢事先调直、打眼、煨弯加工后,将扁钢沿墙吊起,在支持件一端将扁钢固定住,接地线距墙面间隙应为 10～15mm。过墙时穿过保护套管,钢制套管必须与接地线做电气连通,接地干线在连接处进行焊接,末端预留或连接应符合设计规定。接地干线还应与建筑结构中预留钢筋连接。

⑤接地干线经过建筑物的伸缩(或沉降)缝时,如采用焊接固定,应将接地干线在过伸缩(或沉降)缝的一段做成弧形,或用 φ12mm 圆钢弯出弧形与扁钢焊接,也可以在接地线断开处用 50mm 平裸铜软绞线连接。

⑥为了连接临时接地线,在接地干线上需安装一些临时接地线柱(也称接地端子),临时接地线柱的安装,应根据接地干线的敷设形式不同采用不同的安装形式。常采用在接地干线上焊接镀锌螺栓做临时接地线柱法。

⑦明敷接地线的表面应涂以 15～100mm 宽度相等的绿色和黄色相间的条纹。在每个接地导体的全部长度上或只在每个区间或每个可接触到的部位上宜作出标志。中性线宜涂淡蓝色标志,在接地线引向建筑物的入口处和在检修用临时接地点处,均应刷白色底漆并标以黑色接地标志。

⑧室内接地干线与室外接地干线的连接应使用螺栓连接以便检测,接地干线穿过套管或洞口应用沥青丝麻或建筑密封膏堵死。

⑨接地线与管道连接(等电位联结):接地线和给水管、排水管及其他输送非可燃体或非爆炸气体的金属管道连接时,应在靠近建筑物的进口处焊接。若接地线与管道不能直接焊接时,应用卡箍连接,卡箍的内表面应搪锡。应将管道的连接表面刮拭干净,安装完毕后涂沥青。管道上的水表、法兰阀门等处应用裸露铜线将其跨接。

3)接地线与电气设备的连接

①电气设备的外壳上一般都有专用接地螺丝。将接地线与接地螺丝的接触面擦净,至发出金属光泽,接地线端部挂上锡,并涂上中性凡士林油,然后接入螺丝并将螺帽拧紧。在有振动的地方,所有接地螺丝都必须加垫弹簧垫圈。接地线如为扁钢,其孔眼必须用机械钻孔,不得用气焊开孔。

②电气设备如装在金属结构上面有可靠的金属接触时,接地线或接零线可直接焊在金属结构上。

3. 施工质量验收

(1)人工接地装置或利用建筑物基础钢筋的接地装置必须在地面以上按设计要求位置设测试点。

(2)测试接地装置里的接地电阻值必须符合设计要求。

(3)防雷接地的人工接地装置的接地干线埋设,经人行通道处埋地深度不应小于 1m,且应采取均压措施或在其上方铺设卵石或沥青地面。

(4)接地模块顶面埋深不应小于 0.6m,接地模块间距不应小于模块长度的 3～5 倍。接地模块埋设基坑,一般为模块外形尺寸的 1.2～1.4 倍,且在开挖深度内详细记录地层情况。

(5)接地模块应垂直或水平就位,不应倾斜设置,保持与原土层接触良好。

二、接闪器安装

1. 施工及质量控制要点

(1)均压环安装

1)均压环(或避雷带)的材料一般为镀锌圆钢 $\phi2mm$,镀锌扁钢－25mm×4mm 或－40mm×4mm,使用前必须调直。

2)在高层建筑上,以首层起,每三层均设均压环一圈,可利用钢筋混凝土圈梁的钢筋与柱内作引下线钢筋进行连接(绑扎或焊接)做均压环。没有组合柱和圈梁的建筑物,应每三层在建筑物外墙内敷设一圈 $\phi12mm$ 或－25mm×4mm 镀锌圆钢或扁钢,与防雷引下线连接做均压环。

3)以距地 30m 高度起,每向上三层,在结构圈梁内敷设一条－25mm×4mm 的镀锌扁钢与引下线焊成一环形水平避雷带,以防止侧向雷击,并将金属栏杆及金属门窗等较大的金属物体与防雷装置可靠连接。

(2)避雷针制作安装

1)避雷针制作:避雷针一般用镀锌圆钢或镀锌钢管制作,针长在 1m 以下时,圆钢为 $\phi12mm$,钢管为 G20mm;针长在 1～2m 时,圆钢为 $\phi6mm$,钢管为 G25mm。

2)避雷针安装前,应在屋面施工时配合土建浇灌好混凝土支座,预留好地脚螺栓,地脚螺栓最少有 2 根与屋面、墙体或梁内钢筋焊接。待混凝土强度达到要求后,再安装避雷针,连接引下线。

3)安装避雷针时,先组装避雷针,在底座板相应位置上焊一块肋板将避雷针立起,找直、找正后进行点焊,然后加以校正,焊上其他三块肋板。避雷针安装要牢固,并与引下线、避雷网焊接成一个电气通路。

(3)避雷带安装

1)明装避雷带安装

①明装避雷带的材料:一般为 $\phi10mm$ 的镀锌圆钢或－25mm×4mm 的镀锌扁钢,支架一般用镀锌扁钢－20mm×3mm 或－25mm×4mm 和镀锌圆钢制成,支架的形式根据现场情况采用各种形式。

②避雷带沿屋面安装时,一般沿混凝土支座固定,支座距转弯点中点 0.25m,直线部分支座间距应不大于1m,必须布置均匀,避雷带距屋面的边缘距离不大于 500mm,在避雷带转角中心严禁设支座。

③女儿墙和天沟上支架安装:尽量随结构施工预埋支架,支架距转弯中点 0.25m,直线部分支架水平间距 1～1.5m,垂直间距 1.5～2m,且支架间距均匀分布,支架的支起高度 100mm。

④屋脊和檐口上支座、支架安装:可使用混凝土支墩或支架固定。使用支墩固定避雷带时,配合土建施工。现场浇制支座,浇制时,先将脊瓦敲去一角,使支座与瓦内的砂浆连成一体。如使用支架固定避雷带时,用电钻将脊瓦钻孔,再将支架插入孔内,用水泥砂浆填塞牢固。支架的间距同上。

⑤避雷带沿坡形屋面敷设时,应使用混凝土支墩固定,且支墩与屋面垂直。

⑥避雷带安装:将避雷带调直,用大绳提升到屋面,顺直敷设固定在支架上,焊接连成一体,再同引下线焊好。建筑物屋顶有金属旗杆,透气管,金属天沟,铁栏杆、爬梯、冷却塔、水箱,电视天线等金属导体都必须与避雷带焊接成一体,顶层的烟囱应做避雷针。在建筑物的变形缝处应做防雷跨越处理。

2)暗装避雷带安装

①用建筑物 V 形折板内钢筋作避雷带,折板插筋与吊环和钢筋绑扎,通长筋应和插筋、吊环绑扎,折板接头部位的通长筋在端部顶留钢筋 100mm 长,便于与引下线连接。

②利用女儿墙压顶钢筋作避雷带:将压顶内钢筋做电气连接(焊接),然后将防雷引下线与压顶内钢筋焊接连接。

2. 施工质量验收

(1)建筑物顶部的避雷针、避雷带等必须与顶部外露的其他金属物体连成一个整体的电气通路,且与避雷引下线连接可靠。

(2)避雷针、避雷带应位置正确,焊接固定的焊缝饱满无遗漏,螺栓固定的应备帽等防松零件齐全,焊接部分补刷的防腐油漆完整。

(3)避雷带应平正顺直,固定点支持件间距均匀、固定可靠,每个支持件应能承受大于 49N(5kg)的垂直拉力。当设计无要求时,支持件间距符合《建筑电气工程施工质量验收规范》(GB 50303—2011)第 25.2.2 的规定。

三、建筑物等电位联结

1. 施工及质量控制要点

(1)总等电位联结系统施工

1)端子板应采用紫铜板,根据设计要求的规格尺寸加工。端子箱尺寸及箱顶、底板孔规格和孔距应符合设计要求。

2)MEB 线截面应符合设计要求。相邻管道及金属结构允许用一根 MEB 线连接。

3)利用建筑物金属体做防雷及接地时,MEB 端子板宜直接短捷地与该建筑物用作防雷及接地的金属体连通。

(2)有防水要求房间等电位联结系统施工

1)首先将地面内钢筋网和混凝土墙内钢筋网与等电位联通。

2)预埋件的结构形式和尺寸,埋设位置标高应符合设计要求。

3)等电位联结线与浴缸、地漏、下水管、卫生设备和连接,按工艺流程图要求进行。

4)等电位端子板安装位置应方便检测。端子箱和端子板组装应牢固可靠。

5)LEB线均应采用 BV—4mm² 的铜线,应暗设于地面内或墙内穿入塑料管布线。

(3)游泳池等电位联结系统施工

1)LEB线可自 LEB 端子板引出,与其室内有关金属管道和金属导电部分相互连接。

2)无筋地面应敷设等电位均衡导线,采用 25mm×4mm 扁钢或 ϕ10 圆钢在游泳池四周敷设三道,距游泳池 0.3m,每道间距约为 0.6m,最少在两处作横向连接,且与等电位联结端子板连接。

3)等电位均衡导线也可敷设网格为 50mm×150mm 钢丝网,相邻网之间应互相焊接牢固。

(4)等电位联结导通性的测试

等电位联结安装完毕后应进行导通性测试,测试用电源可采用空载电压变 4~24V 的直流或交流电源,测试电流不应小于 0.2A,当测得等电位联结端子板与等电位联结范围内的金属管道等金属体末端之间的电阻不超过 30 时,可认为等电位联结是有效的,如发现导通不良的管道连接处,应做跨接线,并在投入使用后应定期做测试。

2. 施工质量验收

(1)建筑物等电位联结干线应从与接地装置有不少于 2 处直接连接的接地干线或总等电位箱引出,等电位联结干线或局部等电位箱间的连接线形成环形网路,环形网路应就近与等电位联结干线或局部等电位箱连接。支线间不应串联连接。

(2)等电位联结的线路最小允许截面应符合表 5-21 的规定:

表 5-21　线路最小允许截面(mm²)

材料	截面	
	干线	支线
铜	16	6
钢	50	16

1)等电位联结的可接近裸露导体或其他金属部件、构件与支线连接应可靠,熔焊、钎焊或机械紧固应导通正常。

2)需等电位联结的高级装修金属部件或零件,应有专用接线螺栓与等电位联结支线连接,且有标识;连接处螺帽紧固、防松零件齐全。

第十一节　分部工程验收

(1)当建筑电气分部工程施工质量检验时,检验批的划分应符合下列规定:

1)室外电气安装工程中分项工程的检验批,依据庭院大小、投运时间先后、功能区块不同划分;.

2)变配电室安装工程中分项工程的检验批,主变配电室为1个检验批;有数个分变配电室,且不属于子单位工程的子分部工程,各为1个检验批,其验收记录汇入所有变配电室有关分项工程的验收记录中;如各分变配电室属于各子单位工程的子分部工程,所属分项工程各为1个检验批,其验收记录应为一个分项工程验收记录,经子分部工程验收记录汇入分部工程验收记录中。

3)供电干线安装工程分项工程的检验批,依据供电区段和电气线缆竖井的编号划分;

4)电气动力和电气照明安装工程中分项工程及建筑物等电位联结分项工程的检验批,其划分的界区,应与建筑土建工程一致;

5)备用和不间断电源安装工程中分项工程各自成为1个检验批;

6)防雷及接地装置安装工程中分项工程检验批,人工接地装置和利用建筑物基础钢筋的接地体各为1个检验批,大型基础可按区块划分成几个检验批;避雷引下线安装6层以下的建筑为1个检验批,高层建筑依均压环设置间隔的层数为1个检验批;接闪器安装同一屋面为1个检验批。

(2)当验收建筑电气工程时,应核查下列各项质量控制资料,且检查分项工程质量验收记录和分部(子分部)质量验收记录应正确,责任单位和责任人的签章齐全。

1)建筑电气工程施工图设计文件和图纸会审记录及洽商记录;

2)主要设备、器具、材料的合格证和进场验收记录;

3)隐蔽工程记录;

4)电气设备交接试验记录;

5)接地电阻、绝缘电阻测试记录;

6)空载试运行和负荷试运行记录;

7)建筑照明通电试运行记录;

8)工序交接合格等施工安装记录。

(3)根据单位工程实际情况,检查建筑电气分部(子分部)工程所含分项工程的质量验收记录应无遗漏缺项。

(4)当单位工程质量验收时,建筑电气分部(子分部)工程实物质量的抽检部位如下,且抽检结果应符合本规范规定。

1)大型公用建筑的变配电室,技术层的动力工程,供电干线的竖井,建筑顶部的防雷工程,重要的或大面积活动场所的照明工程,以及5％自然间的建筑电气动力、照明工程;

2)一般民用建筑的配电室和5％自然间的建筑电气照明工程,以及建筑顶部的防雷工程;

3)室外电气工程以变配电室为主,且抽检各类灯具的5％。

(5)核查各类技术资料应齐全,且符合工序要求,有可追溯性;各责任人均应签章确认。

(6)为方便检测验收,高低压配电装置的调整试验应提前通知监理和有关监督部门,实行旁站确认。变配电室通电后可抽测的项目主要是:各类电源自动切换或通断装置、馈电线路的绝缘电阻、接地(PE)或接零(PEN)的导通状态、开关插座的接线正确性、漏电保护装置的动作电流和时间、接地装置的接地电阻和由照明设计确定的照度等。抽测的结果应符合本规范规定和设计要求。

(7)检验方法应符合下列规定:

1)电气设备、电缆和继电保护系统的调整试验结果,查阅试验记录或试验时旁站;

2)空载试运行和负荷试运行结果,查阅试运行记录或试运行时旁站;

3)绝缘电阻、接地电阻和接地(PE)或接零(PEN)导通状态及插座接线正确性的测试结果,查阅测试记录或测试时旁站或用适配仪表进行抽测;

4)漏电保护装置动作数据值,查阅测试记录或用适配仪表进行抽测;

5)负荷试运行时大电流节点温升测量用红外线遥测温度仪抽测或查阅负荷试运行记录;

6)螺栓紧固程度用适配工具做拧动试验;有最终拧紧力矩要求的螺栓用扭力扳手抽测;

7)需吊芯、抽芯检查的变压器和大型电动机,吊芯、抽芯时旁站或查阅吊芯、抽芯记录;

8)需做动作试验的电气装置,高压部分不应带电试验,低压部分无负荷试验;

9)水平度用铁水平尺测量,垂直度用线锤吊线尺量,盘面平整度拉线尺量,各种距离的尺寸用塞尺、游标卡尺、钢尺、塔尺或采用其他仪器仪表等测量;

10)外观质量情况目测检查;

11)设备规格型号、标志及接线,对照工程设计图纸及其变更文件检查。